초판

재료열역학: 처음 배우는 학생을 위한 열역학

Materials Thermodynamics: Thermodynamics for Beginners

저 자 : 한 주 환

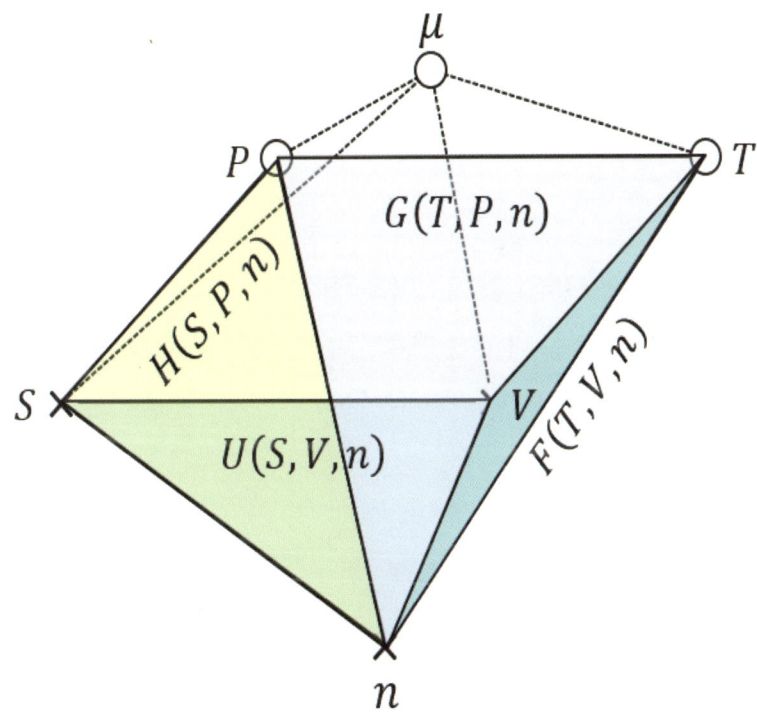

강의노트/동영상

재료열역학: 처음 배우는 학생을 위한 열역학

인쇄: 2025년 12월 01일
발행: 2025년 12월 01일
지은이: 한주환
발행인: 김병호
발행처: 도서출판 바른북스

주소: 서울시 성동구 연무장5길 9-16, 606호 (성수동 2가, 블루스톤타워)
전화: 070-7857-9719   팩스: 070-7610-9820
e-mail: barunbooks21@naver.com
홈페이지: www.barunbooks.com

Copyright©
ISBN: 979-11-7263-659-3 93550
정가: 25,000원
파본이나 잘못된 책은 교환하여 드립니다.

※ 이 책은 도서출판 바른북스 독점계약 하에 발행한 것으로 내용, 사진, 그림 등의 전부나 일부의 무단 복제 및 무단 전사를 금합니다.

서문

이 책은 재료 열역학을 처음 접하는 학생을 위해 집필되었습니다. 열역학은 공학 전반의 기초 학문으로, 기계공학과 화학공학을 포함한 다양한 분야에서 필수적으로 다뤄집니다. 그중 에서도 이 책은 재료와 관련된 열역학에 초점을 맞추어, 재료 내부에서 일어나는 변화와 그 원리를 이해하는 데 목적을 둡니다. '열역학(Thermodynamics)'은 '열(thermo)'과 '동역학(dynamics)'의 결합어 입니다. 일반적으로 동역학이 힘, 토크, 운동량 등 외부 물리량의 작용에 따른 물체의 거동을 설명한다면, 열역학은 열과 에너지의 출입에 따라 시스템에서 벌어지는 다양한 현상을 다루는 학문입니다. 재료 열역학(Thermodynamics of Materials)은 이러한 열역학적 원리를 재료 시스템에 특화해 적용함으로써, 주어진 조건에서 재료가 어떤 상태로 가려 하는지, 어떤 변화가 일어날지를 예측하게 합니다.

이 책은 재료의 안정성, 상 변화, 화학 반응을 지배하는 근본 원리를 중심으로 핵심 개념을 체계적으로 설명합니다. 열역학은 세 가지 경험적 법칙-에너지 보존(제1법칙), 자발적 과정에서의 엔트로피 증가(제2법칙), 엔트로피의 절대 기준(제3법칙)-에 기반합니다. 재료 열역학의 궁극적 목표는 이 법칙들을 재료에 적용해, 주어진 온도, 압력, 조성에서 어떤 상태가 가장 안정적인지를 예측하는 것입니다. 특히 등온·등압 조건에서 자발적 변화의 방향과 평형을 가늠하는 핵심 상태함수인 깁스 자유에너지 G를 중심에 둡니다. 깁스 자유에너지는 에너지 (엔탈피) 최소화 경향과 엔트로피 최대화 경향을 통합한 함수로 G의 변화를 통해 기체의 거동, 용액의 형성, 상변태, 화학 반응 등 재료에서 관찰되는 다양한 현상을 정량적으로 해석하고 예측할 수 있습니다.

또한, 이 책은 이상기체·실제기체 모델, 이상용액·정규용액 모델 등 이론적 도구를 소개하고, 이를 화학반응 평형 (Ellingham 도표), 상평형 (상태도), 전기화학적 평형 (Nernst 방정식, Pourbaix 도표)과 같은 실제 문제에 어떻게 적용하는지 단계적으로 설명합니다. 이를 통해 열역학이 단순한 이론을 넘어 재료 설계, 개발, 공정 제어의 확고한 과학적 기반임을 분명히 합니다. 독자의 학습을 돕기 위해 각 장은 개념 설명과 물리적 해석을 우선하고, 필요한 수식은 맥락과 목적을 분명히 한 뒤 도입합니다. 핵심 정리, 예제, 요약, 개념 점검 문제를 통해 스스로 점검할 수 있도록 구성했습니다.

강의 노트와 영상 자료는 https://ceramic.yu.ac.kr에서 제공될 예정입니다. 본 교재를 집필함에 있어 일부 그림은 Iowa State University의 R. E. Napolitano 교수의 "Thermodynamics in Materials Engineering" 강의 슬라이드에서 발췌·편집했습니다. 또한 전기화학 섹션의 일부 그림은 Robert T. DeHoff의 "Thermodynamics in Materials Science"(McGraw-Hill Inc.)에서 가져왔음을 밝힙니다.

목차

I. 서론 10

   [연습문제] 15

II. 열역학 제 1, 2, 3 법칙 17

   [연습문제] 28

III. 상태, 상태변수 그리고 프로세스 31

   [연습문제] 38

IV. 기체의 거동 40

IV-1 Boyle-Charles Gas Law 40

IV-2 van der Waals Equation 45

IV-3 Internal Energies of Ideal Gas and Real Gas 46

   [연습문제] 48

V. 상태 변화 과정과 열 용량 51

V-1 Processes of Ideal Gas 51

   i) 등체적과정 (Constant Volume Process) 54

   ii) 등압과정 (Constant Pressure Process) 56

   iii) 단열과정 (Adiabatic Process) 57

   iv) 등온과정 (Isothermal Process) 59

V-2 Heat Capacity 60

V-3 Enthalpy, H 61

V-4 Temperature Change during an Adiabatic Process 63

   [연습문제] 64

VI. 엔트로피의 통계역학적 해석 68

VI-1 Definition of Entropy S 68

VI-2 Statistical Interpretation of Entropy 68

VI-3 Thermal Entropy and Configurational Entropy 73

VI-4 Boltzmann Distribution Function 76

VI-5 Proof of ln Ω being proportional to Clausius Entropy S 79

[연습문제] 80

VII. 가역과정과 비가역과정 83

VII-1 Irreversible Process 83

VII-2 Entropy of Irreversible Processes 87

[연습문제] 88

VIII. 보조함수 91

VIII-1 Geometric Relations 91

VIII-2 Auxiliary Functions 92

    (1) Enthalpy 92

    (2) Helmholtz Free Energy 93

    (3) Gibbs Free Energy 94

VIII-3 Differentials of Auxiliary Functions 95

VIII-4 Maxwell Relations 97

VIII-5 Applications of Maxwell Relation using Experimentally determined Parameters 99

[연습문제] 103

IX. 엔탈피와 엔트로피 함수 그리고 Gibbs 자유에너지 106

IX-1 Enthalpy as a function of Temperature under a constant Pressure .. 106

IX-2 Entropy as a function of Temperature under a constant Pressure 108

IX-3 Gibbs Free Energy as a function of Temperature under a constant Pressure 109

IX-4 Phase Diagram determined from Gibbs Free Energy Change with Temperature and Pressure 111

IX-5 Clapeyron Equation 113

IX-6 Clausius-Clapeyron Equation 113

[연습문제] 116

X. 기체의 거동 120

X-1 Temperature Variation by Heat Transfer under constant Pressure 120

X-2 Pressure Variation by Work Transfer under constant Temperature ... 121

X-3 van der Waals Gas Model describing Real Gas Behavior 123

[연습문제] 127

XI. 혼합 기체의 거동 131

XI-1 Gibbs Free Energy Variation with Pressure under constant Temperature 131

XI-2 Mixture of Ideal Gases 132

XI-3 Partial Molar Quantities and their Physical Meanings 135

XI-4 Chemical Potential as a Partial Molar Quantities 138

XI-5 Equilibrium Vapor Pressure of a Component in Condensed Solutions 140

XI-6 Activity and Activity Coefficient 142

XI-7 Raoult's Law and Henry's Law 143

XI-8 Chemical Potential and Activity 145

[연습문제] 146

XII. 화학반응 평형 149

XII-1 Reactions involving Gases 149

XII-2 Effect of Temperature on Chemical Reaction Equilibrium 152

XII-3 Reference Pressure and Effect of Total Pressure on Chemical Reactions 153

XII-4 Reactions involving Pure Condensed Phases and a Gaseous Phase 155

    (1) CO/CO_2 비율 조절을 이용한 산소분압 조절 160

    (2) H_2/H_2O 비율 조절을 이용한 산소분압 조절 164

XII-5 Reactions involving Condensed Solution Phases and a Gaseous Phase 165

[연습문제] 165

XIII. 상태도 169

XIII-1 Free Energy Change as a Solute dissolving into a Matrix 169

XIII-2 Gibbs Free Energy of a Binary System 173

XIII-3 Ideal Solution 175

XIII-4 Development of Phase Diagrams 176

XIII-5 Development of Eutectic Phase Diagrams 181

XIII-6 Development of Other Phase Diagrams 185

[연습문제] 186

XIV. 용액모델 189

XIV-1 Non-ideal Mixing 189

XIV-2 Regular Solution Model 190

[연습문제] 195

XV. 전기화학 199

XV-1 Ionization Energy of an Element 199

XV-2 Equilibrium in Two Phase Systems involving an Electrolyte 199

XV-3 Equilibrium in an Electrochemical Cell 203

XV-4 Standard Hydrogen Electrode 206

XV-5 Pourbaix Diagram 208

    (1) The Stability of Water 209

    (2) Pourbaix Diagram for Copper 211

[연습문제] 217

[주요 용어 정리] 220

부 록 223

A. 주관식 문제 226

B. 연습문제 [정량적 문제] 풀이 229

I. 서론

   재료열역학 이라는 교과목에 대해서 본격적으로 공부를 진행하기 전에, 먼저 열역학 이라는 학문 분야에 대한 정의를 살펴볼 필요가 있다. 열역학이라고 하는 단어는 두 개의 단어가 조합이 돼서 만들어진 것으로, 열을 의미하는 접두사 thermo 그리고 동역학을 의미하는 dynamics가 합쳐져서 만들어진 단어이다. 보통 우리가 동역학이라고 하면, 역학의 한 종류로서 외부 물리량(주로 힘, 토크, 운동량)이 작용할 때 물체의 거동을 연구하는 학문 분야라고 할 수 있다. 그런데 열역학은 외부 물리량이 힘이 아니고 열 또는 일이 들어가거나 나오거나 함에 따라 발생하는 여러 가지 제반 현상을 연구하는 학문 분야이다.. 그래서 열을 의미하는 Thermo와 동역학을 의미하는 dynamics를 붙여서 Thermodynamics (열역학)이라고 부르는 것이다. 열역학은 다양한 자연과학 및 공학 분야에서 많이 쓰여, 기계공학에서도 (기계)열역학을 배우고 화학공학에서도 (화공)열역학을 배운다. 그러니까 이 열역학이라는 것은 과학과 공학 분야 전반에서 다 배우는 굉장히 중요한 기초학문인 것 입니다.

   그 중에서도 재료열역학 (Thermodynamics of Materials)은 재료분야에 특화된 열역학으로 재료에 열 또는 일이 출입함에 따라 일어나는 제반 현상들을 공부하는 열역학인 것이다. H_2O 분자들로 이루어진 물질의 경우 동일한 물질임에도 불구하고 물(water), 얼음(ice), 수증기(vapor) 처럼 서로 구별되는 여러 고유한 모습 (상태라 부름)을 가지고 있는 것처럼, 재료도 이와 같이 서로 구별되는 고유한 모습 즉 상태를 여러 개 가지고 있다. 이때 재료에 주어진 조건에 따라 상태들의 안정성이 달라지는데, <u>이 상태들 간의 상대적인 안정성을 비교함으로써 특정 조건에서 나타나는 상태가 무엇인지를 연구하는 학문</u>으로 정의할 수 있다.

예를 들면 H_2O 분자로 이루어진 물체는 1기압 0℃ 이하에서는 아래 [그림 I-1]처럼 얼음의 안정성이 물의 안정성 보다 높아, 이 조건에서는 물이 얼음으로 변화하는 동결(freezing) 현상이 일어나는 것으로 해석하는 것이다.

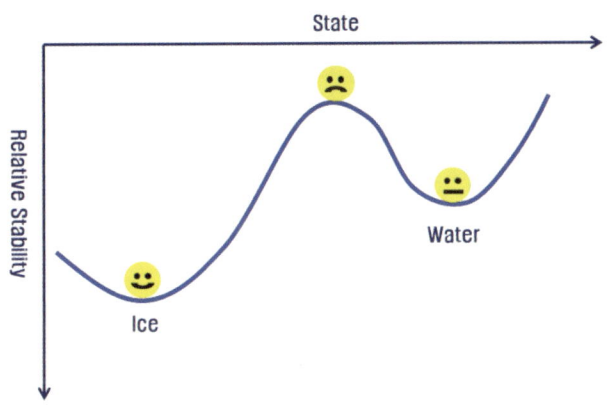

[그림 I-1] H_2O 계 상태들의 안정성 상호비교 모식도

열역학을 공부하기 위해서 알아 두어야 할 가장 중요한 키워드 몇 가지를 지금부터 정의를 해보려고 해요. 먼저 '시스템 또는 계(system)' 라는 용어를 우리가 앞으로 열역학 공부를 마칠 때 까지 계속 쓸 거예요. 우리말로 '계' 또는 '시스템' 이라고 하는데, 지금 현재 내가 관심을 가지고 있는 대상을 '계' 라고 불러요. 즉, 지금 현재 내가 관심을 가지고 있는 우주의 일부분으로서의 그 대상체 이것을 우리는 시스템이라고 부른다 이런 말이에요.

예를 들어 비이커에 H_2O 분자로 이루어져 있는 물이 담겨있고, 여기에 열을 가하면 어떤 현상이 벌어질까? 그럼 이 비이커 속에 담겨진 물 그게 바로 지금 내가 관심을 가지고 있는 우주의 일부분으로서의 대상체가 되잖아요? 그러니까 이 물이 바로 계가 된다 이런 말이죠. 만약에 쇳덩어리를 갖다 놓고 쇳덩어리에 열을 가하면 어떻게 될까?

그게 궁금하다 그러면 그 쇳덩어리가 바로 계가 되는 거다 이런 말이에요.

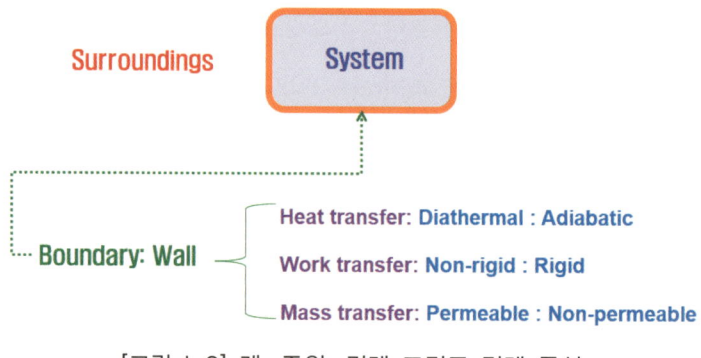

[그림 I-2] 계, 주위, 경계 그리고 경계 특성

그러면 이 계를 제외한 나머지 우주 전체는 뭐라고 부를까? '주위(Surroundings)'이라고 합니다. 그렇다면 이 시스템과 주위 사이에 뭐가 존재하나요? 둘 사이에는 위 [그림 I-2]에서 보는 바와 같이 경계면이 존재하잖아요. 이걸 '경계(Boundary)'라고 불러요. 이 세 가지 용어 계(System), 주위(Surroundings), 경계(Boundary) 이것은 열역학을 공부하는데 있어 가장 기본이 되는 핵심 용어예요.

그런데 그 중에서도 이 경계가 굉장히 중요한데, 경계가 가지는 '특성(Characteristics)'을 보면 세 가지 특성을 가지고 있어요. 첫 번째 열전달 특성 (heat transfer), 두 번째는 일전달 특성 (work transfer), 세 번째 물질전달 특성 (mass transfer) 등 이 세 가지 특성을 경계는 가지고 있어요. '주위'와 '계' 간에 '열', '일', '물질'을 주고 받으면서 자연현상이 일어나게 되는데, 이때 이들은 모두 경계를 통해서 이루어지므로 경계의 이 세 가지 전달특성은 열역학을 기반으로 자연현상을 이해하는 데 있어 반드시 주목해야 하는 성질이죠. 따라서 어떤 한 경계의 특성을 규정하려면 열전달 특성은 어떠하고, 일전달 특성은 어떠하고, 물질전달 특성은 어떠하다는 식으로 이 세 가지를 다 지정해 주어야 한 계의 경계 특성이 정의가 되는 거죠.

자, 하나씩 살펴봅시다. 먼저 열전달 특성의 경우 열전도성(diathermal)과 단열성(adiabatic) 중의 하나로 그 특성을 표현한다. 그러나 실제에서는 열전도도처럼 (완전) 열전도성과 단열성의 중간 특성을 가지는 것이 일반적 이지만, 열역학에서는 이 열전달 특성을 단순 모델화해서 양 극단 특성 (열전도성↔단열성)만 적용한다.

비이커에 물을 담아 놓고 여기에 열을 가한다. 그런데 만약에 이 비이커의 주변과 상단부를 완벽한 단열재로 둘러싸 버리면 열이 안으로 들어갈 수가 있나요? 못 들어가잖아요? 그럴 경우 단열성의 열전달 특성을 가진 경계로 계가 둘러싸여 있다 이렇게 말하는 거죠. 그런데 단열재로 둘러싸지 않고 그냥 비이커 속에 물을 담아 놓고 여기에 열을 가해요 그럼 어떻게 되죠? 열이 비이커 유리를 통해서 들어가잖아요? 이러한 경우에는 열이 마음껏 드나들 수 있는 경계로 둘러싸여 있으니까 열전도 특성의 경계로 계가 둘러싸여 있다고 얘기하는 거죠. 그러니까 열전달 특성이 열전도성일 수도 있고 단열성일 수도 있고 이런 거죠.

열전달 특성만 있는 것이 아니고 또 다른 특성인 일전달 특성이 있죠. 예를 들어 여기 고무풍선이 있다고 할 때 고무풍선 안에 들어있는 공기, 이 들이 어떻게 거동할 것인가 이게 궁금하다고 하면 고무풍선 내 기체분자들이 바로 지금 현재 나의 관심을 가진 우주의 일부분으로서의 대상체 즉 시스템이 된다. 그런데 내가 손가락으로 풍선을 꾹 누르면 풍선이 찌그러들겠죠? 그랬다가 내가 손을 놓으면 풍선이 다시 팽창을 하면서 일(work)을 하잖아요. 즉, 힘 곱하기 움직인 거리 이것의 곱이 일이니, 이 고무풍선의 표면을 내가 손가락으로 꾹 눌러 고무풍선 (경계)을 안으로 밀어 넣어 움직이면 그만큼 내가 일을 한 것이며, 구체적으로는 내부의 공기에게 일을 해 준 거죠. 반면에 눌렀던 손을 놓아버리면 고무풍선이 다시 팽창을 하면서 자기가 머금었던 일을 바깥 (주위)으로 배출을 하게 되죠. 결국 이 고무풍선과 같은 경계는 일이 드나들 수 있는 경계다 이런 말이 되는 거죠. 즉 딱딱하지 않고(non-rigid) 이동가능 (movable)한 경계로 둘러싸여 있게 되면 일전달 특성을 가지고 있는 게 되는 거죠. 반면에 이 용기가 딱딱한 통조림 깡통처럼 되어 있다면 손가락으로 눌러도 움직이지 않고 따라서 일이 들어갈 수도 없고 또한 나올 수도 없는 이런 상태가 되잖아요. 그러면 이 경계는 딱딱한 경계를 가지고 있으므로 일전달을 하지 못한다는 것이죠. 그러니까 고무풍선으로 둘러싸인 계는 열전달 특성과 일전달 특성을 모두 가지고 있는 경계로 둘러싸여 있는 것으로 볼 수 있다.

마지막으로 세 번째 물질전달 특성인데, 이 고무풍선 안에 공기분자들이 잔뜩 들어있지만 바깥에서 공기 분자가 들어가거나 또는 안에 있는 공기 분자가 밖으로 나오거나 할 수가 없죠? 그러니까 물질 전달 특성에서 보면 물질이 전달될 수 없는 특성이니까 불투과성(non-permeable)이라 한다. 반면에 이게 구멍이 숭숭 뚫려 있으면, 예를 들어 비이커 속에 담겨있는 물 같으면 바깥에서 물을 집어넣을 수도 있고 물이 대기 중으로 증발해 올라갈 수도 있으니까 이런 경우에는 투과성(permeable) 경계를 가지고 있다고 하죠. 그러니까 경계가 가진 물질 전달 특성도 투과성과 불투과성으로 나눌 수가 있다.

이처럼 하나의 경계가 가진 특성은 3가지 전달특성을 가지고 있으므로, 경계조건을 규정할 때는 이 모두를 구체적으로 정의하여야 하는 것이다. 그래서 여러분이 꼭 알아야 될 것은 계가 어떠한 경계로 둘러싸여 있느냐 라고 얘기할 때는 반드시 열 전달, 일 전달, 물질 전달 특성이 각각 어떤 상황으로 되어 있다 라고 명시를 해줘야 되는 거예요.

한편 앞으로 우리는 계 (시스템)를 좀 더 세분화해서 개방계(open system), 폐쇄계(closed system), 또는 고립계(isolated system)로 나누어 사용할 거예요. 열전달 이나 일전달 특성이 무엇이든지 간에 물질전달 특성이 투과성 (permeable)인 경계로 둘러싸여 있으면 이런 계를 '개방계' 라고 불러요. 그러면 아까 비이커 속에 담겨있는 물은 시스템 중에서도 '개방계'에 속한다 이 말이죠. 반면에 고무풍선에 담겨 있는 공기가 계인 경우에는 불투과성의 경계로 둘러싸여 물질전달이 이루어지지 않으므로 시스템 중에서도 특별히 '폐쇄계' 라고 부른다.

앞으로 우리가 열역학을 공부하는데 있어 폐쇄계 (closed system)를 굉장히 많이 쓸 것이기 때문에 여러분이 꼭 알아 둬야 되며, 이에 대한 공부가 끝나고 나면 고립계 (isolated system)을 공부할 것이고, 마지막에는 개방계 (open system)을 공부할 거예요. 고립계(isolated system)는 물질전달이 불가능할 뿐만 아니라 열도, 일도 드나들지 못하는 경계로 둘러싸여 있는 시스템을 일컫는 말입니다. 그러면 고립계가 되려면 경계는 어떤 특성을 가지고 있어야 되나요? 열이 드나들 수 없다 하니까 단열성 이어야 되고, 일도 드나들 수 없다 하니까 경계가 딱딱해야 되고, 뿐만 아니라 물질도 드나들 수가 없으니까 불투과성 이렇게 세 개의 특성을 가진 경계로 둘러싸여 있는 계가 고립계인 거죠. 그러니까 고립계는 폐쇄계의 한 종류가 되는 거죠. 지금 이야기하는 이러한 사항들은 앞으로 열역학 공부가 끝나는 순간까지 반드시 알고 있어야 해요.

[연습문제]

[정성문제]

1. 열역학(Thermodynamics)의 어원적 정의와 재료열역학(Thermodynamics of Materials)의 정의를 구분하여 설명하시오.

2. 재료열역학이 재료의 상태(State)와 관련하여 궁극적으로 연구하는 대상은 무엇인가요? 또한 H_2O 분자를 예로 들어 설명하시오.

3. 열역학에서 '시스템(System)', '주위(Surroundings)', '경계(Boundary)'의 정의를 명확히 구분하여 설명하시오.

4. 경계(Boundary)가 가지는 세 가지 전달 특성은 무엇이며, 이 특성들이 열역학을 기반으로 한 자연현상을 이해하는 데 왜 중요하게 주목되어야 하는지 설명하시오.

5. 열전달 특성의 양 극단적 특성인 완전열전도성(diathermal)과 단열성(adiabatic)에 대해 설명하고, 실제 계에서는 어떤 물리량이 이들의 중간 특성을 나타내는지 기술하시오.

6. 일 전달 특성이 '이동성(movable)' 경계와 '고정형(rigid)' 경계에서 어떻게 다르게 나타나는지 고무풍선과 통조림 깡통의 예를 들어 설명하시오.

7. 물질 전달 특성의 종류 두 가지(투과성/불투과성)를 정의하고, 각각 비이커 속 물과 고무풍선 속 공기의 예를 들어 설명하시오.

8. 물질 전달 특성에 따라 시스템을 분류하는 세 가지 용어(개방계, 폐쇄계, 고립계)를 각각 정의하시오.

9. 고립계(isolated system)를 둘러싸고 있는 경계가 가져야 하는 세 가지 특성을 열 전달, 일 전달, 물질 전달 측면에서 구체적으로 설명하시오.

10. '폐쇄계(closed system)'를 정의하고, 고무풍선 안의 공기가 왜 전형적인 폐쇄계의 예가 되는지 물질 전달 특성을 중심으로 설명하시오.

II. 열역학 제 1, 2, 3 법칙

지금부터 열역학 제1법칙, 제2법칙, 제3법칙에 대한 이야기를 전개할 예정이에요. 그런데 이에 대한 이야기를 하기 전에 먼저 여러분은 만유인력 이라는 것을 알고 있을 거예요. 질량을 가진 우주 만물은 서로 당기는 힘이 존재한다는 것이 만유인력인데 바로 중력이 그것이죠. 사과나무에 매달려 있는 사과는 반드시 땅으로 떨어지지 하늘로 날아가지 않잖아요. 그 이유는 사과와 지구 사이에 만유인력이 작용하기 때문이죠. 이러한 자연현상을 우리 인간 중에서 최초로 인식하고 고민했던 사람이 뉴턴이고, 가장 먼저 이거 왜 이럴까를 고민한 사람이죠. 그 결과 뉴턴이 발견한 것은 뭐였어요? 질량을 가진 우주 만물은 서로 당긴다 이거예요. 그리고 이러한 자연현상을 수학적으로 다음과 같이 표현하였죠. 당기는 힘(F)은 질량(m)에 비례하고 그 비례상수를 g라고 쓰고 이 g를 중력가속도라고 이렇게 해석한 것이죠. 이것은 자연현상을 수식으로 표현한 것 뿐이고 뉴튼이 발견한 사항은 뭐 예요? 왜 그런 지는 모르지만 질량을 가진 우주만물은 서로 당긴다는 거예요.

왜 그런지 몰라요. 그냥 질량을 가진 물체들은 서로 당기는 거예요. 이것을 뉴턴이 인간 중에서 최초로 인지하게 됐고, 그것을 수학의 언어를 사용해서 체계화 시킨 것이 오늘날 우리가 배우는 뉴턴 역학(Newton Mechanics)이죠. 이처럼 물리학이나 화학 등 모든 자연과학은 자연현상을 끊임없이 관찰하고 그 속에 존재하는 (원인은 모르지만) 자연현상의 섭리를 깨닫고 이를 수학의 언어로 체계화 시킨 거예요. 자연과학은 이렇게 형성된 거예요. 자 그러면 이 열역학이라는 것도 당연히 똑같은 논리체계를 가지고 있어서, 이 우주에서 벌어지는 자연현상을 열역학의 선구자들이 끊임없이 관찰한 결과 열과 일의 출입으로 인해서 발생하는 제반 자연현상에는 공통의 섭리가 존재하고 있음을 깨닫고 그것을 수학의 언어를 이용해서 체계화 시킨 학문이 열역학인거죠.

그러면 열역학에서 대상으로 하고 있는 자연현상에는 도대체 어떤 공통의 섭리가 있는가? 바로 열역학 제1법칙, 제2법칙, 그리고 제3법칙이 있다. 우리가 물리시간에 배운 뉴턴의 운동법칙에 제1법칙, 제2법칙, 제3법칙이 있는 것처럼 똑같이 열역학에서도 열과 일의 출입에 따라서 발생하는 제반 현상들에 어떤 공통 섭리가 존재하는데 그 섭리를 체계화 시켜 보니까 이렇게 세 가지가 있더라는 것이죠. 이게 왜 이런 지는 아무도 몰라요. 그냥 우주는 그렇게 만들어져 있는 거예요. 단지 우리 인간은 그게 그렇게 되어 있다 함을 깨닫고 이를 체계화 시켜서 학문이라는 이름으로 공부하는 것뿐이라고요.

그 첫 번째가 열역학 제1법칙이에요. 열역학 제1법칙이 뭐냐? 우주가 가진 총에너지는 항상 고정돼 있다. 즉 에너지 보존법칙이에요. 에너지 보존법칙 어디서 많이 들어본 얘기죠? 자 우리가 끊임없이 우주에서 일어나는 제반 현상들을 살펴보니까 에너지가 전달되고 다른 에너지로 변환되고 하는 일은 일어나지만, 결국 우주가 가진 총 에너지는 항상 일정하더라 이런 얘기이죠. 한번 예를 들어 볼 게요. 라면 끓여 먹으려고 냄비를 가스레인지 위에 올려놓고 여기에 물을 넣고 가스레인지에서 가스불을 켜서 가열을 하죠. 그러면 가스 불꽃으로부터 냄비 내 물로 열 에너지가 들어가겠죠? 이 출입한 열량을 지금부터 Q 라고 씁시다. 이때 냄비 안의 물(계)로 들어온 열량 Q는 어디서 온 것인가? 즉 가스레인지 (주위)로부터 냄비 표면 (경계)을 통해서 들어온 것이고, 가스가 가진 화학에너지가 가스레인지에서 열로 바뀐 후 냄비를 통해 들어오게 되는 것이죠. 따라서 주위 (가스를 포함한 가스레인지)에서는 전체 보유 에너지 중 계로 전달한 열량 Q 만큼은 사용하였으므로, 자신의 총 보유에너지는 $-Q$ 만큼 손실이 있게 되는 것이다. 그러므로 우주전체 (계+주위)의 에너지 양에는 변함이 없고 단지 주위와 계 간에 열(에너지)의 출입만 있을 뿐인 것이다. 즉, 우주 전체의 에너지는 보존된다는 것이죠.

이처럼 우주에서 일어나고 있는 제반현상을 가만히 살펴보면 에너지가 변환이 되고 그것이 다른 부분으로 전달되고 하는 현상들만 일어나는 것이지, 우주 전체가 가진 에너지는 항상 보존되게 되어 있다 라는 것이죠. 이것이 우주에서 일어나는 제반현상을 끊임없이 관찰한 열역학의 선구자들이 발견해 낸 우주의 섭리 중 하나인 거죠. 그리고 이것을 우리는 에너지 보존법칙이라고 부르고, 열역학에서는 이를 열역학 제1법칙이라고 부르죠. 즉, "우주가 가지고 있는 총 에너지는 항상 일정하게 되어 있다" 이죠. 이것은 어느 누구도 거부할 수 없는 그리고 지금까지 이것을 위배하는 현상이 관찰된 바가 없어요. 그래서 이것을 바로 열역학 제1법칙이라고 하는 거예요.

그 다음 두 번째 열역학 제2법칙에 대해 알아보죠. 학자들이 열역학 제1법칙만이 우주를 지배하는 유일한 섭리일까 라고 생각했는데, 이것 만으로 설명이 안 되는 현상들이 있죠. 예를 하나 들어볼까요? 여기 차가운 물(cold water)이 있어요. 그리고 다른 한쪽에는 시뻘겋게 달궈진 쇳덩이가 있는데 이 쇳덩이를 차가운 물에다 집어넣었을 때를 상상해 보죠. 시뻘건 쇳덩어리는 열을 물에 전달하면서 온도가 급격히 식을 것이고, 반대로 물의 온도는 높아지는 것을 우리는 관찰할 수 있죠. 그리고 종국에는 두 물체 (쇳덩이와 물)의 온도가 똑같아질 때까지 높은 온도의 물체 (쇳덩이)로부터 낮은 온도의 물체 (물)로의 열전달이 이루어지게 되죠. 이 과정에서 쇳덩이 ('계')는 열을 물로 전달하므로 자신의 에너지는 낮아지지만 물 ('주위')은 반대로 열을 받으므로 자신의 에너지가 증가하는데, 계와 주위를 합친 전체 에너지는 변함이 없이 일정하다는 것을 쉽게 알 수 있다. 즉 열역학 제1법칙이 준수되고 있음을 알 수 있다. 그런데, 한번 머릿속으로 상상을 해봐요. 일단 이렇게 식었던 쇳덩어리가 다시 따뜻한 물로부터 열을 거꾸로 되받아서 쇳덩어리는 다시 뜨거워지고 물은 다시 차가워지는 현상이 일어날지 한번 상상을 해보자 말이죠. 이 과정에서 물이 열 에너지를 쇳덩이로 전달하므로, 물의 보유 에너지는 낮아지고 쇳덩이의 보유 에너지는 증가하는 결과를 야기하지만 물과 쇳덩이 전체가 보유하는 전체의 에너지는 변함이 없을 거라는 추론이 쉽게 가능하다. 그렇다면 이 경우에도 열 전달과정에서 열역학 제1법칙이 준수되고 있음을 알 수 있다.

그런데 높은 온도의 물체에서 낮은 온도의 물체로 열전달이 이루어지는 현상은 자연계에서 쉽게 관찰되는 반면 그 반대의 과정 즉 낮은 온도의 물체로부터 높은 온도의 물체로의 열전달은 절대 일어나지 않음을 우리는 무수히 많은 자연현상에서 관찰할 수 있다. 두 가지 경우 모두 열역학 제1법칙이 준수되는 과정임에도 불구하고 앞의 과정은 자연에서 쉽게 관찰되는데 뒤의 과정은 자연에서 관찰할 수 없다. 그렇다면 이제 여기에서 의문이 생긴다. 열역학 제1법칙만이 우주를 지배하는 유일한 섭리라고 한다면 양쪽 과정이 모두 일어나야 하는데, 한쪽 과정만 일어나고 그 반대의 과정은 일어나지 않는다는 사실로부터 열역학의 선구자들이 생각했을 때 아, 이 우주에는 열역학 제1법칙만이 유일한 섭리가 아니고 또 다른 섭리가 더 존재하는구나 라는 생각을 하게 되었죠. 그래서 끊임없이 이 자연현상을 관찰해 보니까, '열과 에너지'는 좁은 공간 (즉 뜨거운 쇳덩이) 내에 모여서 존재하는 것보다 넓은 공간 (즉 물)으로 퍼져 나가 널리 펼쳐져서 존재하려고 하는 경향을 가지고 있음을 깨닫게 되었죠. 또한, 널리 펼쳐져 있는 열과 에너지가 모여들면서 다시 좁은 데로 되돌아가려고 하는 것은 자연계에서는 일어나지 않는다 라는 거죠. 이러한 섭리가 자연에 왜 존재하는지는 아무도 몰라요. 자연은 그냥 그렇게 만들어져 있는 거예요. 빅뱅이 일어나면서 만들어진 우주는 그러한 방향으로 진화한 것이라고요.

또 다른 예 하나를 더 들어볼 게요. 맑은 물이 담겨져 있는 비이커에 스포이드로 빨간색 잉크 방울을 떨어뜨리면 어떤 일이 벌어지나요? 잉크 방울이 떨어진 다음에 좀 기다려 보면 잉크 방울이 가지고 있던 색소들이 물 전체로 다 퍼져 나가서 물이 시뻘겋게 되잖아요? 이때도 이 잉크 방울이 떨어지기 직전에 이 우주 전체가 가진 에너지나 물방울이 떨어져 색소가 널리 펼쳐져 있는 경우에도 우주 전체가 가진 에너지는 다 똑같아 열역학 제1법칙은 만족하고 있죠. 그런데 우리가 자연에서 관찰해 보면 빨간색 잉크 방울을 떨어뜨리면 빨간색 색소가 자발적으로 퍼져 물 전체가 시뻘게지는 과정은 저절로 일어나죠. 그런데 반대로 이렇게 널리 펼쳐져 있던 색소 분자들이 자발적으로 다시 뭉쳐서 한 곳으로 모여들고 나머지 물은 맑게 바뀌는 이러한 과정은 자연에서 절대 관찰되지 않죠. 색소가 좁은 곳에서 넓은 곳으로 퍼져 나가는 것은 자발적으로 일어나는 반면 반대로 널리 펼쳐져 존재하던 색소가 자발적으로 좁은 영역으로 모여드는 일은 자발적으로 일어나지 않죠. 열역학 제1법칙만이 유일한 섭리라고 한다면 양 방향 모두 가능해야 하는데 왜 역방향으로는 일어나지 않느냐는 것이죠.

그래서 열역학의 선구자들은 우리가 살고 있는 이 우주에는 열역학 제1법칙 이외에 또 다른 섭리가 존재한다. 즉, 앞에서 예를 든 바와 같이 한쪽 방향으로만 자연현상이 일어나도록 만들어주는 또 다른 섭리가 존재한다는 것을 깨닫게 되고 이것을 열역학 제2법칙이라고 부르게 된 거예요. 잉크 방울 속에 뭐가 들어 있었나요? 잉크 색소라고 하는 물질이 들어있었죠. 또한, 시뻘건 쇳덩어리 안에 무엇이 들어있었나요? 열 다른 말로 얘기하면 에너지가 들어있었죠. 이들이 모두 널리 펼쳐지는 것은 좋아하지만 반대로 좁은 곳으로 모여드는 것은 싫어한다는 공통의 섭리가 존재함을 알 수 있죠. 결국 이 말을 요약을 해보면 물질이나 에너지는 널리 펼쳐져 존재하려고 하는 섭리가 존재한다는 거예요. 왜 그런지 몰라요. 그냥 세상이 그렇게 만들어져 있는 거예요. 왜 질량을 가진 물체가 서로 당기는지 아무도 몰라요. 뉴튼도 모르고 아인슈타인도 모른다고.. 단지 우주가 그렇게 되어 있고 그 섭리를 깨닫고 체계화 시킨 것이 뉴튼의 만유인력 법칙이고 아인슈타인의 상대성 이론이죠. 마찬가지로 왜 우주가 또는 자연이 그런 지는 모르지만 물질이나 에너지라는 것이 좁은 영역에 모여 있는 것보다는 넓은 영역으로 펼쳐져 존재하려 하며, 자연 현상은 그런 방향으로 움직여 가려고 한다라는 거죠.

열역학 제2법칙을 말로 표현해 보면 물질이나 에너지라는 것은 어떤 한 곳에 뭉쳐져 있는 것으로부터 넓은 영역에 펼쳐져서 존재하려고 하는 방향으로 자발적으로 움직여간다. 즉 에너지나 물질이라는 것은 한 곳에 모여 있지 않고 넓은 곳으로 펼쳐지려고 하는 이러한 경향을 가지고 있다는 것이고, 왜 그런 지는 모르지만 자연현상은 그러한 방향으로 에너지나 물질이 자발적으로 움직이게 되어 있다 라는 것이 열역학 제2법칙이예요. 그런데 이렇게 정성적인 말로 열역학 제2법칙을 표현하기 보다는 (자연과학과 공학에서 처럼) 이를 계량화 된 수치로 표현하기 위해 도입된 개념이 엔트로피(Entropy)인 거예요. 열역학 제1법칙에서 에너지라는 용어를 써서 계량화 된 수치로 표현하는 것과 마찬가지로 열역학 제2법칙에서도 위에서 설명한 이러한 자연의 섭리를 어떤 계량화 된 수치로 표현하기 위해서 엔트로피라는 물리량이 도입되었죠.

엔트로피란 무엇인가? 물질이나 에너지가 얼마나 널리 펼쳐져 존재하느냐를 나타내는 척도로 정의되며, 이렇게 정의하게 되면 열역학 제2법칙은 다음과 같이 표현할 수 있다. "자연에서 일어나는 모든 현상(변화)은 엔트로피가 항상 증가하는 방향으로만 자발적으로 일어나게 되어 있다".

자 여기까지 해놓고 나서 봤더니 아직도 의문이 드는 거예요. 즉, 자연 현상은 끊임없이 엔트로피가 증가하는 방향으로 자발적으로 일어나지만 엔트로피가 감소하는 방향으로는 절대 일어나지 않는다고 하는데, 자연에 이와 유사한 성질을 가진 물리량으로 '시간'이 있죠. 시간은 끊임 없이 값이 증가하며, 자발적으로 증가는 하지만 꺼꾸로 감소하지는 않죠. 우리가 시간을 거꾸로 돌아가 보면 시간의 시작이 있잖아요? 빅뱅으로부터 시작 하잖아요. 자 그러면 엔트로피도 시간과 유사하게 자연에서는 항상 증가하는 방향으로만 일어난다고 한다면 거꾸로 이 엔트로피도 어딘가 0 (zero)이 되는 데가 있지 않겠는가? 마치 시간의 출발점을 빅뱅으로 이해하는 것과 마찬가지로 엔트로피의 시작점이 어디냐? 이러한 의문에 대해서 자연을 끊임없이 관찰한 결과, 그에 대한 답이자 자연에 존재하는 섭리가 바로 열역학 제3법칙이에요.

열역학 제3법칙을 말로 해보면 이런 거예요. 엔트로피라는 것은 항상 커지게 돼 있고 그렇다면 거꾸로 돌아가보면 언젠가 엔트로피가 시작하는 곳이 있을 거다. 그 엔트로피가 0인 곳을 온도 절대 영도라고 부르자. 그러면 절대 영도에서는 엔트로피가 0이 되게 되어 있고, 이곳이 바로 엔트로피의 출발점이다 라는 거죠.

반복해서 이야기 하면, 시간이 항상 증가하는 방향으로 앞으로 나아가지 뒤로 가지 않잖아요. 마찬가지로 우주에서 일어나는 모든 자연현상도 엔트로피가 커지는 방향으로만 일어나지, 작아지는 방향으로는 되돌아가지 않는다는 점에서 시간하고 아주 유사하죠. 그럼 시간의 출발이 빅뱅에 있는 것처럼 엔트로피도 어딘가 출발점이 있을 거란 거고 그 출발점 즉 엔트로피가 0이 되는 곳이 어디냐? 바로 절대 0도다 이 말이죠. 그래서 절대 0도가 존재한다 것이 열역학 제3법칙 이죠.

마치 무슨 법칙 그러면 누가 심오한 이론을 통해서 계산해 낸 것을 법칙이라고 하는 것 같지만 앞에서 이야기한 바와 같이 끊임없이 자연현상을 관찰하고 그 속에 존재하는 섭리를 깨닫고 그 섭리를 수학의 언어로 체계화 시킨 것이 학문이고 그것이 물리학이고 그것이 화학이고 그것이 열역학이다 이 말이죠. 따라서 이 열역학 1, 2, 3 법칙은 심오한 이론을 통해서 유도된 것이 아니라 자연에 존재하는 섭리를 우리 인간이 깨닫고 체계화 시켜 놓은 것이죠. 왜 그런 지는 모르지만 이 자연에서 일어나는 모든 현상은 이 세 개의 법칙에 의해서 지배되고 이 법칙에 따라 움직여가고 있는 거예요.

열역학 제1법칙은 에너지 보존 법칙 즉, 우주 전체의 에너지는 항상 고정되어 있다는 것이고, 두 번째 열역학 제2법칙은 물질이나 에너지라는 것은 한 곳에 뭉쳐 있지 않고 자꾸 널리 펼쳐져 존재하려고 하는 그러한 경향을 가지고 있다. 그리고 이렇게 널리 펼쳐져 존재하려고 하는 이 경향의 척도, 이것을 우리는 엔트로피라고 부른다 라고 얘기했죠. 따라서 우주에 존재하는 모든 자연현상은 엔트로피가 항상 증가하는 방향, 즉 한 곳에 모여 있지 않고 널리 펼쳐져 존재하려고 하는 방향으로 끊임없이 나아가고 반대 방향으로는 일어나지 않는다 라는 것이 열역학 제2법칙이죠. 그리고 마지막으로 열역학 제3법칙은 이렇게 항상 증가하기만 하는 엔트로피라는 물리량이 이 우주에 존재한다고 한다면, 반대로 가보면 엔트로피가 시작되는 곳이 있을 거다. 그 엔트로피가 시작되는 곳 즉 엔트로피가 0 인 곳(절대 0도)이 존재 한다라는 것이 열역학 제3법칙이죠.

그러면, 지금부터는 열역학 제 1, 2, 3 법칙을 수학이라는 언어를 통해 수식으로 표현해 봅시다. 이를 위해 아래 [그림 II-1]에 표현한 바와 같이 우리 계에 외부로부터 열이 들어오고 또 일부는 열이 빠져나간다면 그 차이를 열의 출입량 $\triangle Q$라고 부르고, 외부로부터 들어온 일이 다시 빠져나갈 수도 있으니까 그 차이를 지금부터 일의 출입량 $\triangle W$라고 합시다. 또한, 외부로부터 들어온 물질의 양에 나간 것을 빼면 그 차이를 물질의 출입량 $\triangle N$으로 표현하기로 합시다.

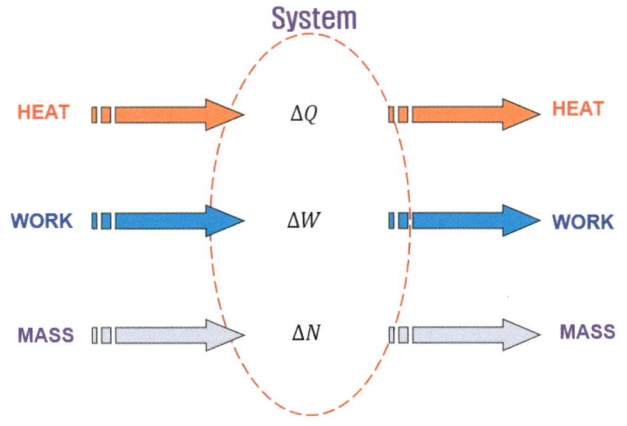

[그림 II-1] 개방계에서 열, 일, 물질의 출입을 나타내는 모식도

한편, 앞에서 계에는 개방(open), 폐쇄(closed), 고립(isolated) 3종류가 있다고 했죠. 이중에서 초보자가 열역학을 이해하는데 가장 쉬운 계가 폐쇄계(closed system)이므로, 지금부터 당분간은 우리가 다루는 계가 물질의 출입이 없는 즉 폐쇄(closed)되어 있는 경우(그림 II-2)) 만을 먼저 고려하기로 해요. 여러분이 지금 열역학을 공부하는 초보 학생이기 때문에 수학적인 문제를 단순화해서 표현할 수 있는 최적의 시스템이 폐쇄계이기 때문에 그걸 먼저 공부하려고 하는 거예요. 그래서 폐쇄계를 먼저 공부하고 나아가서 고립계, 더 나아가서 개방계를 공부할 예정이에요.

폐쇄계에서는 물질이 드나들 수가 없으니 △N=0일 거고 따라서 변화량은 열이 드나들면서 발생하는 변화량 △Q와 일이 드나들면서 발생하는 변화량 △W로 주어지게 된다. 즉, 이들의 합 △Q+△W가 열과 일의 출입을 통해 우리 계에 남게 되는 알짜 에너지가 되는 것임을 알 수 있다.

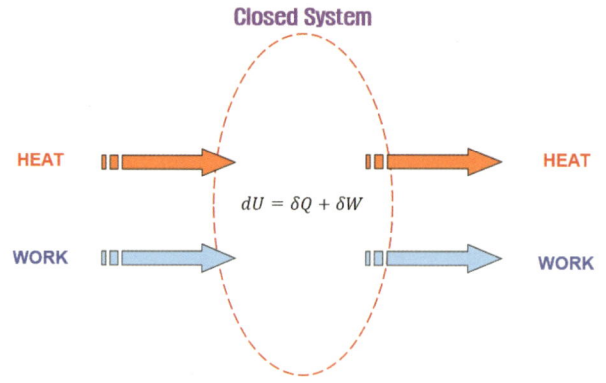

[그림 II-2] 폐쇄계에서 열과 일의 출입을 나타내는 모식도

지금부터 계가 가지고 있는 총 에너지를 내부에너지라고 부르고 기호 U로 표현하기로 하자. 이때 △Q+△W 만큼이 우리 계에 잔류하면 △U = △Q+△W 만큼의 내부에너지 변화가 있을 테니까 내부에너지의 미분적 변화량 dU는 아래와 같이 쓸 수 있죠.

$$dU = \delta Q + \delta W \quad ----(\text{II-1})$$

즉 내부에너지 변화량은 출입한 열과 일의 잔류량의 합과 같게 된다는 것이죠. 들어온 거에서 나간 걸 빼면 그 변화량인데 그만큼 우리 계의 내부에너지가 증가하는 것이죠. 그리고 이것은 주위로부터 △Q의 열과 △W의 일이 공급되었다는 것을 의미하고 따라서 주위의 내부에너지가 그 만큼 감소(-△U) 했다는 것을 의미한다. 즉, 우리 계와 주위의 총 에너지 합은 변함이 없다는 것이고, 따라서 식 (II-1)은 수식으로 표현한 에너지 보존법칙 즉 열역학 제1법칙이 되는 거예요.

한편 Clausius는 열역학 제2법칙에서 도입된 엔트로피 S를 아래와 같이 정의할 수 있다고 제안하였다.

$$dS = \delta Q / T \quad ---(\text{II-2})$$

여기서 δQ는 출입한 열량, T는 온도, 그리고 dS는 엔트로피의 변화량 이다. 어떻게 해서 엔트로피의 변화량이 식 (II-2)와 같이 쓰여질 수 있는 지에 대해서는 아직 증명하지 않으려고 그래요. 왜냐하면 이것을 증명할 만큼 우리의 열역학 지식이 아직은 높지 않기 때문에 지금으로서는 Clausius라는 분이 제안한 바를 당분간 따르기로 해요. 'VI 장 엔트로피의 통계역학적 해석'에서 보듯이 Boltzmann에 의해서 엔트로피의 정확한 의미가 이론적으로 규명이 되고 나서 이 식이 정말 맞다는 게 증명이 돼요.

자 그러면, 식 (II-2)를 식 (II-1)과 결합하면
$$dU = TdS + \delta W \qquad ---(II-3)$$
로 쓸 수 있고, 따라서 식 (II-3)은 열역학 제1법칙과 2법칙이 결합이 돼서 만들어지는 방정식이 되는 거죠. 즉, 열역학 제1법칙과 2법칙이 합쳐져 있는 방정식이 되는 거예요. 한편 위 식에서 일의 변화량 δW는 수식으로 어떻게 표현할 수 있을까? 어떤 면에 힘(F)이 가해지고 그 힘에 의해 면이 길이 dL 만큼 움직이면, 이때 행해진 일은 $|\delta W|$ = F dL이 된다. 힘은 그 면에 가해지는 압력 P에 면의 단면적 A의 곱으로 표현할 수 있으므로, $|\delta W|$ = F dL = P A dL으로 쓸 수 있는데 여기서 A dL은 면의 움직임에 기인한 체적변화 dV이므로 $|\delta W|$ = P dV가 됨을 알 수 있다.

그런데 이때 δW의 부호에 주의할 필요가 있다. 주위로부터 우리 계가 일을 받을 때는 δW가 양(+)의 부호를 갖게 되고, 반대로 우리 계가 일을 주위에 전할 때는 음(-)의 부호를 가져야 한다. 그렇다면 언제가 일을 받는 경우인가? 주위에서 우리 계에 압력을 가해 계가 압축되어 부피가 수축(dV<0)되는 경우가 바로 주위로부터 일을 받는 (δW>0) 상황이며, 반대로 우리 계가 주위로 팽창하여 부피가 증가하는(dV>0) 경우가 바로 계가 일을 해 주는(δW<0) 상황이다. 따라서 이러한 부호관계를 모두 만족시키려면 δW = - P dV로 표현되어야 한다.

따라서 열역학 제1법칙과 제2법칙을 결합하여 수식으로 나타낸 방정식 (II-3)을 다

시 쓰면

$$dU = TdS - PdV \qquad \text{---(II-4)}$$

가 됨을 알 수 있으며, 이 방정식을 기본 방정식 (fundamental equation)이라고 부르며 모든 열역학의 출발점이 되는 거예요.

[연습문제]

　[정성문제]

1. 열역학 제1법칙의 핵심 내용을 설명하고, 이를 '에너지 보존법칙'과 관련지어 논하시오.

2. 열역학 제2법칙이 등장하게 된 배경을 뜨거운 쇳덩이와 차가운 물의 예 또는 잉크 방울과 물의 예를 들어 설명하고, 제1법칙만으로는 설명되지 않는 자연 현상의 섭리가 무엇인지 설명하시오.

3. 열역학 제2법칙이 말로 표현하는 정성적인 내용(물질이나 에너지의 경향)을 설명하고, 이를 계량화된 수치로 표현하기 위해 도입된 물리량이 무엇인지 기술하시오.

4. 엔트로피(Entropy)를 '물질이나 에너지의 널리 펼쳐진 정도의 척도'로 정의했을 때, 열역학 제2법칙을 엔트로피의 변화 방향을 이용하여 다시 정의하시오.

5. 열역학 제3법칙이 등장하게 된 이유를 '시간'이라는 물리량과의 유사성을 바탕으로 설명하고, 제3법칙이 정의하는 엔트로피의 출발점(제로점)은 무엇인지 설명하시오.

6. 열역학 법칙(제1, 2, 3 법칙)들이 심오한 이론을 통해 유도된 것이 아니라, 자연 현상을 관찰하고 그 섭리를 체계화시킨 것임을 뉴턴의 만유인력 법칙의 예와 비교하여 설명하시오.

7. 폐쇄계(Closed System)에서 내부에너지 변화량 dU를 출입한 열(ΔQ)과 일(ΔW)의 잔류량과 관련지어 나타내는 수식을 쓰고, 이것이 왜 열역학 제1법칙이 되는지 설명하시오.

8. Clausius가 제안한 엔트로피의 변화량(dS)을 나타내는 수식을 쓰고, 이때 엔트로피의 변화량이 열량(ΔQ)과 온도(T)와 어떤 관계를 가지는지 설명하시오.

9. 열역학 제1법칙과 제2법칙이 결합된 가장 기본적인 방정식(fundamental equation)을 유도 과정(일 ΔW을 -P dV로 대체하는 과정 포함)을 설명하며 최종 수식을 쓰시오.

10. 일의 변화량(ΔW)이 -P dV로 표현되는 이유를 설명하고, 주위로부터 계가 일을 받을 때(ΔW>0)와 계가 주위에 일을 할 때(ΔW<0)의 부호 관계가 어떻게 되는지 설명하시오.

[정량문제]

(기체 상수 R ≈ 8.314 J/mol·K로 가정합니다.)

1. 어떤 폐쇄계(Closed System)가 주위로부터 1500 J의 열(ΔQ)을 흡수하는 동시에, 이 계가 주위에 500 J의 일(ΔW)을 했습니다. 이 과정에서 계의 내부에너지 변화량 ΔU를 계산하시오.

2. 350 K의 일정한 온도에서 진행된 가역 과정 중, 어떤 계가 2100 J의 열을 흡수했을 때, 이 계의 엔트로피 변화량 ΔS를 계산하시오.

3. 1 mol의 이상 기체가 10 atm의 일정한 외부 압력에 대해 부피가 10 L에서 5 L로 압축되었습니다. 이 과정에서 계가 받은 일(W)의 양을 J 단위로 계산하시오 (단, 1 L·atm ≈ 101.3 J로 간주).

4. 어떤 계가 T=400 K, dS=5.0 J/K의 엔트로피 변화와 P=5 atm, dV=0.2 L의 부피 변화를 겪었을 때, 열역학 근본 방정식 dU = TdS − PdV를 이용하여 계의 내부에너지 변화량 dU를 J 단위로 계산하시오 (단, 1 L·atm ≈ 101.3 J로 간주).

5. 1 mol의 이상 기체가 400 K에서 10 L의 부피를 가질 때, 이 기체의 압력 P를 atm 단위로 계산하시오.

6. 500 K의 온도에서 계가 2500 J의 열을 주위로 방출하여 계의 엔트로피가 6.0 J/K 감소했습니다. 이 과정이 가역적인지 비가역적인지 판별하시오.

7. 어떤 폐쇄계의 내부에너지 변화량이 ΔU = 1200 J이었고, 이 과정에서 주위로부터 800 J의 열(ΔQ)을 흡수했습니다. 이 과정에서 계가 외부(−ΔW) 또는 외부가 계(+ΔW)에 한 일의 양과 방향을 계산하시오.

8. T_1=500 K인 주위로 ΔQ = 1000 J의 열을 방출하는 가역 과정에서, 계와 주위의 총 엔트로피 변화량 ΔS_{tot}를 계산하시오.

9. 1 mol의 이상 기체가 등온 가역 팽창하여 V_1=1 L에서 V_2=2 L로 부피가 변화했습니다. 이 과정에서 계가 주위로부터 흡수한 열량 ΔQ와 계의 엔트로피 변화 ΔS를 T와 R을 사용하여 표현하시오.

10. T=300 K에서 0.5 mol의 이상 기체가 30 L의 부피를 가질 때, 기체가 벽면에 가하는 압력 P를 atm 단위로 계산하시오.

III. 상태, 상태변수 그리고 프로세스

지금부터는 열역학에서 아주 중요한 개념 중 하나인 상태에 대해서 공부를 해보겠습니다. '상태(state)'란 특정 순간에 계가 나타내는 자신의 고유한 모습 (또는 성질)을 말하는 것입니다. 한번 예를 들어볼 게요. 비이커에 H_2O 분자로 이루어진 물질이 담겨져 있다고 있다고 하자. 그러면 바로 이 H_2O로 이루어진 물질이 계가 되는 것인데, 이 계가 어떨 때는 얼음덩어리로 나타나고 어떨 때는 물로 나타나기도 하고 또 어떨 때는 수증기로 나타나기도 하죠. 똑같은 물질로 이루어진 동일한 계인데 얼음의 모습으로 나타날 때도 있고 물의 모습으로 나타날 때도 있고 수증기의 모습으로도 나타날 때가 있죠. 이렇게 서로 구별되는 독립적인 고유한 모습을 가지고 있을 때, 이를 상태라고 부른다는 거예요. 따라서 하나의 계가 가질 수 있는 상태는 이처럼 하나 만이 아니라 많은 상태들을 가질 수 있다는 것을 알 수 있죠. 그 중에 지금은 세 개의 상태(얼음, 물, 수증기)만 예를 들어 설명한 것이죠.

앞서 우리는 열역학이라는 것을 정의할 때, 열역학은 계가 가질 수 있는 여러 상태들의 상대적인 안정성을 상호 비교하는 학문이다 라고 설명을 한 적이 있었죠. 자 그러면 H_2O 로 이루어진 계를 대상으로 살펴보죠. 상대적인 안정성이라는 건 뭔가요? 비이커 속에 들어있는 물 분자가 1기압에서 0℃ 이하일 때는 물, 얼음, 수증기 중에서 얼음의 상대적 안정성이 가장 커서 이 조건에서는 물 또는 수증기는 얼음으로 변화하고, 반대로 0℃ 이상에서는 물의 상대적 안정성이 얼음 또는 수증기 보다 커서 얼음 또는 수증기가 물로 변화하는 것이죠. 안정성이 큰 쪽 (상태)으로 계가 움직여 간다는 것이고, 이게 우리 눈에 동결(freezing) 또는 용융(melting) 이라는 자연 현상으로 보이는 거죠. 이때 계가 하나의 상태로부터 또 다른 상태로 움직여 가는 이 과정을 '프로세스(process)'라고 불러요. 이처럼 열역학에서는 계가 가질 수 있는 상태들 간의 상대적 안정성을 비교함으로써 특정 조건에서 계가 어떤 상태로 움직여 갈 것인가를 예측하는 학문인 것이다.

바로 열역학에서 말하는 상대적인 안정성의 상호 비교라는 것은 결국 이렇게 상호 비교함으로써 어떨 때 응고(freezing)가 일어나는지 어떨 때 용융(melting)이 일어나는지를 예측할 수 있게 되는 것처럼, 열역학이라는 학문을 통해서 자연현상을 예측 가능하게 된다는 거죠. 그래서 열역학을 배움으로써 우리 계의 미래를 예측할 수 있게 되는 거예요. 이게 우리가 열역학을 공부하는 핵심 이유인 거죠.

"상태(state)란 계가 특정 순간에 나타내는 그 자신의 고유한 모습(또는 성질)"인데 이 상태를 표현하는 방법이 필요해요. 즉 그것을 계량화 된 수치로 표현할 수 있는 변수가 필요하다는 말이죠. 그래서 한번 설명을 해 볼 게요. 자, 여기 신호등이 있어요. 바로 이렇게 말하는 순간, 이 신호등은 나의 계가 되는 거죠. 그런데 이 계가 자기 자신을 나타내는 고유한 모습 (성질)을 상태라고 했는데, 지금 이 순간 우리 계는 [그림 III-1]에 보인 것처럼 첫 번째 등이 녹색 빛을 내고 있고 두 번째 등이 노란색 빛을 내고 있고 세 번째 등이 빨간색 빛을 내고 있어요. 이게 바로 지금 현재 계의 상태인 거죠. 다음 순간 이 신호등의 첫 번째 등이 노란 불로 바뀌고 두 번째 등이 빨간색으로 바뀌고 세 번째 등이 녹색 색깔로 바뀌었다면 신호등이라는 계의 상태는 앞의 상태와 틀림없이 구별이 되는 별도의 상태 이잖아요. 이처럼 이 신호등이 가질 수 있는 상태들은 하나가 아니고 여러 개가 있죠.

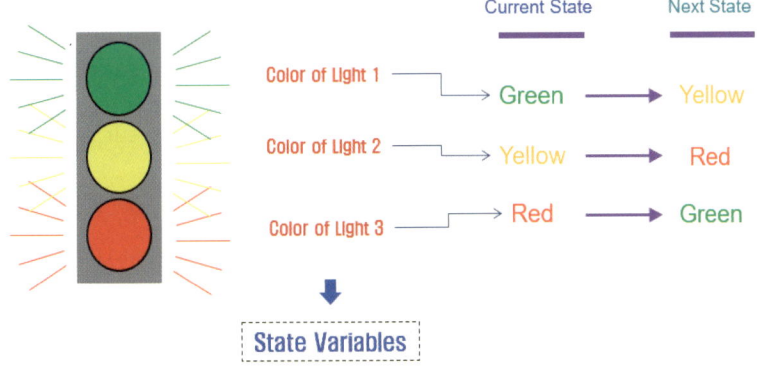

[그림 III-1] 신호등의 상태(state)를 표현하기 위한 모식도

이러한 상태를 과학적으로 다루기 위해서는 상태를 표현하는 변수를 도입해야 되는데, 그것을 우리는 상태 변수(state variables)라고 부르죠. 위 신호등을 예로 들면 1번 등의 색깔을 나타내는 변수, 그 다음 2번 등의 색깔을 나타내는 변수, 3번 등의 색깔을 나타내는 변수 등 총 3개의 변수가 있으면 우리는 이 계의 상태를 완벽하게 나타낼 수 있게 되죠. 지금 현재 신호등이 green; yellow; red 등이 켜진 상황이라면 이 신호등의 현재 상태를 완벽히 표현하기 위한 상태변수 3개에 각각 첫 번째 변수에는 green 값, 두 번째 변수에는 yellow 값, 그리고 세 번째 변수에는 red 값을 부여하면 현재 신호등의 상태를 완전하게 표현할 수 있잖아요. 신호등의 상태가 달라지면 그에 맞추어 각 변수에 부여된 값을 바꾸면 얼마든지 그것의 상태를 완벽히 나타낼 수 있게 되는 거죠. 이렇게 계의 상태를 표현해 줄 수 있는 이러한 변수 이것을 상태변수라고 부르는 거죠. 그러니까 결국 우리에게 필요한 것은 이 상태 변수만 있으면 계의 상태를 완벽히 기술할 수 있고, 이렇게 계의 상태를 완벽히 기술하는 데 필요한 변수 그것을 상태 변수라고 부른다는 거죠.

한편, 계가 하나의 상태에서 또 다른 상태로 변화해 가는 것을 '과정(process)'이라고 부른다고 앞에서 이미 얘기했죠. 계가 가지고 있는 어떤 하나의 상태로부터 계가 가질 수 있는 또 다른 상태로 변화해 가는 여정을 프로세스, 즉 과정이라고 불러요.

한편 우리가 이 열역학 공부를 통해서 진짜 배우려고 하는 것은 방금 전에 얘기했던 신호등 같은 그런 계를 배우려고 하는 게 아니잖아요. 신호등의 예를 들은 것은 여러분에게 상태란 무엇이며, 그리고 그 상태를 정량적으로 정의하기 위해서는 상태변수라는 게 필요하다 라는 그 개념을 알려주기 위해서 예로 들은 것 분이죠. 진짜 우리가 대상으로 삼고 있는 계는 바로 재료와 같은 고체계 이죠. 그런데 1 몰(mole)의 고체 덩어리만 하더라도 그 안에 아보가도르(Avogador's) 개수 만큼의 어마어마한 원자들이 들어있는 계를 우리는 다루는 거란 말이에요. 그러면 이처럼 무수히 많은 입자들로 구성된 계, 이러한 시스템의 상태를 표현하려면 도대체 몇 개의 상태변수가 있어야 되느냐? 아까 신호등은 3개의 상태변수가 필요했잖아요. 그런데 무수히 많은 원자 또는 분자들로 이루어진 이러한 재료를 다루는데 있어서 그 계의 상태를 표현하려면 도대체 상태변수가 몇 개 필요하냐 그 얘기를 해보려고 해요.

자 먼저 하나의 입자만으로 이루어진 단일 입자(single particle) 계를 생각해 보죠. 현재의 위치가 x_0 이고 v 라는 속도로 1차원 운동하고 있을 때, t 라는 시간 후 계의 위치 x는 $x = x_0 + vt$ 가 되죠. 따라서 어떤 시간에서든 입자의 상태를 완벽히 기술하는데 필요하고 충분한 상태변수의 개수는 (x_0 와 v) 2개만 있으면 가능함을 알 수 있죠. 그리고 한 입자가 가진 에너지는 운동에너지(e_k)와 포텐셜 에너지(e_v)의 합($e = e_k + e_v$)으로 주어지는데, 포텐셜 에너지는 입자들 간의 상호작용에 의해 나타나는 에너지이지만 상호작용이 없는 이상적 거동을 하는 입자라고 하면 0 으로 가정할 수 있어요. 그러면 $e = e_k = mv^2/2$ 가 되어 $v = \sqrt{(2e/m)}$가 되어 독립변수 v를 입자의 에너지 e로 대체할 수 있고 결국에는 (x_0 와 e) 2개의 상태변수만 있으면 입자의 상태를 완벽히 기술하는데 필요하고도 충분함을 알 수 있게 되죠.

그러니까 두 개의 상태 변수만 있으면 그 계의 상태를 표현할 수 있고 더 나아가서 우리는 운동방정식($x = x_0 + vt$)을 이용하면 그 계의 미래까지도 예측할 수 있다는 거죠. 그런데 이건 물리학적인 관점의 이야기이고, 우리가 다루는 재료는 아보가드로 개수 이상의 무수히 많은 N개의 입자들로 이루어져 있죠. 그럼 각각의 입자들마다 X_0 와 e 라는 두 개의 변수로 그 상태가 표현된다면 총 N 개의 입자가 있으니까 총 2N 개의 상태 변수가 필요하고, 2N 개 (실제로는 3차원이므로 6N)의 연립 운동방정식을 풀어야 그 계의 미래 거동을 예측할 수 있게 되죠. 그런데 여기서 N은 아보가드로 수 이상의 엄청나게 큰 숫자이므로 이러한 방식으로는 그 계의 거동을 계산할 수 없는 문제에 직면하게 됩니다. 아보가드로 갯수의 2배 이상 되는 상태변수를 다룬다는 건 불가능한 얘기란 말이죠.

그러나 이 열역학에서는 이런 문제를 단순화 시킬 수 있는 논리가 있어요. 예를 들면 풍선을 한번 상상을 해봐요. 자, 여기 풍선이 있고 그 안에 아보가드로 갯수 만큼의 어마어마한 공기 분자들이 들어가 있다고 합시다. 이 풍선의 거시적 거동만을 탐구하는 경우에는 안에 들어있는 특정 공기 분자가 현재 어느 위치에 있고 현재 얼마만한 에너지를 가지고 있는지는 안 궁금하죠. 우리가 궁금한 건 이 고무풍선 안에 들어있는 이 공기 즉 분자 집합체의 거동이 궁금한 거죠. 집단적으로 어떻게 움직이느냐 이런 게 궁금한 거지, 그 안에 있는 특정 분자가 여기 있건 저기 있건 관심 없고 에너지가 얼마이건 관심 없는 거죠. 우리가 알고 싶은 건 이 무수히 많은 공기 분자들로 이루어진 고무풍선이라는 집단이 어떻게 거동하느냐 이게 궁금할 뿐인 거죠.

그렇다면 이 문제를 어떻게 단순화 시킬 수 있을까요? i) 어떤 특정 입자가 가지는 에너지 이런 것 들에는 관심 없고 그 입자들이 가지는 평균 에너지 값 $\langle e \rangle$만 알아도 거시 거동을 이해하는데 충분하다. ii) 그리고 어떤 입자 하나가 여기에 놓여있든 저기에 놓여있든 관심 없고 입자들 사이의 평균 이격 거리 $\langle x \rangle$ 만 알아도 거시 거동을 이해하는데 충분하다, iii) 그리고 안에 총 몇(N) 개의 입자가 있는지 만 알아도 거시 거동을 이해하는데 충분하다는 것이죠. 이렇게 단순화 하면 우리는 각각의 분자들이 어떻게 거동하는지는 알 수 없지만, 이 기체 분자 집단(공기)이 보여주는 거시 거동은 충분히 이 변수들 로부터 계산이 가능하다는 점이죠. 이러한 단순화 과정 전 단계가 물리학의 영역이고, 단순화 과정 이후 단계가 열역학의 영역이라고 볼 수 있어요.

열역학의 영역 그러니까 열역학에서는 계 안에 들어있는 분자나 원자 하나 하나가 어떻게 움직이는지 그런 건 관심이 없고 집단체로서 어떻게 움직이는 지만 관심이 있다는 거죠. 그러면 얼마든지 단순화시킬 수 있다는 거고, 개개의 입자들이 가진 모든 에너지 값을 다 알 필요가 없고 그 입자들이 가진 에너지의 평균값 그리고 개개의 입자들의 정확한 위치는 필요 없고 그 입자들 간에 서로 떨어져 있는 거리 그 중에서도 그 평균 이격 거리 그것만 알면 된다. 그리고 이 안에 총 몇 개의 알갱이가 들어있는 지만 알면 충분히 이들의 거시(집단) 거동을 표현할 수 있다 라는 거죠. 이게 바로 열역학에서 물리학과 달리 현실적인 계산을 가능하게 해주는 논리라 이 말이에요.

그렇다면 이러한 단순화 과정을 통해서 거시계의 거동을 완벽히 기술하는데 필요하고도 충분한 상태변수는 무엇이며 몇 개인가를 추론해 보자. 계 안의 입자들이 가진 평균 에너지 $\langle e \rangle$에다가 입자의 개수 N을 곱하면 우리 계가 가진 총 에너지, 즉 내부 에너지 U가 된다. 그 다음 입자들 간의 평균 이격 거리 $\langle x \rangle$에다가 입자들의 개수 N을 곱하면 (1차원) 부피 V가 된다. 그 다음 이 안에 총 N 개의 입자가 들어있다. 따라서 이 계가 가질 수 있는 거시적 상태는 이 3개의 상태변수 U, V, N에 의해 완벽하게 표현될 수 있다는 것이다. 이게 바로 열역학에서 이야기하는 핵심 주장이다.

열역학에서 거시계를 다루는 데 있어 그 상태를 표현하는 상태 변수는 UVN 3 개이며 이 UVN 상태 변수의 값만 주어지면 계의 상태가 정의 되는 거에요. 상태변수는 독립 변수이기 때문에 이 값들이 정해지면 나머지 다른 물리량들, 예를 들면 엔트로피 S, 온도 T, 압력 P 등은 종속변수가 되어 자동으로 결정되게 된다. 예를 들면, S=S(U, V, N) 처럼 말이에요. 우리가 열역학에서 다루는 계의 상태를 완벽히 기술하는 데 필요하고도 충분한 상태 변수는 U, V, N이라고 했다는데, $y = ax+b$ 를 $x = (y-b)/a$로 쓰게 되면 종속변수 y를 독립변수로 그리고 독립변수 x를 종속변수로 전환(switching) 할 수 있는 것처럼, 독립변수 U와 종속변수 S를 스위칭 하면 상태변수를 S, V, N 로 선택하고 종속변수는 U=U(S, V, N)와 같이 쓸 수도 있죠. 한편 폐쇄계에서의 상태변수는 어떻게 될까? 폐쇄계에서는 물질의 양이 변화하지 않아 상수가 되므로 이 계에서의 상태변수는 S, V 두 개가 되는 거예요. U=U(S, V) 이렇게. 개방계(open system) 에서는 물질의 출입이 가능하므로 N이 상수가 아니라 변수이므로 상태 변수는 S, V, N 3 개가 되는 것이고요.

폐쇄계에서 상태변수를 S와 V로 선택하면 내부에너지는 U=U(S, V)가 되고 이를 3차원 좌표계 (U versus S and V)에 표시해 보면 S라는 변수 값과 V라는 변수 값이 결정되면 자동으로 U값이 정해지므로, 이 점들을 다 모아보면 (S, V)값에 따라 Z-축 방향으로 그 값이 주어지는 어떤 곡면([그림 VIII-1])으로 나타나게 되어 있죠. 바로 이 곡면 위에 있는 모든 점들은 각각 특정한 상태변수 S와 V에 대응하는 값이고, 따라서 곡면 위의 이 점들은 결국 우리 계가 가질 수 있는 상태들의 집합인 것이 되는 거에요. 즉, 열역학에서 다루는 계가 가질 수 있는 상태는 한 개가 아니고 복수 개이고 그냥 복수 개가 아니고 거의 무한히 많은 상태들이 존재한다 이 말이죠. 또한 우리 계가 어떤 하나의 상태를 가지고 있다가 잠시 후 또 다른 상태로 바뀌는 이 여정을 우리는 앞에서

과정(process)이라고 하였는데, 바로 상기 곡면 위의 한 점에서 또 다른 한 점으로 이동하는 과정이 프로세스 임을 알 수 있다. 따라서 한 계에서 일어나는 프로세스도 무수히 많이 존재할 수 있다.

[연습문제]

　[정성문제]

　1. '상태(state)'란 무엇인지 정의하고, H_2O 물질을 예로 들어 여러 가지 상태의 존재 가능성을 설명하시오.

　2. 열역학에서 '과정(process)'이란 무엇이며, H_2O 시스템의 예(freezing 또는 melting)를 들어 상태 변화 과정이 일어나는 방향을 '상대적인 안정성' 개념을 사용하여 설명하시오.

　3. '상태 변수(state variables)'란 무엇이며, 이 변수가 계량화된 수치로 표현될 수 있어야 하는 이유를 설명하시오.

　4. N개의 입자로 이루어진 거시 계(재료)를 물리학적 관점에서 기술할 때 발생하는 계산상의 어려움(필요한 상태 변수의 개수)을 설명하시오.

　5. 열역학적 관점에서 거시 계의 거동을 단순화하여 이해할 수 있는 세 가지 주요 가정(예: 평균 에너지 값 $\langle e \rangle$ 사용)은 무엇인지 설명하시오.

　6. 이러한 단순화 과정을 통해 거시 계의 상태를 완벽히 기술하는 데 필요하고도 충분한 세 개의 독립적인 상태변수(State Variables)를 들고, 각각이 물리적으로 무엇을 나타내는지 설명하시오.

　7. 폐쇄계(closed system)의 경우, 계의 상태를 완벽하게 기술하는 데 필요한 최

소 상태변수의 개수(U, V, N 기준)는 몇 개이며, 그 이유는 무엇인지 설명하시오.

8. 내부 에너지 U를 상태 변수 S와 V의 함수로 표현했을 때 (U=U(S, V)), 이 함수 곡면 위의 모든 점들이 의미하는 바는 무엇인지 설명하시오.

9. 열역학적 변수들은 독립 변수와 종속 변수로 구분될 수 있습니다. 상태 변수 U, V, N이 정해지면 종속 변수로 자동 결정되는 다른 물리량 세 가지를 드시오.

10. 독립 변수 U와 종속 변수 S를 서로 스위칭하여 사용하는 것이 가능한 이유를 설명하시오.

IV. 기체의 거동

IV-1 Boyle-Charles Gas Law

이제 본격적으로 열역학에서 다루는 내용을 공부해 보도록 합시다. 열역학을 공부하는 데 있어서 '기체의 거동'을 제일 먼저 공부를 해요. 고체재료를 다루는 재료열역학에서 기체의 거동을 먼저 배우는 이유는 초보자들이 열역학의 개념을 이해하기 위해서는 수학이 단순한 대상에 대하여 먼저 공부를 한 다음, 이를 복잡한 대상으로 확장해 적용하는 단계로 나아가고자 함이에요. 가스를 대상으로 한 열역학이 가장 수학적으로 다루기가 쉽기 때문에 보통 열역학을 공부하는 단계를 보면, 먼저 가스에 대한 열역학을 공부하고 그 다음 고체에 적용되는 열역학을 공부하는 이런 단계로 나아간다고요.

1662년 영국의 보일이라는 학자가 실험한 내용을 현대적 관점으로 수정 편집해 설명해 보면, 금속 실린더 안에 공기(시스템)를 담아두고 내부의 압력과 온도를 읽을 수 있게 압력 게이지(gauge)와 온도계를 설치한 다음 이 실린더(경계)를 특정 온도로 유지되고 있는 수조(water bath-주위)에 담가 놓았다고 하자. 그러면 열전도성의 실린더 벽면을 통해서 열이 드나들면서 시스템의 온도가 수조와 동일해 진다. 이 상황 (압력 P_0, 부피 V_0)에서 실린더 피스톤을 움직여 시스템의 부피를 변경시킨다고 하자. 부피를 V_1으로 줄였더니 압력 게이지의 압력이 P_1 까지 증가하는 것이 관찰되었고, 또 부피를 V_2로 더 줄였더니 압력이 P_2 까지 더 올라가는 현상을 발견하였다. 이 과정에서 시스템(공기)과 주위(수조) 간에는 열적 균형이 이루어져 있으므로 상기 과정이 진행되는 동안 공기의 온도는 항상 수조의 온도와 동일하게 일정한 값을 유지하였다. 보일은 이러한 실험결과를 바탕으로 아래 [그림 IV-1]에서 볼 수 있는 바와 같이 온도가 일정한 조건에서 기체의 압력은 부피에 반비례한다는 사실 $\left[P \sim \frac{1}{V}\right]_T$을 발견하였고, 이를 보일의 법칙이라고 한다. 이는 [PV = constant]$_T$ 로 나타낼 수 있다.

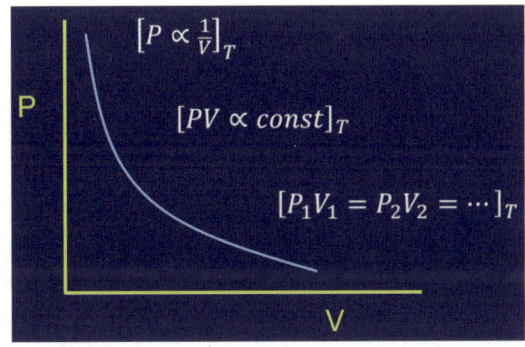

[그림 IV-1] 기체의 온도가 일정할 때 'PV=상수'인 보일의 실험결과

또한, 1787년 프랑스의 Charles이 실험한 내용을 현대적 관점으로 수정 편집해 설명해 보면, 금속 실린더 안에 공기(시스템)를 담아두고 내부의 압력과 온도를 읽을 수 있게 압력 게이지와 온도계를 설치한 다음 실린더의 피스톤(경계)이 자유롭게 움직일 수 있도록 유지한 상태에서 이 실린더를 수조(water bath-주위)에 담가 놓았다고 하자. 그러면 열전도성의 실린더 벽면을 통해서 열이, 그리고 실린더 피스톤을 통해서 일이 드나들면서 온도가 수조의 온도(T_o)와 동일해지고 압력은 실린더 외부 즉 주위의 압력(P_o)과 같아지면서 일정한 부피 값(V_o)을 갖게 된다. 이 상황 (압력 P_o, 부피 V_o)에서 수조의 온도를 증가시켜 시스템의 온도를 변경시킨다고 하자. 온도를 T_1 으로 증가시켰더니 실린더 부피가 V_1 까지 증가하는 것이 관찰되었고 온도를 T_2 로 더 증가시켰더니 부피가 V_2 까지 더 증가하는 현상을 발견하였다. 이 과정에서 시스템(공기)과 주위(대기) 간에는 기계적 균형이 이루어져 있으므로 상기 과정이 진행되는 동안 공기의 압력은 항상 대기의 압력과 동일하게 일정한 값을 유지하였다. 샤를은 이러한 실험결과를 바탕으로 아래 [그림 IV-2]에서 볼 수 있는 바와 같이 압력이 일정한 조건에서 기체의 부피는 온도에 비례한다는 [V~T]$_P$ 사실을 발견하였고, 이를 샤를의 법칙이라고 한다.

이는 $\left[\dfrac{V}{T} = constant\right]_P$ 로 나타낼 수 있다.

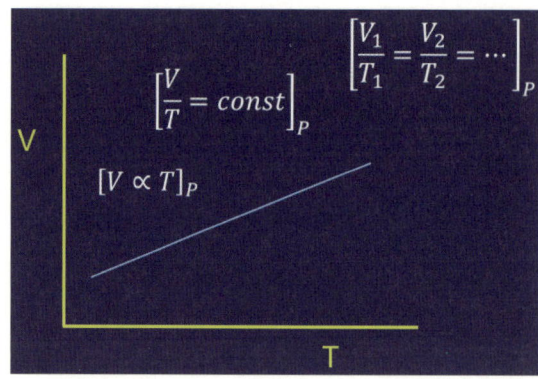

[그림 IV-2] 기체의 압력이 일정할 때 'V/T=상수'인 샤를의 실험결과

1802년 프랑스의 화학자인 게이루삭(Gay-Lussac)은 압력이 일정한 조건에서 기체의 부피가 온도에 비례한다는 샤를(Charles)의 실험 결과를 바탕으로 아래 [그림 IV-3]에 보인 바와 같이 부피의 온도에 대한 증가율 즉 기울기 $\left(\dfrac{\partial V}{\partial T}\right)_P$ 로부터, 단위 체적당 부피의 온도에 대한 증가율 즉 열팽창 계수(thermal expansion coefficient) α 를 다음과 같이 최초로 정의하였다.

$$\alpha \equiv \dfrac{1}{V}\left(\dfrac{\partial V}{\partial T}\right)_P \qquad \text{---(IV-1)}$$

온도가 증가할 때 물체의 부피는 물체의 크기 (체적)에 비례해서 증가하기 때문에 단위 부피당의 개념을 집어넣으면, 물체의 크기에 의존하지 않고 그 물체를 구성하고 있는 물질 고유의 성질이 되므로 위 식 (IV-1)과 같이 열팽창 계수를 정의하였다. 따라서 열팽창계수는 재료 고유의 성질 (materials's constant)이 되며, 열역학 계산에서 자주 나오므로 잘 알아 두어야 합니다.

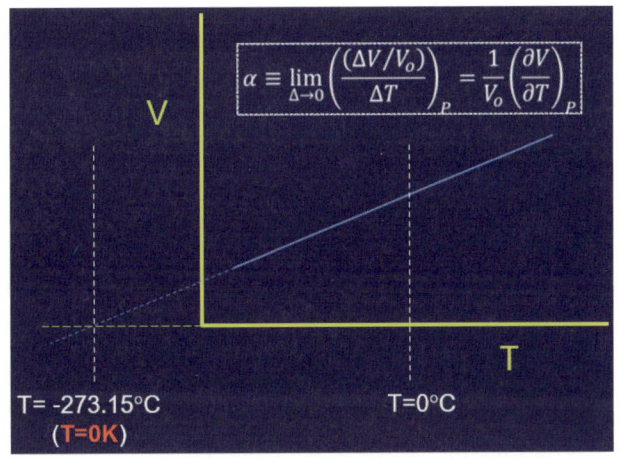

[그림 IV-3] V vs T로 부터 열팽창계수 및 절대온도의 정의

한편, 1848년 영국의 톰슨(Thomson)은 이런 생각을 하였는데, 온도가 증가함에 따라 모든 물체의 부피가 팽창해? 그러면 [그림 IV-3]에서 보는 바와 같이 온도를 낮추면 부피가 감소할 거 아니냐? 온도를 계속 낮추다 보면 언젠가 부피가 0 이 되는 지점이 있을 것이고, 부피가 음수는 가질 수 없으니 더 이상 온도가 낮아질 수 없는 그 곳을 온도의 시작점으로 보아야 한다고 하면서 절대 0도 (0 Kelvin) 개념을 제안하게 됩니다. 그 때까지 사용하던 섭씨 온도니 뭐 화씨 온도니 이런 것은 제대로 온도를 표현하는 것이 아니고, 절대 0도를 온도의 기준으로 삼아야 한다 라고 제안을 하였고, 그게 오늘날 절대 온도 0 K이 되는 겁니다. 그게 섭씨로 따지면 영하 273.15도 인 거죠.

보일의 법칙 $[PV = constant]_T$ 과 샤를의 법칙 $\left[\frac{V}{T} = constant\right]_P$ 은 다음과 같이 하나의 식으로 통합할 수 있다.

$$\frac{PV}{T} = constant \qquad \text{---(IV-2)}$$

만일 T가 고정되면 위 식은 $PV = T * constant$가 되어 보일의 법칙 식이 되고, P 가 고정되면 $\frac{V}{T} = constant/P$ 가 되어 샤를의 법칙 식이 되는 것을 알 수 있다. 따라서 식 (IV-2)는 보일의 법칙과 샤를의 법칙을 결합한 기체의 거동을 설명하는 통합 방정식

임을 알 수 있다. 이를 기체의 압력(P)과 부피(V), 그리고 온도(T)간의 상관 관계를 나타내는 보일-샤를의 법칙(Boyle-Charle's law)이라 한다.

자 그러면 위 식에서 constant로 표현된 비례상수 값은 얼마인가? 이를 구하기 위해 대기압(P=1기압) 하에서 섭씨 0도, 즉 절대온도로 273.15 K에서 1몰의 기체 부피를 측정을 하였더니 22.4 리터가 된다는 사실로부터 PV/T=constant 식에 넣어보니 이 상수 값이 0.082057 atm·Liter/K 으로 나오고 이를 J/mol·K 단위로 환산하면 8.3144598로 계산되었다. 이 상수를 R로 표기하고 보편 기체상수(universal gas constant), 혹은 간단히 기체상수(gas constant)라 한다. 따라서 식 (IV-2)는 PV=RT로 간단하게 표현할 수 있다. 그런데 V'을 계 전체의 부피, n은 기체의 몰 수라고 하면, 몰 당 부피는 V=V'/n 로 주어지므로 위 식은 다시 PV'=nRT 로도 쓸 수 있다.

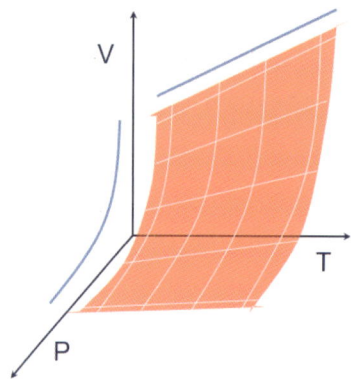

[그림 IV-4] 3차원 좌표계에 그린 V=RT/P 이상기체 상태방정식

이 PV' = nRT를 기체 상태 방정식(equation of state)이라 부르며 이 식을 통해 기체의 거동을 예측 할 수 있게 되었죠. 실제 기체를 대상으로 실험을 해서 얻은 방정식이니까 실제 기체에 잘 맞아 들어가야 되겠죠. 그런데 훗날 학자들이 연구를 해보니까 이게 실제 기체에서 잘 맞지 않는 것이 발견되요. 이 방정식이 잘 맞는 영역이 어딘가

하면 온도가 높을 때의 기체 또는 압력이 낮은 기체에서는 비교적 정확하게 맞는데, 기체의 온도가 상당히 낮든지 또는 압력이 상당히 높은 이런 기체들 에서는 이 방정식이 잘 안 맞아요. 따라서 학자들은 이 방정식을 실제 기체의 거동을 설명하는 방정식이 아닌 이상적인 조건이 만족이 되는 기체(이상기체)에 대해서만 성립하는 방정식이다 라는 의미를 담아서 이상기체 상태 방정식이라고 부른다.

IV-2 van der Waals Equation

이상기체 상태 방정식이 실제 기체의 거동과 잘 맞지 않는다 라고 이야기 하면 여러분은 헷갈리기 시작할 거예요. 아니 실제 기체를 가지고 실험해서 얻은 방정식인데 왜 실제 기체에 안 맞느냐고 이야기할지 모르지만, 바로 보일과 샤를이 실험을 했을 당시에 기체의 온도와 압력이 하필이면 이상기체와 유사한 조건에서 실험했기 때문에 일부 온도와 압력에서만 잘 맞고 다른 영역에서는 잘 맞지 않는 것입니다. 그래서 왜 안 맞는가를 살펴보았더니, 실제 기체 분자들은 크기가 0 이 아니고 상호작용이 있어서 안 맞더라는 사실을 발견하고 이러한 효과를 고려해서 만든 새로운 방정식이 아래와 같은 van der Waals 방정식이에요.

전체 공간의 크기 V 중에서 기체 분자의 유한한 크기로 인해 이들이 놓인 공간에는 다른 기체 분자가 올 수 없어, 기체 분자가 놓일 수 없는 죽은 공간(dead space)이 발생하게 되고, 이 죽은 공간의 크기 b만큼 빼야 이것이 진정 기체 분자가 놓일 수 있는 자유공간의 크기가 되므로 PV=RT 식에서 V 대신에 (V-b)로 대체해야 한다. 또한, 기체 분자들 간의 상호작용은 기체분자들의 운동에 영향을 미쳐 (상호작용이 없는) 자유분자가 발생시키는 압력과 달라진다. 따라서 PV=RT 식에서 P 대신에 상호작용에 따른 압력보정 $\sim 1/V^2$ 이 반영된 $(P + a/V^2)$로 대체해야 한다. 이에 따라 실제 기체의 거동을 설명해 주는 아래와 같은 van der Waals 방정식을 고안해 내게 됩니다.

$$\left(P + \frac{a}{V^2}\right)(V - b) = RT \qquad \text{---(IV-3)}$$

여기서 V = V'/n로 몰당 부피(molar volume)를 의미한다. 이 방정식이 진정 실제 기체의 거동을 제대로 설명하는 방정식이라는 것이 뒤 X장에서 밝혀집니다.

앞에서 PV=RT 식은 이상적인 조건에서만 맞는 방정식이라고 했죠. 이러한 이상적인 조건을 가진 기체를 이상기체(ideal gas)라고 부릅니다. 이상기체는 앞에서 언급한 것처럼 i) 분자의 크기가 0인 즉 크기가 없는 기체이에요. H_2O라는 수증기 기체를 보면 산소 이온에다가 수소 이온 2개가 붙어 있는 모양을 가지고 있잖아요. 굉장히 작은 크기이지만 사이즈가 결코 0이 아니죠. 즉, 이상기체라는 것은 분자의 크기가 0인 실제로는 존재할 수 없는 가상의 분자로 이루어진 기체라는 거예요. 또한, 크기가 0일 뿐만 아니라 ii) 분자 간에 상호작용이 없는 기체를 이상기체라고 불러요. 수증기 기체 분자를 한번 봅시다. 분자 구조가 2개의 H^+와 1개의 O^{2-} 이온이 결합하여 만들어진 전하쌍극자 형태의 극성분자 구조를 가지고 있죠. 따라서 분자들 간에 정전기적 상호작용이 발생하면서 서로 끌어당기는 인력과 척력이 발생하게 되죠. 이렇게 상대방과 인력 또는 척력을 발생시키는 이와 같은 모든 행위를 통칭해서 상호작용 (interaction)이라고 부른다. 이온결합을 하지 않은 단원자 분자로 이루어진 Ar 기체에서도 분자 간에 van der Waals 인력이 작용하는 등 모든 기체 분자들은 서로 상호작용을 하죠. 실제 기체는 크기도 0이 아니고 기체 분자간에 상호작용도 존재하는데, 이상기체는 이러한 상호작용이 없는 크기가 0인 분자들로 이루어진 가상의 기체를 일컫는 용어이다.

IV-3 Internal Energies of Ideal Gas and Real Gas

이상기체로 이루어진 우리 계의 내부에너지는 어떻게 되나요? 개개의 분자들이 가지고 있는 평균 에너지 ⟨e⟩를 모두 다 합치면 즉 U=N⟨e⟩이 되죠. 이때 한 입자(분자)의 에너지는 운동에너지와 포텐셜 에너지의 합 즉 $e = e_k + e_v$ 로 주어지는데, 이상기체에서는 분자들 간에 상호작용이 없으므로 상호작용에 기인하는 포텐셜 에너지는 e_k =0 이 되므로, 이상기체의 내부에너지는 $U = N⟨e_k⟩$가 되어 오로지 운동에너지에 의해서만 결정됨을 알 수 있다. 그런데, 분자 동역학에 의하면 기체 분자의 운동에너지 $⟨e_k⟩$는 $(3/2)kT$ (k=Boltzman constant)로 온도에 비례하고 있음을 알 수 있고, 따라서 <u>이상기체의 내부에너지는 $U = (3/2)NkT$ 가 되어 오로지 온도만의 함수임을 알 수 있다</u>. 뒤에서 많이 사용할 예정이므로 이 점을 꼭 기억하기 바랍니다. 바깥에서 열이 공급되어 온도가 증가하면 그에 따라 내부 에너지도 증가하게 되고 입자 하나 당 운동에너지가 증가하게 되어 분자의 운동 속도가 빨라지게 됩니다.

그런데 실제 기체에서는 기체 분자들 간에 상호작용이 존재하니까, 운동에너지 $N⟨e_k⟩$ 뿐만 아니라 포텐셜 에너지 $N⟨e_v⟩$ 까지를 고려해야 된다. 기체 분자와 분자 사이의 거리가 멀면 상호작용이 작아지고 거리가 가까워지면 상호작용이 커지게 되므로 포텐셜 에너지는 분자들 간의 평균 이격 거리의 함수가 됨을 알 수 있다, 그런데 분자들 간의 평균 이격 거리는 계의 부피에 비례하므로 결국 포텐셜 에너지는 V에 의존하는 함수 이다. 따라서 <u>실제 기체의 내부에너지 U는 온도 T에 의존하는 운동에너지 함수 항과 부피 V에 의존하는 포텐셜 에너지 함수 항 모두에 의존하게 되어 U=U(T, V)</u>가 된다. 이는 <u>이상기체의 내부에너지가 오로지 온도에 의존하는 운동에너지 항 만으로 결정되어 U=U(T)인 것</u>과 결정적인 차이점이다.

앞에서 상태변수를 논할 때, 폐쇄계의 내부에너지는 U=U(S, V)라고 표현했었는데, 그 때도 얘기했지만 종속변수와 독립변수는 상호 전환(switch) 가능하므로 S 대신에 온도 T로 바꿔 써서 U=U(T, V) 라고 쓸 수도 있죠. 뭐든지 간에 두 개의 독립변수(상태변수)만 쓰면 되게 돼 있기 때문에 폐쇄계의 내부에너지는 상태변수로 S와 V를 선택하든 또는 T와 V를 선택하든 두 개의 상태변수 값만 결정되면 자동으로 결정되게 되어 있다. 그런데 이상기체의 경우에는 내부에너지가 V의 영향을 안 받고, 오로지 온도 T 한 가지 변수만 정해지면 U=U(T)와 같이 결정된다는 이야기이니 얼마나 현실과 떨어져 있는 얘기냐 이 말이죠. 그렇기 때문에 이상기체라고 부른다는 말이에요.

[연습문제]

[정성문제]

1. 재료열역학에서 고체 재료가 아닌 기체의 거동을 먼저 배우는 이유를 열역학 개념 이해의 단순성과 관련지어 설명하시오.

2. 보일의 법칙(Boyle's law)의 실험 조건(고정된 변수)과 그 결과를 수식 $[PV = \text{constant}]_T$을 사용하여 설명하시오.

3. 샤를의 법칙(Charles' law)의 실험 조건(고정된 변수)과 그 결과를 수식 $[V/T = \text{constant}]_P$을 사용하여 설명하시오.

4. 보일의 법칙과 샤를의 법칙을 통합하여 $PV/T = \text{constant}$ 형태의 하나의 식으로 통합할 수 있음을 설명하시오.

5. 절대 0도(0 K) 개념이 영국의 톰슨(Thomson)의 제안과 샤를의 실험 결과를 바탕으로 어떻게 정의되었는지 설명하시오.

6. 열팽창 계수 α의 정의를 수식으로 쓰고, α가 재료 고유의 성질(materials's constant)이 되도록 정의한 이유를 설명하시오.

7. 실제 기체에 이상기체 상태 방정식(PV=nRT)이 잘 맞지 않는 조건(온도와 압력

조건)은 무엇이며, 그 이유(실제 기체 분자의 특성)를 설명하시오.

8. van der Waals 방정식 $(P + a/V^2)(V - b) = RT$이 실제 기체의 거동을 더 잘 설명하기 위해 이상기체 방정식에 비해 보정한 두 가지 요소(압력 및 부피 항)를 설명하시오.

9. 이상기체(ideal gas)의 정의를 분자의 크기와 상호작용 측면에서 두 가지로 설명하시오.

10. 이상기체의 내부 에너지 U가 오로지 '온도만의 함수'인 이유를 설명하시오. 또한, 실제 기체의 내부 에너지 U가 온도(T)와 부피(V) 모두의 함수($U=U(T, V)$)가 되는 이유를 포텐셜 에너지 항과 관련지어 설명하시오.

[정량문제]

(기체 상수 R ≈ 0.08206 L·atm/mol·K 또는 8.314 J/mol·K로 가정합니다.)

1. 1 mol의 이상 기체가 300 K에서 5 atm의 압력을 가질 때, 이 기체가 차지하는 부피 V를 L 단위로 계산하시오.

2. 이상 기체가 2 atm에서 10 L의 부피를 차지하고 있습니다. 온도를 일정하게 유지하면서 압력을 5 atm으로 증가시켰을 때, 기체의 최종 부피 V_2를 계산하시오 (Boyle's Law).

3. 압력을 일정하게 유지하면서 이상 기체의 온도를 200 K에서 400 K로 증가시켰더니 부피가 15 L가 되었습니다. 초기 부피 V_1은 얼마였는지 계산하시오 (Charles' Law).

4. P_1=1 atm, V_1=5 L, T_1=250 K인 이상 기체의 상태를 P_2=3 atm, V_2=2 L로 변화시켰을 때, 최종 온도 T_2를 PV/T = constant 관계를 사용하여 계산하시오.

5. 어떤 물질의 열팽창 계수 α가 $1*10^{-4}$ K^{-1}이고 초기 부피가 100 cm^3일 때, 압력을 일정하게 유지하며 온도를 10 K 증가시켰을 때 예상되는 부피 변화량 ΔV를 $\alpha \approx 1/V\,(dV/dT)_P$를 사용하여 계산하시오.

6. 1 mol의 CO_2 기체에 대해 Van der Waals 상수 a = 3.64 $L^2 \cdot atm/mol^2$, b = 0.04267 L/mol이라고 가정합니다. 이 기체가 300 K에서 1 L의 부피를 가질 때, Van der Waals 방정식을 사용하여 압력 P를 atm 단위로 계산하시오.

7. 1 mol의 이상 기체(n=1)가 500 K에서 2 atm의 압력을 가질 때, 이 기체의 총 내부 에너지 U를 J 단위로 계산하시오 (단, 이상 기체 U=(3/2)nRT로 가정).

8. NH_3의 임계 온도 T_C=405.5 K이고 임계 압력 P_C=111.3 atm일 때, Van der Waals 방정식의 상수 a를 계산하시오 (단, $T_C = 8a/(27bR)$, $P_C = a/(27b^2)$ 관계를 사용).

9. 1 mol의 기체가 300 K에서 20 L의 부피를 가질 때, 측정된 압력이 1.2 atm이었다면, 이 기체의 압축 인자 Z = PV/RT를 계산하고, 이상 기체 거동으로부터 얼마나 벗어나는지 설명하시오.

10. 1 mol의 이상 기체가 300 K에서 10 L의 부피를 차지합니다. 이 기체를 등압 과정(P=constant)에서 500 K까지 가열했을 때, 최종 부피는 몇 L인지 계산하시오.

V. 상태 변화 과정과 열 용량

V-1 Processes of Ideal Gas

지난 시간에 이상기체 상태방정식이 역사적으로 어떤 과정을 거쳐서 유도가 되었으며, 그것이 왜 이상기체에 대해서만 적용되는 방정식이 되었는지 그리고 실제 기체는 어떤 방정식을 쓰는지 이런 이야기들을 했어요. 그리고 이상기체의 정의에 대한 이야기를 했죠. 이상기체라 하면 기체 분자의 크기가 0이고 분자들 간에 상호작용이 없는 그러한 분자들로 이루어진 기체를 이상기체라고 한다 이런 얘기를 했고, 이러한 이상기체의 내부에너지는 오로지 온도만의 함수다. 그런데 실제 기체는 내부 에너지가 온도 뿐만 아니라 부피의 함수로 주어진다 이런 얘기들을 했었어요.

여기 하나의 개방계가 있다고 하면, 이 계의 상태를 완전하게 표현하는데 필요하고도 충분한 독립변수는 3 개라고 했죠. 그래서 U, V, N이 결정이 되면 나머지 모든 열역학적 물리량(variables or parameters)들은 다 종속변수가 되면서 자동으로 결정되게 되어 있다고 얘기했죠. 그런데 폐쇄계가 되면 안팎으로 물질이 드나들지 못하기 때문에 N=constant가 되고 따라서 변수의 의미를 상실하기 때문에 폐쇄계의 경우에는 그 계의 상태를 완벽히 기술하는 데 필요하고 충분한 독립변수는 두 개면 된다 라고 말했어요. 두 개만 결정되면 나머지는 자동으로 결정되므로 독립변수 U와 V에 대해서 종속변수 S를 그려보면 [그림 V-1]에 보인 것처럼 곡면으로 나타나게 되어 있고, 이 곡면 위에 있는 모든 점들이 이 계가 가질 수 있는 상태들이다 라고 이야기 했어요.

실린더 안에 이상기체가 들어있다 라고 하면 피스톤에 의해서 막혀 있기 때문에 안에 있는 기체 분자가 바깥으로 드나들 수가 없는 거죠. 그러니까 바로 이 실린더 안에 들어있는 이상기체는 폐쇄계이고 그 거동은 상태방정식 PV=RT로 나타나죠. 이때 이 식을 살펴보면 P, V, T 중에서 2개의 값만 결정되면 나머지 한 개의 파라미터는 자동으로 결정되는 것을 알 수 있죠. 이 것은 실린더 안에 들어있는 이상기체는 폐쇄계이므로 2개의 상태변수만 정해지면 나머지는 자동으로 결정된다 라고 한 앞서의 논의와도 일치하는 내용이죠. 즉, [그림 V-1]에 보인 것처럼 상태변수를 U, V로 선택하였을 때 계의 엔트로피는 S=S(U, V)로 정해지고, 상태변수를 T, P로 선택하였을 때는 계의 부피가 V=RT/P=V(T, P)로 정해진다는 것이죠. 그리고 이 곡면들 위의 모든 점들은 각각 특정한 상태변수에 대응하는 점들이므로 우리 계가 가질 수 있는 상태들의 집합이 되는 거고요.

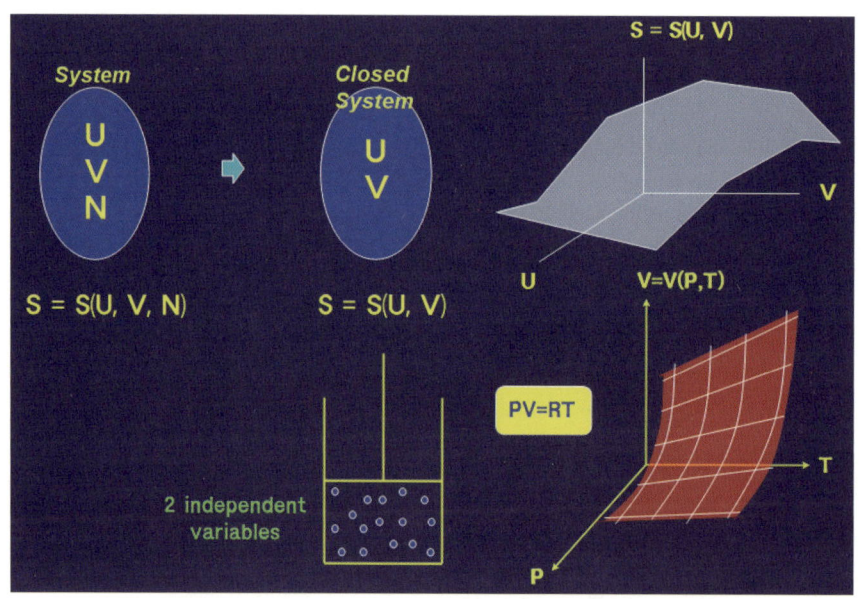

[그림 V-1] 단일성분 폐쇄계의 상태변수와 이상기체 상태방정식

정육면체 주사위가 있는데 이것을 2차원 평면에 투영시켜보면 보는 각도에 따라 어떤 사람에겐 정사각형으로, 어떤 사람에겐 정육각형으로, 또 어떤 사람에겐 직사각형으로 보이거든요. 그러나 우리에게 어떻게 보이느냐는 중요하지 않고 그 실체는 여전히

정육면체 인 거죠. 이상기체로 이루어진 계도 상태변수와 종속변수로 무엇을 선택하였는가에 따라 서로 다르게 표현되지만 본질은 동일하다는 것이죠.

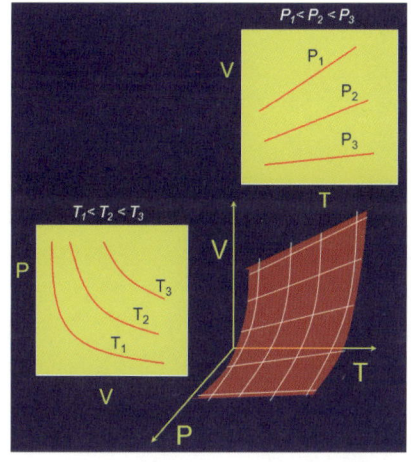

[그림 V-2] 3차원 이상기체 방정식 곡면의 2차원으로의 투영

한편, 특정한 상태에 있는 계를 다른 상태로 변경시키려면 어떻게 하여야 할까? 계와 주위 간에 상태변수의 차이 (또는 기울기)를 부여하면 해당 변수의 차이 (기울기)를 해소하려는 방향으로 자발적으로 움직여간다. 예를 들면 주위의 온도를 계 보다 높게 만들면 계 내부로 열이 전달돼 들어가면서 온도가 올라가고 종국에는 계와 주위 간의 온도차이가 사라질 때까지 열의 이동이 발생하며, 그 과정에서 계의 상태도 변경되는 거죠. 즉, 계의 상태를 변경하려면 구동력 즉, 상태변수 차이 (기울기)를 인가하여야 함을 알 수 있죠. 그런데 이것만 주어지면 계의 상태가 변경될까? 그렇지 않아요, 왜냐하면 계와 주위 간에 온도차가 주어져도 경계의 열전달 특성이 단열성이면 열의 이동이 불가함에 따라 온도차가 해소되지 않고 따라서 상태의 변화도 발생하지 않기 때문이죠.

상태변화가 나타나려면 구동력(상태변수 차이 또는 기울기) 뿐만 아니라 경계조건이 해당 구동력의 해소가 가능한 경계특성으로 주어져야 함을 알 수 있어요. 따라서 계의 상태변화는 구동력(필요조건)과 경계조건이 모두 만족(충분조건)되어야 발생하는 것임을 알 수 있다. 이때 [표 V-1]에 보인 것처럼 구동력으로 어떤 상태변수 차이 (기울기)를 걸어주고, 경계조건은 어떤 경계특성을 부여하느냐 에 따라 계의 상태변화 즉 프로세스는 다르게 일어나므로 이를 이용하여 우리가 원하는 방향으로 프로세스가 일어나도록 제어할 수 있습니다.

[표 V-1] 기체의 상태변화 즉 프로세스 별 구동력과 경계조건

Driving Force	Wall	Process	Results
Temp. gradient	Impermeable	$\Delta T\ (\Delta P)$ Constant volume	$W=0$ $q = \Delta U - W$ $= U(T_2) - U(T_1)$
	Adiabatic $\rightarrow$ Diathermal		
	Rigid		
	Impermeable	$\Delta T\ (\Delta V)$ Constant pressure	$W = -P\Delta V =$ $- P(V_2 - V_1)$ $q = \Delta U - W$ $= U(T_2) - U(T_1)$ $+ (PV_2 - PV_1)$
	Adiabatic $\rightarrow$ Diathermal		
	Rigid $\rightarrow$ Movable		
Press. gradient	Impermeable	$\Delta P\ (\Delta V, \Delta T)$ Adiabatic process	PV^γ =constant
	Adiabatic		
	Rigid $\rightarrow$ Movable		
	Impermeable	$\Delta P\ (\Delta V)$ Constant temperature	$\Delta U = 0$ $q = \Delta U - W$ $= -W$ $= RT\ \ln(V_2/V_1)$
	Adiabatic $\rightarrow$ Diathermal		
	Rigid $\rightarrow$ Movable		

i) 등체적과정 (Constant Volume Process)

이상기체가 실린더 안에 들어 있고 이 실린더가 수조에 담궈져 있다고 가정을 해보자. 이때 예를 들어 주위의 온도가 시스템의 온도보다 높아지면 주위로부터 열이 들어가게 되므로 뭔가 변화를 일으키는 구동력 (온도차)이 존재하게 됩니다. 그러나 이 온도차만 있다 해서 변화가 나타나는 게 아니고 경계 조건까지 만족이 되어야 한다고 했어요. 우리 계를 둘러싸고 있는 이 경계가 불투과성(impermeable) - 단열성(adiabatic)

- 고정형(not movable) 경계라고 하면 안과 바깥 간에 온도 차이가 설사 난다 하더라도 열이 들어가지 못하고 따라서 아무런 변화가 일어나지 않게 됩니다.

그런데, 경계특성을 불투과성(impermeable) - 열전도성(diathermal) - 고정형(not movable)으로 바꾸면 바깥(주위)에서 안(시스템)으로 열이 들어가게 되죠. 열이 들어가니까 내부에너지가 증가하게 되고 이상기체에서 내부에너지는 오로지 운동에너지로 주어지므로 운동에너지가 증가하게 되요. 그러면, 기체 분자의 운동속도가 증가하게 되어 분자들이 실린더 내 피스톤의 벽면을 더 큰 세기 (충격량)로 때리게 되고, 이는 단위면적 당 가해지는 힘의 증가 곧 압력의 증가로 나타나게 된다. 그런데 경계가 고정형(rigid)이므로 시스템의 부피가 고정된 상태로 압력의 증가가 발생하는 프로세스로 상태 변화가 나타나게 된다. 그래서 온도차를 구동력으로 하고 불투과성-열전도성-고정형 경계조건 일 때 일어나는 프로세스를 등체적과정(Constant Volume Process) 이라고 부른다. 이러한 프로세스는 아래 [그림 V-3]에 점O→점A 경로 즉 ①번 경로로 나타낸 바와 같이 해당 구동력 즉 온도차가 해소될 때까지 계속 이어진다.

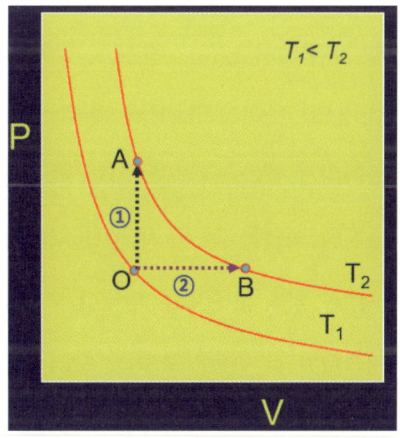

[그림 V-3] 등적과정(O→A)과 등압과정(O→B) 경로를 나타내는 모식도

등체적과정에서는 [dU = δQ + δW = δQ − PdV]$_V$ 가 [dU = δQ]$_V$ 로 되어 내부에너지 변화는 오로지 출입한 열량에 의해서만 일어나므로 열량 Q_V 는 ΔU = U(T_2) − U(T_1) 으로 주어진다.

ii) 등압과정 (Constant Pressure Process)

이상기체가 실린더 안에 들어 있고 이 실린더가 수조에 담궈져 있다고 가정을 해보자. 이때 예를 들어 주위의 온도가 시스템의 온도보다 높아지면 열이 들어가면서 뭔가 변화를 일으키는 구동력 (온도차)이 존재하게 된다. 그러나 이 온도차만 있다 해서 변화가 나타나는 게 아니고 경계 조건까지 만족이 되어야 된다고 했어요. 우리 계를 둘러싸고 있는 이 경계가 불투과성(impermeable) − 단열성(adiabatic) − 고정형(not movable) 경계라고 하면 안과 바깥 간에 온도 차이가 설사 난다 하더라도 열이 들어가지 못하고 따라서 아무런 변화가 일어나지 않게 된다.

그런데, 경계특성을 불투과성(impermeable) − 열전도성(diathermal) − 이동성(movable)으로 바꾸면 바깥(주위)에서 안(시스템)으로 열이 들어가게 되죠. 열이 들어가니까 내부에너지가 증가하게 되고 이상기체에서 내부에너지는 오로지 운동에너지로 주어지므로 운동에너지가 증가하게 된다. 그러면, 기체 분자의 운동속도가 증가하게 되고 분자들이 실린더 내 피스톤의 벽면을 더 큰 세기 (충격량)로 때리게 되고 이는 단위 면적 당 가해지는 힘의 증가 곧 압력의 증가로 나타나게 된다. 그런데 경계가 이동성(movable)이므로 높아진 시스템의 압력 증가에 따른 주위와의 압력차를 해소하기 위해 프로세스가 진행되는 동안 계속 피스톤이 팽창하면서 증가된 압력을 해소하기 때문에 압력은 주위와 동일한 압력을 유지하게 된다. 이로 인해 압력이 일정하게 유지된 상황에서 시스템의 부피가 증가하는 프로세스로 상태변화가 나타나게 된다. 그래서 온도차를 구동력으로 하고 불투과성-열전도성-이동성 경계조건 일 때 일어나는 프로세스를 등압과정(Constant Pressure Process) 이라고 부른다. 이러한 프로세스는 위 [그림 V-3]에서 점O→점B 경로 즉 ②번 경로로 나타낸 바와 같이 해당 구동력 즉 온도차가 해소될 때까지 계속 이어진다.

등압과정에서는 $[dU = \delta Q + \delta W = \delta Q - PdV]_P$ 가 $[dU = \delta Q - PdV]_P$ 이 되므로 총 출입한 열량 Q_P 는 $\Delta U + P \int dV = U(T_2) - U(T_1) + P \int dV$ 가 되어 $Q_V = U(T_2) - U(T_1)$ 보다 큰 값을 가지게 된다. 이는 시스템의 팽창으로 계가 주위에 일을 해 줌으로써 발생하는 내부에너지 감소를 보전하기 위해 더 큰 열량을 필요로 하기 때문이다. 계의 온도는 T_1 이고 주위의 온도는 T_2 라고 할 때, 등체적과정이든 등압과정이든 최종적으로 열이 들어가서 시스템의 온도가 T_2 가 되니까 두 종류 프로세스 모두 온도 변화는 $(T_2 - T_1)$ 으로 똑같고 따라서 내부에너지 변화량도 $\Delta U = U(T_2) - U(T_1)$ 로 똑같다. 그러나 등압과정에서는 시스템이 $P \int dV$ 만큼의 일을 주위에 해 주었기 때문에, 동일한 내부에너지 변화를 만족시키려면 등체적에서의 출입 열량 Q_V 보다 $P \int dV$ 만큼의 추가 열량 Q_P 가 필요한 것이다.

iii) 단열과정 (Adiabatic Process)

이상기체가 실린더 안에 들어 있고 이 실린더가 수조에 담궈져 있다고 가정을 해보자. 이때 예를 들어 주위의 압력이 계의 압력보다 낮아지면 어떻게 될까? 피스톤이 움직여 계의 부피가 팽창하면서 계가 일(work)을 하게 되죠. 그러나 이 압력차만 있다 해서 변화가 나타나는 게 아니고 경계 조건까지 만족이 되어야 된다고 했어요. 우리 계를 둘러싸고 있는 경계가 불투과성(impermeable) - 단열성(adiabatic) - 고정형(not movable) 경계라고 하면 안과 바깥 간에 압력 차이가 설사 난다 하더라도 일이 방출되지 못하고 따라서 아무런 변화가 일어나지 않게 된다.

그런데, 경계특성을 불투과성(impermeable) – 단열성(adiabatic) – 이동성(movable)으로 바꾸면 안(계)으로부터 바깥(주위)으로 일이 방출되게 되죠. 일이 방출되니까 내부에너지가 감소하게 되고 이상기체에서 내부에너지는 오로지 운동에너지로 주어지므로 운동에너지가 감소하게 된다. 그러면, 기체 분자의 운동속도가 감소하게 되고 분자들이 실린더 내 피스톤의 벽면을 약한 세기 (충격량)로 때리게 되고 이는 단위 면적 당 가해지는 힘의 감소 즉 압력의 감소로 나타나게 된다. 동시에 계의 온도가 낮아져 주위와 온도차가 나타나지만 경계가 단열성(adiabatic) 이므로 주위로부터 열을 공급받지 못해 계와 주위 간의 압력차를 해소하기 위해 일(부피 팽창)을 하는 동안 계의 온도가 계속 감소하는 상황이 일어나게 된다. 이로 인해 단열성이 유지된 상황에서 계의 부피가 증가하는 프로세스로 상태변화가 나타나게 된다. 그래서 압력차를 구동력으로 하고 불투과성-단열성-이동성 경계조건 일 때 일어나는 프로세스를 단열과정(Adiabatic Process) 이라고 부른다. 이러한 프로세스는 아래 [그림 V-4]에 ③번 경로로 나타낸 바와 같이 해당 구동력 즉 압력차가 해소될 때까지 계속 이어진다.

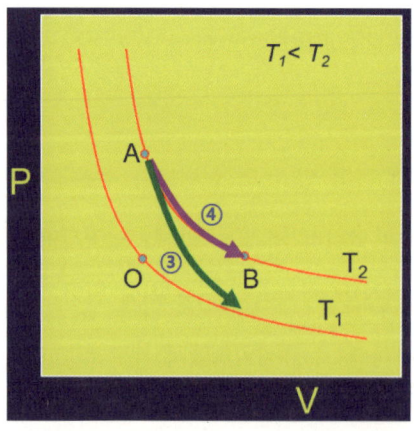

[그림 V-4] 단열과정과 등온과정(A→B) 경로를 비교하는 모식도

단열과정에서는 $[dU = \delta Q + \delta W = \delta Q - PdV]_Q$ 가 $[dU = \delta W = -PdV]_Q$ 이 되므로 총 출입한 열량 Q_Q 는 0이 된다. 그리고 $\Delta U = U(T_2) - U(T_1) = -\int PdV$ 가 되어 팽창시에는 음의 값을 갖게 되어 $U(T_2) < U(T_1)$ 다른 말로 $T_2 < T_1$ 즉, 온도가 감소하게 된다. 이는 계의 팽창으로 계가 주위에 일을 해 줌으로써 발생하는 내부에너지 감소를 보전하기 위해 열량을 필요로 하는데 단열성의 경계로 인해 열을 공급받지 못하기 때문이다.

iv) 등온과정 (Isothermal Process)

이상기체가 실린더 안에 들어 있고 이 실린더가 수조에 담궈져 있다고 가정을 해보자. 이때 주위의 압력이 계의 압력보다 낮아지면 피스톤이 움직여 계의 부피가 팽창하면서 동시에 계의 압력이 낮아지는 결과를 일으키죠. 즉 일(work)이 방출되는 거예요. 그러나 이 압력차만 있다 해서 이러한 변화가 나타나는 게 아니고 경계 조건까지 만족이 되어야 된다고 했어요. 우리 계를 둘러싸고 있는 이 경계가 불투과성(impermeable) - 단열성(adiabatic) - 고정형(not movable) 경계라고 하면 안과 바깥 간에 압력 차이가 설사 난다 하더라도 일이 방출되지 못하고 따라서 아무런 변화가 일어나지 않게 된다.

그런데, 경계특성을 불투과성(impermeable) - 열전도성(diathermal) - 이동성(movable)으로 바꾸면 안(계)으로부터 바깥(주위)로 일이 방출되게 되죠. 일이 방출되니까 내부에너지가 감소하게 되고 이상기체에서 내부에너지는 오로지 운동에너지로 주어지므로 운동에너지가 감소하게 된다. 그러면, 기체 분자의 운동속도가 감소하게 되고 분자들이 실린더 내 피스톤의 벽면을 약한 세기 (충격량)로 때리게 되고 이는 단위면적

당 가해지는 힘의 감소 즉 압력의 감소로 나타나게 된다. 이때 계의 내부에너지 감소로 인해 온도가 낮아져 주위와 온도차가 나타나게 되는데 경계가 열전도성(diathermal)이므로 주위로부터 열을 공급받아 온도의 감소가 발생하지 않게 만들어준다. 이로 인해 계와 주위 간의 압력차를 해소하기 위해 프로세스가 진행되는 동안 계의 온도가 계속 일정하게 유지되는 상황이 일어나게 된다. 그래서 압력차를 구동력으로 하고 불투과성 - 열전도성 - 이동성 경계조건 일 때 일어나는 프로세스를 등온과정(Isothermal Process) 이라고 부른다. 이러한 프로세스는 [그림 V-4]에서 점(A)→점(B) 경로 즉 ④번 경로로 나타낸 바와 같이 해당 구동력 즉 압력차가 해소될 때까지 계속 이어진다.

등온과정에서는 $[dU = \delta Q + \delta W = \delta Q - PdV]_T$ 가 $[dU = \delta Q - PdV]_T$ 이 되는데, 이상기체에서는 내부에너지가 오로지 온도만의 함수 이므로 이 등온과정에서 dU=0 가 된다. 따라서 $[\delta Q = -\delta W]_T$ 가 되며 이 등온과정에서 출입한 총 일 $W_T = -\int PdV = -\int (RT/V)dV = -RT\int_{V_a}^{V_b} dV/V = -RT \ln(V_b/V_a)$ 이므로 출입한 총 열 Q_T 은 $RT \ln(V_b/V_a)$ 로 주어지게 된다. 이 과정에서는 계의 팽창으로 계가 주위에 일을 해 줌으로써 발생하는 내부에너지 감소를 보전하기 위해 주위로부터 열을 공급받아 내부에너지의 감소를 방지함으로써 동일한 온도를 계속 유지할 수 있는 것이다.

V-2 Heat Capacity

열용량 (Heat Capacity)은 기호 C로 써요. 이것은 어떤 물질을 1 ℃ 올리는데 얼마만큼의 열량이 필요하냐를 나타내는 물리량으로서 수학적으로는 $C = \left(\frac{\delta Q}{dT}\right)$로 정의되어요. 그런데 앞에서 논한 바와 같이 계의 상태 변화를 일으키는 프로세스는 구동력과 경계조건에 따라 다양하게 일어나고 그에 따라 출입하는 열량의 크기도 다르다는 사실을 설명하였죠. 이 이야기는 프로세스 마다 열용량이 다르다는 것을 뜻하죠. 즉, 등(체)적과정인 경우의 열용량 $C_V \equiv \left(\frac{\delta Q}{dT}\right)_V$ 와 등압과정인 경우의 열용량 $C_P \equiv \left(\frac{\delta Q}{dT}\right)_P$ 가 서로 다르다는 것이다.

앞 절에서 살펴본 바와 같이 등적과정에서는 내부에너지의 변화가 출입한 열량과 동일하므로 δQ_V = dU_V 이며, 등압과정에서는 출입 열량이 δQ_P = δQ_V + $\int PdV$ 로 주어진다. 이상기체에서 내부에너지는 오로지 온도 만의 함수이므로 동일한 온도차가 주어졌을 때, 이의 해소를 위한 프로세스가 등적과정으로 일어나든지 등압과정으로 일어나든지 그에 수반하는 내부에너지의 변화는 동일하므로, [dU = δQ − PdV]$_P$ 로부터 δQ_P = dU_P + [PdV]$_P$ = dU_V + [PdV]$_P$ = δQ_V + [PdV]$_P$ 가 된다.

V-3 Enthalpy, H

δQ_P = dU_P + [PdV]$_P$ 로부터 δQ_P = d[U_P + [PV]$_P$] = d[U + PV]$_P$ 로 쓸 수 있으며, 다음과 같이 새로운 함수 H를 정의하고 Enthalpy 라고 읽는다.

$$H \equiv U + PV \qquad ---(V-1)$$

그러면 δQ_P = d[U + PV]$_P$ = dH_P 가 되면서 등압과정에서의 엔탈피 변화가 곧 이 과정에서 출입한 열량임을 알 수 있죠. 또한, 이상의 논의를 열용량의 정의와 결합하면 아래와 같은 식을 얻을 수 있다.

$$C_V \equiv \left(\frac{\delta Q}{dT}\right)_V = \left(\frac{\partial U}{\partial T}\right)_V \qquad C_P \equiv \left(\frac{\delta Q}{dT}\right)_P = \left(\frac{\partial H}{\partial T}\right)_P \qquad ---(V-2)$$

여기서 엔탈피 변화가 곧 열량이 아니고, 등압과정에서의 엔탈피 변화가 열량임에 주의해야 한다. 왜냐하면 dH = dU + PdV + VdP 이고, dH_P = [dU + PdV + VdP]$_P$ = [dU + PdV]$_P$ = δQ_P 이기 때문이다.

또한, 식 (V-2) 로부터 dU_V = C_V dT 그리고 dH_P = C_P dT 이 됨을 알 수 있는데, C_P

는 칼로리미터(calorimeter)라는 장치를 이용 실험적으로 측정 가능하므로, 이를 이용하면 dH_P 를 구할 수 있다. 동일한 논리로 dU_V 는 C_V를 알면 구할 수 있는데, 이를 알기 위해서는 $C_p - C_V$ 가 얼마인지 알면 측정된 C_p 로부터 C_V 를 계산할 수 있기 때문이다. 실제 물질에서는 아래에 보인 것 보다 훨씬 복잡하지만, 그 원리를 설명하기 위해 이상기체의 경우로 한정하여 설명해 보겠다. 식 (V-2) 로부터 C_P-C_V 를 구해보면 $C_P - C_V = \left(\frac{\partial H}{\partial T}\right)_P - \left(\frac{\partial U}{\partial T}\right)_V$ 이고 여기에 H = U + PV 를 적용하면 $C_P - C_V = \left(\frac{\partial [U+PV]}{\partial T}\right)_P - \left(\frac{\partial U}{\partial T}\right)_V$ 로 되고 이를 정리하면 $C_P - C_V = \left(\frac{\partial U}{\partial T}\right)_P + P\left(\frac{\partial V}{\partial T}\right)_P - \left(\frac{\partial U}{\partial T}\right)_V$ 가 된다. 이때 이상기체의 경우는 내부에너지가 오로지 온도만에 의존하고 다른 변수에는 의존하지 않으므로 $\left(\frac{\partial U}{\partial T}\right)_P = \left(\frac{\partial U}{\partial T}\right)_V$ 관계가 성립하므로 이를 적용하면 $C_P - C_V = P\left(\frac{\partial V}{\partial T}\right)_P$ 가 된다. 여기에 이상기체 방정식 V=RT/P를 적용하면 $\left(\frac{\partial V}{\partial T}\right)_P = \frac{R}{P}$ 이 되며, 이를 추가 적용하면 $C_P - C_V = R$ 이 됨을 알 수 있으며, 아울러 $C_p > C_V$ 가 성립함을 알 수 있다. 이 관계식을 이용하면 C_p 로부터 C_V 를 계산할 수 있고 $dU_V = C_V dT$ 로부터 dU_V 를 계산할 수 있게 된다. 이상기체가 아닌 실제 물질에서 이 같은 계산은 상당히 복잡하지만, 나중에 VIII장 4절에서 배우게 될 Maxwell 관계식을 이용해 충분히 계산할 수 있다.

한편, 분자동역학에 의하면 이상기체의 C_V 값은 3R/2 로 계산되는데, $C_P-C_V = R$ 이므로 이상기체의 C_P 값은 5R/2 이 된다. 한편, C_P/C_V 비를 새로운 파라미터 비열 비 (specific heat ratio) γ 로 표현한다. 이상기체의 경우 이 값이 5/3=1.67 이며, 실제 기체에서는 기체마다 다른 값을 가진다. 아래 [표 V-2]는 대표적인 실제 기체들의 C_P/C_V 비를 보여주고 있다.

[표 V-2] 대표적인 일부 기체의 C_P/C_V 비

Gas	Ratio of Specific Heats
Acetylene	1.3
Air, Standard	1.4
Ammonia	1.32
Carbon Dioxide	1.28
Carbon Monoxide	1.4
Chlorine	1.33
Ethane	1.18
Helium	1.66
Helium	1.66
Hydrogen	1.41
Methane	1.32
Natural Gas (Methane)	1.32
Nitrogen	1.4
Oxygen	1.4
Propane	1.12
Steam	1.28
Sulphur dioxide	1.26

V-4 Temperature Change during an Adiabatic Process

'단열과정'이 일어날 때 얼마만큼의 온도가 변화하는지를 계산하는 방정식을 열용량을 이용해 구하는 방법을 살펴보자. 먼저 단열과정에서 $\delta Q_Q = 0$ 이므로 $[dU = \delta Q + \delta W]_Q = [-PdV]_Q$ 가 되고, $dU = C_V\, dT$ 이므로, $[dU = C_V\, dT = -PdV]_Q$ 가 된다. 여기에 $PV=RT$ 식을 적용하면 $C_V\, dT = -(RT/V)dV$ 가 되고 이를 변수 분리 하면 $C_V\, (dT/T) = -R\, (dV/V)$ 가 되며, 이를 적분하면 $C_V[d\ln T]_{T_1}^{T_2} = -R\,[d\ln V]_{V_1}^{V_2}$ 이고 이를 정리하면 $\left(\frac{T_2}{T_1}\right) = \left(\frac{V_1}{V_2}\right)^{\frac{R}{C_V}}$ 로 쓸 수 있다. 이때, $C_P/C_V = \gamma$ 를 적용하면, $(T_2/T_1)=(V_1/V_2)^{(\gamma-1)}$ 이 되고 $T=PV/R$ 을 적용하면 $(P_2V_2/P_1V_1) = (V_1/V_2)^{(\gamma-1)}$ 를 얻을 수 있다. 양변에 (V_1/V_2) 를 곱하면 $(P_2/P_1) = (V_1/V_2)^{\gamma}$ 를 얻을 수 있고, 이를 정리하면 $(P_1V_1)^{\gamma}=(P_2V_2)^{\gamma}=....$ 가 됨을 알 수 있다. 따라서 어떠한 경우에도 단열과정에서는 압력에 부피의 γ 제곱을 곱하면 항상 동일한 값이 얻어진다는 즉, PV^{γ}=constant 관계식이 성립한다는 결과를 얻을 수 있다.

이에 따라, 단열과정에서는 PV=RT 식과 PV$^\gamma$=k 식 모두를 만족해야 한다는 조건으로부터 아래 [그림 V-5]에 나타낸 바와 같이 특정 압력 P_2와 온도 T_2인 기체(Point A)가 압력 P_1으로 단열 팽창(또는 수축)할 때 온도가 어떻게 변화할지 (T_1, Point B)를 계산할 수 있다. 냉동/냉장/에어콘/Heat-pump 등이 바로 이러한 원리로 작동하는 것이다.

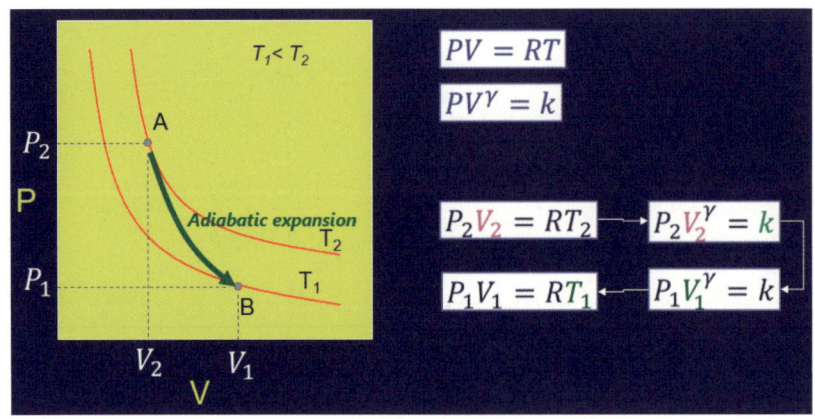

[그림 V-5] 단열과정에서 최종 온도를 구하는 방법을 보여주는 그림

[연습문제]

  [정성문제]

  1. 계의 상태 변화(프로세스)가 발생하기 위한 두 가지 조건(구동력과 경계조건)을 설명하고, 각각이 왜 필요조건 및 충분조건이 되는지 설명하시오.

  2. 등체적 과정(Constant Volume Process)이 일어나기 위한 구동력(온도차)과 경계 조건(불투과성, 열전도성, 고정형 경계)을 설명하시오.

  3. 등압 과정(Constant Pressure Process)에서 압력이 일정하게 유지되는 이유를 경계의 특성(이동성)과 관련하여 설명하시오.

4. 이상기체의 등체적 과정과 등압 과정에서 내부 에너지 변화량(ΔU)은 동일한데, 출입한 열량(Q_V와 Q_P)이 $Q_P > Q_V$인 이유를 열역학 제1법칙과 관련지어 설명하시오.

5. 단열 과정(Adiabatic Process)이 일어나는 동안 시스템의 온도가 감소하게 되는 이유를 열량 공급 불가능($\Delta Q=0$)과 시스템의 팽창으로 인한 일($-\int PdV$) 수행과 관련지어 설명하시오.

6. 이상기체의 등온 과정(Isothermal Process)에서 내부 에너지 변화(dU)가 0이 되는 이유를 설명하고, 이때 출입한 총 열량(Q_T)과 총 일(W_T)의 관계를 $RT \ln(V_b/V_a)$를 사용하여 수식으로 나타내시오.

7. 열용량(Heat Capacity, C)의 정의를 수식 $C = (dQ/dT)$으로 쓰고, 등적 과정(C_V)과 등압 과정(C_P)에서 열용량이 서로 다른 값을 가지는 이유를 설명하시오.

8. 엔탈피(Enthalpy, H)가 $H = U + PV$로 정의된 배경을 등압 과정에서의 열량 변화 ΔQ_P와 관련지어 설명하시오.

9. 이상기체에서 $(\partial U/\partial T)_P = (\partial U/\partial T)_V$ 관계가 성립함을 이용하여 $C_P - C_V = R$임을 증명하시오.

10. 단열 과정(Adiabatic Process)에서 기체의 압력과 부피 간의 관계를 나타내는 수식 (PV^γ = constant)을 유도하는 과정에서 C_P/C_V 비 γ가 어떻게 활용되는지 설명하시오.

[정량문제]

(기체 상수 R ≈ 8.314 J/mol·K로 가정합니다.)

1. 2 mol의 이상 기체가 300 K에서 10 L에서 30 L로 등온 가역 팽창했을 때, 계가 외부에 한 총 일 W_T를 J 단위로 계산하시오 ($W_T = -nRT \ln(V_2/V_1)$ 사용).

2. 1 mol의 이상 기체가 등체적 과정(V=constant)을 통해 300 K에서 400 K로 온도가 증가했습니다. 이 기체의 정적 열용량 C_V가 20.8 J/mol·K일 때, 계가 흡수한 열량 Q_V를 계산하시오.

3. 1 mol의 이상 기체에 대해 $C_P - C_V = R$ 관계가 성립합니다. 만약 C_V = 20.8 J/mol·K라면, C_P 값을 계산하고, $\gamma = C_P/C_V$ 비를 계산하시오.

4. 1 mol의 이상 기체가 등압 과정(P=constant)을 통해 250 K에서 500 K로 온도가 증가했습니다. 이 기체의 정압 열용량 C_P가 29.1 J/mol·K일 때, 이 과정에서의 엔탈피 변화량 ΔH (흡수한 열량 Q_P)를 계산하시오.

5. 2 mol의 이상 기체가 400 K에서 등온 가역 팽창하여 10 L의 일을 했습니다. 이 과정에서 계의 내부 에너지 변화 ΔU와 주위로부터 흡수한 총 열량 Q_T를 계산하시오.

6. 1 mol의 단원자 이상 기체(γ = 1.67)가 300 K에서 부피가 1 L였습니다. 이 기체가 단열 가역 팽창하여 부피가 3 L가 되었을 때, 최종 온도 T_2를 계산하시오 (단, $(T_2/T_1)=(V_1/V_2)^{(\gamma-1)}$ 관계 사용).

7. 위 6번 문제의 기체가 10 atm에서 1 L의 부피를 가질 때, 단열 가역 팽창하여 최종 부피가 3 L가 되었다면, 최종 압력 P_2를 계산하시오 (단, PV^γ = constant 관계 사용).

8. 1 mol의 이상 기체를 등압 과정에서 100 K만큼 가열했더니 엔탈피 변화 ΔH = 2910 J이 발생했습니다. 이 기체의 C_P 값을 계산하시오.

9. 1 mol의 이상 기체를 300 K에서 500 K로 가열했을 때, C_P = 28.8 J/mol·K였습니다. 같은 온도 변화를 등체적 과정으로 진행했을 때의 ΔU를 계산하시오 (단, $C_P - C_V = R$ 사용).

10. 1 mol의 이상 기체가 300 K에서 등압 팽창하여 부피가 10 L 증가했습니다. 이 과정에서 계가 외부에 한 일 W를 계산하고, 이 과정에 필요한 (받아야하는) 추가 열량 Q를 ΔH와 ΔU 관계를 이용하여 설명하시오.

VI. 엔트로피의 통계역학적 해석

VI-1 Definition of Entropy S

지금부터 이야기하려는 주제는 열역학의 꽃이라고 하는 엔트로피에 대한 이야기예요. 우리가 앞서 열역학 제1법칙, 2법칙, 3법칙을 이야기할 때 제2법칙과 관련해서 엔트로피 이야기를 한 적이 있어요. 왜 그런지 모르지만 이 우주, 자연에서 일어나고 있는 자연현상은 항상 에너지나 물질이 모여 있다가 넓게 펼쳐지려는 방향으로만 자발적으로 일어나고, 반대로 넓게 펼쳐져 있던 에너지나 물질이 한 곳으로 모여드는 일들은 절대 자발적으로 일어나지 않는다 라는 거죠. 이렇게 자연현상이 한쪽 방향으로만 일어나는 이 현상을 설명하기 위해서 도입된 물리량이 엔트로피라는 겁니다. 결국 엔트로피가 뭐냐 라고 얘기한다면 에너지나 물질이라는 것이 얼마나 널리 펼쳐져 있는가 그 펼쳐져 있는 정도의 척도라는 거죠.

그런데 이 엔트로피를 수학적으로 그리고 물리적으로 어떻게 표현해야 하느냐 하는 문제가 남아 있는 거죠. Clausius는 엔트로피의 변화는 출입한 열량의 크기를 온도로 나누어 준 $dS = \delta Q/T$ 로 정의하자고 했고 이를 우리가 관찰하는 자연현상에 대해서 적용해 보니 100% 자연현상과 일치하는 결과를 얻었던 거예요. 그래서 Clausius는 엔트로피를 이와 같은 수식으로 정의하자라고 했던 거예요. 그래서 열역학 1법칙과 2법칙을 결합하여 $dU = TdS - PdV$ 로 쓴 것이고, 이를 열역학에서 가장 기본이 되는 Fundamental Equation이라 부른다고 얘기 했죠.

VI-2 Statistical Interpretation of Entropy

그러나 이러한 정의로는 여전히 엔트로피가 도대체 무엇인지 뚜렷하지 않죠. 엔트로피에 대해 우리와 똑같은 고민을 했던 사람이 독일의 물리학자 Boltzmann이에요. 그 역시 우리와 같은 의문점이 있었던 거예요. 도대체 엔트로피가 뭐냐 말이야? $dS = \delta Q/T$ 라고 하는데 이렇게 직관적으로 정의된 것에 만족하지 못하고, 이 엔트로피가 근원적으로 무엇인지에 대한 탐구에 들어갔어요. 그래서 통계역학적인 기법을 써서 이 엔트로피라는 것이 어떠한 물리량 인지를 찾아보려고 노력을 한 결과, 계를 구성하고 있는 물질이 '에너지 공간'과 '위치 공간'에 배열하는 방법의 가짓수(Ω)에 로그를 취한 $\ln(\Omega)$ 값에 이 엔트로피가 비례한다는 걸 알게 되었어요. 즉, 엔트로피 $S \sim \ln(\Omega)$. 그리고 비례상수 K를 도입해 $S = k \ln(\Omega)$ 로 쓸 수 있다고 하였고, 이 k 값을 볼츠만 상수 ($k = 1.380649 \times 10^{-23}$ J/K)라 부릅니다.

그러면, 지금부터 도대체 어떻게 해서 배열하는 방법의 가짓수와 엔트로피가 $S \sim \ln(\Omega)$와 같이 표현될 수 있는가 하는 것에 대해서 이야기를 해보려고 해요. 여기 하나의 고립된(isolated) 계가 있다고 하자. 그러면 이 계에는 물질도 드나들지 못하고 열도 드나들지 못하고 일도 드나들지 못하는 그러한 경계로 둘러싸여 있는 것이고, 따라서 열이나 일이 드나들지 못하니까 우리 계의 내부에너지가 변할 수가 없고 고정되어 있게 되죠. 또한, 일이 드나들지 못하니까 우리 계의 부피가 바뀔 리가 없죠. 그리고 물질이 드나들 수 없으니까 우리 계에 들어있는 입자의 개수도 바뀔 리가 없죠. 즉 이들 U, V, N 모두 고정된 값을 유지하는 거예요.

만일 계에 입자가 3개만 있다고 가정해 보죠. 이때, 계가 고립되어 있으므로 내부에너지가 고정되어 있잖아요. 그래서 이 3개의 입자가 가지고 있는 총 에너지 즉 내부에너지 U가 3 energy unit (eu)이라고 해 보아요. 그리고 계를 구성하고 있는 입자들이 들어갈 수 있는 (놓일 수 있는) 에너지 준위 구조가 ε_0, ε_1, ε_2, ε_3, ε_4 이런 식으로 존재한다고 하자. 그랬을 때, [그림 VI-1]에 보인 바와 같이 계를 구성하고 있는 3개의 입자 중 2개의 입자는 ε_0에 그리고 나머지 1입자는 ε_3에 놓이는 배열의 방법 ($\hat{n}$ = 1)은 U = 2*0 eu + 1*3 eu = 3 eu 가 되어 내부에너지가 3 eu 로 고정된 조건을 잘 만족하므로 배열 가능한 배치임을 알 수 있다. 이 외에도 3개의 입자가 ε_0, ε_1, ε_2 에 각각 1개씩 들어가는 배열의 방법 ($\hat{n}$ = 2)도 내부에너지가 3 eu로 고정된 조건을 잘 만족하므로 배열 가능한 배치임을 알 수 있다. 또한, 3개의 입자 모두 ε_1에 놓이는 배열의 방법($\hat{n}$ = 3)도 3 eu를 제공하므로 배열가능한 배치가 된다. 그 외에는 가능한 배열방법이 없는 것을 알 수 있다.

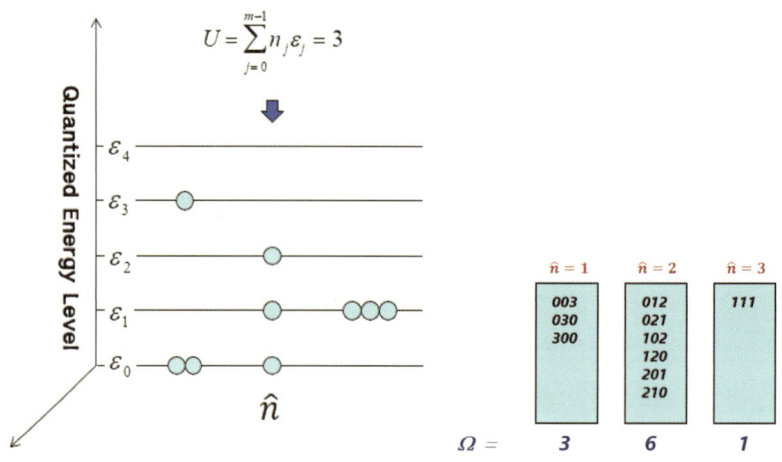

[그림 VI-1] 에너지 공간에 3개의 입자를 총 3eu 되도록 배열하는 방법

그렇다면 여기서 의문이 생기는 거예요. 계 안에 3 개의 입자가 있는데 그 3 개의 입자가 $\hat{n}$ = 1 의 배열로 존재할 수도 있고, $\hat{n}$ = 2 의 배열로 존재할 수도 있고, 또는 $\hat{n}$ = 3 의 배열로도 존재할 수 있네? 그러면 내가 관찰하는 지금 이 순간 계는 어떤 상태로 있는 거지? 라는 의문에 빠지게 되죠. 이에 대해 볼츠만은 여기에 통계역학적인 기법을 적용해서 이 문제를 해석해 보려고 했어요.

계에는 총 n 개의 입자가 있는데 이들을 $\varepsilon_0, \varepsilon_1, \varepsilon_2, \varepsilon_3, \varepsilon_4$ ... 라 불리우는 각각의 바구니에 담는 방법의 가지수를 구하는 문제와 같다고 생각한 거죠. 통계수학에서 n_j 개의 입자들 중에서 n_i 개의 입자를 꺼내어 ε_i 바구니에 담는 방법의 가짓수 즉 조합(Combination)은 $\Omega_i = {}_{n_j}C_{n_i} = n_j! / ((n_j - n_i)! * n_i!)$ 로 주어진다. 따라서 $\hat{n} = 1$ 의 배열에 대해서 살펴보면, 총 배열하는 방법의 가짓수 Ω는 3개의 입자 중 2개를 골라서 ε_0 바구니에 담는 방법 $\Omega_0 = {}_3C_2 = 3$ 과 나머지 1개의 입자 중 1개의 입자를 꺼내어 ε_3 바구니에 담는 방법 $\Omega_3 = {}_1C_1 = 1$의 곱인 3가지의 배열방법이 있음을 알 수 있다. $\hat{n} = 2$ 의 배열에 대해서도 살펴보면, 총 배열하는 방법의 가짓수 Ω는 3개의 입자 중 1개를 골라서 ε_0 바구니에 담는 방법 $\Omega_0 = {}_3C_1 = 3$ 과 나머지 2개의 입자 중 1개의 입자를 꺼내어 ε_1 바구니에 담는 방법 $\Omega_1 = {}_2C_1 = 2$ 그리고 나머지 1개의 입자 중 1개의 입자를 꺼내어 ε_2 바구니에 담는 방법 $\Omega_2 = {}_1C_1 = 1$의 곱인 총 6가지의 배열방법이 있음을 알 수 있다. 동일한 방법으로 계산해 보면 $\hat{n} = 3$ 의 배열을 가지는 방법의 수는 1가지 임을 알 수 있다. 이처럼 특정 배열($\hat{n}$)의 배열 가짓수를 계산하는 일반적인 방법은 다음과 같다. $\Omega_{\hat{n}} = \Omega_{n_0} \cdot \Omega_{n_1} \cdot \Omega_{n_2} \cdot \Omega_{n_3} \cdot \Omega_{n_4} \cdots$ 이 되고 각각의 $\Omega_{n_i} = {}_{n_j}C_{n_i} = \frac{n_j!}{(n_j-n_i)!\,n_i!}$ 를 결합하면

$$\Omega_{\hat{n}} = \frac{n!}{n_0!n_1!n_2!n_3!n_4!\cdots} = \frac{n!}{\prod_{i=0}^{m-1} n_i!} \qquad \text{---(VI-1)}$$

그렇다면 내부에너지가 3 eu인 고립계 내 3개의 입자들은 가능한 배열 $\hat{n} = 1$, $\hat{n} = 2$, $\hat{n} = 3$ 중 어떠한 배열상태(macro state, $\hat{n}$)로 존재하는 것인가? 이에 대해 볼츠만은 다음과 같은 추론을 통해 이 문제를 이해하고자 하였다. 1번 배열법($\hat{n} = 1$)으로는 3가지의 배열방법(micro state)이 있고, 2번 배열법으로는 6가지 방법이 있고 또한 3번 배열법으로는 1가지 방법이 있다. 그러면 있을 수 있는 총 배열하는 방법(미시 상태)의 가짓수가 10가지 인데, 그 중에 1번 배열(거시 상태)은 3가지의 배열법(미시 상태)을

가지고 있으므로, $\hat{n}$ = 1번과 같은 배열로 우리 계가 존재할 확률은 10분의 3이다. 그러면 $\hat{n}$ = 2번과 같은 배열로 우리 계가 존재할 수 있는 확률은 10분의 6이 되고, $\hat{n}$ = 3번 배열로 우리 계가 존재할 수 있는 확률은 10분의 1이다. 이처럼 우리 계의 상태는 출현 확률의 문제가 되어 버린 거죠. 앞에서 살펴본 바와 같이 이러한 배열($\hat{n}$ = 1)도 가능하고 저러한 배열($\hat{n}$ = 2)도 가능하고 또 다른 배열($\hat{n}$ = 3)도 다 가능한데, 이들의 출현 확률이 서로 달라 그중 특정한 배열($\hat{n}$ = 2)로 있을 확률이 가장 높다는 거죠.

그런데 우리 계의 입자수를 5 개, 10 개 이렇게 늘려보면 고정된 내부에너지를 만족하는 출현 가능한 배열($\hat{n}$)의 전체 개수와 각각의 배열($\hat{n}_i$)들이 배열하는 방법의 가짓수 (Ω_i)가 기하급수적으로 증가하는 것을 관찰할 수 있다. 뿐만 아니라 배열($\hat{n}_i$)들 중에서 특정 배열($\hat{n}_j$)로 배열하는 방법의 가짓수가 다른 배열들의 배열하는 방법의 가짓수를 압도하여, 그들의 상대적 크기 비가 점점 예리해지는 현상을 관찰할 수 있다. 입자의 개수가 작을 때는 가장 많은 배열방법(Ω_j)을 가진 특정 배열(most probable state, $\hat{n}_j$)이 다른 배열의 배열방법 가짓수와 비교해서 상대적으로 그 차이가 크지 않은데, 입자의 개수가 많아지면 특정 배열의 배열방법의 가짓수가 타 배열에 비해 압도적으로 커지는 것이 관찰된다.

앞에서 전체 배열하는 방법의 가짓수 대비, 어떤 배열 $\hat{n}_i$의 배열방법의 가짓수의 비율이 해당 배열이 출현할 확률이라고 했는데, 다수의 입자로 구성된 고립계에서는 출현 가능한 상태(배열 $\hat{n}_i$)들 중에서 압도적으로 가장 많은 배열방법(Ω_j)을 가진 – 다른 말로 가장 출현 확률이 높은 – 특정 배열(most probable state, $\hat{n}_j$)이 존재한다는 것이다. 그렇다면 계가 가질 수 있는 무수한 상태(배열)들 중에서 만일 어떤 임의의 순간에 계가 출현 확률이 매우 낮은 (그러나 불가능하지 않은) 상태로 있다면, 다음 순간 이 상태는 출현 확률이 매우 높은 상태로 저절로 바뀌게 될 것 이다. 왜냐하면 출현 확률이 압도적으로 훨씬 크기 때문이다.

이러한 사실로부터, Boltzmann은 어? 이거 엔트로피하고 같은 거 아니야? 출현 확률이 매우 낮은 상태로부터 출현 확률이 압도적으로 높은 상태로 이동하는 것은 저절로 자발적으로 일어나지만, 그 반대 방향 즉 출현 확률이 압도적으로 높은 상태가 출현 확률이 매우 낮은 상태로 저절로 자발적으로 이동하는 것은 일어나지 않을 것이다. 그러니까 한 쪽 방향으로 가는 건 내가 시키지 않아도 저절로 일어나지만 그 반대 방향으로 가는 것은 일어날 수가 없다는 결론에 도달하였죠. 볼츠만은 여기서 아 이게 엔트로피의 성질과 똑같구나 하는 것을 알게 되었죠.

그렇다면 엔트로피라는 건 출현 확률과 관련이 있다. 우리 계가 어떤 특정한 상태로 존재하는 확률은 앞에서 이야기 한 바와 같이 배열방법의 가짓수(Ω)에 비례한단 말이죠. 그런데 이 Ω는 굉장히 큰 수 이니까 이 큰 숫자를 작은 수로 만들기 위해서 도입된 함수가 로그 함수이죠. 볼츠만은 엔트로피가 로그(배열방법의 가짓수)에 비례한다 즉 $S \sim \ln(\Omega)$ 라는 직관에 도달하게 되었죠. 그리고 나서 비례상수를 K라고 하고 $S = k \ln(\Omega)$ 로 주어진다는 결론에 도달하게 되었죠. 그리고 이러한 추론은 뒤 VI-5 절에서 증명을 통해 Clausius의 엔트로피 정의 $dS = \delta Q/T$와 완벽하게 일치됨을 확인 할 수 있다. 이처럼 여러 가지 통계역학적 그리고 열역학적인 방법을 통해서 $k \ln(\Omega)$ 가 엔트로피 S임을 증명할 수 있다.

VI-3 Thermal Entropy and Configurational Entropy

그런데 지금까지는 우리 계를 구성하고 있는 입자들이 '에너지 (준위) 공간'에서 배열하는 방법의 가짓수로부터 유래하는 엔트로피에 대해 논의해 왔는데, 우리 계의 입자가 배열할 수 있는 또 다른 공간은 '위치 공간'이 있을 수 있다. 즉 입자들이 특정 위치에 몰려 있을 수도 있고 또는 널리 펼쳐져 존재할 수도 있으니까. 이런 것은 우리 계의 입자들이 위치공간에서도 배열하고 있음을 보여준다. 대표적인 자연현상이 비이커에 담긴 맑은 물에 빨간색 잉크 방울 떨어뜨리면, 한 곳에 색소들이 모여 있지 않고 저절로 자발적으로 널리 퍼져 나가 온통 빨간색 물로 바뀌는 현상이다. 그리고 반대로 그 색소들이 다시 모여들어서 일부분만 새빨간 잉크 방울이 되고 나머지는 맑은 물로 바뀌는 일은 절대 저절로 자발적으로 일어나지 않는 것을 우리는 경험적으로 알고 있죠. 즉 위치 공간에 배열하는 방법을 가질 수도 있단 말이죠.

엔트로피에는 에너지 공간에 배열함으로써 만들어지는 엔트로피가 있고, 이렇게 위치 공간에 배열함으로써 만들어지는 엔트로피 이렇게 두 종류가 있어요. 이에 따라 계를 구성하고 있는 입자들이 에너지 공간에 배열하는 방법의 가짓수로부터 나오는 엔트로피를 '열 엔트로피(Thermal Entropy)' 라고 하며, 위치 공간에 배열하는 방법의 가짓수로부터 나오는 엔트로피를 '배치 엔트로피(Configurational Entropy)' 이렇게 불러요. 그리고 이 두 개를 합쳐서 총 엔트로피가 되는 거예요. 그러니까 엔트로피는 $S = k \ln(\Omega)$ 라 했는데, 이 Ω는 다시 에너지 공간에 배열하는 방법의 가짓수로부터 오는 $S_{th} = k \ln(\Omega_{th})$ 와 위치 공간에 배열하는 방법의 가짓수로부터 오는 $S_{config} = k \ln(\Omega_{config})$ 이렇게 두 개로 구성되어 있는 거예요.

자 그러면 이제 배치(configurational) 엔트로피를 이해하기 위해 대표적인 예를 하나 고려해 봅시다. 충분히 높은 온도에서 동일한 결정구조를 가진 금속 A와 금속 B를 접촉시켰을 때, 결정격자 내에서 계를 구성하고 있는 A 원자와 B 원자가 배열하는 방법을 살펴보면 총 n개의 자리 중 n_A 자리에 A 원자가 놓이고 나머지 (n-n_A) 즉 n_B 자리에 B 원자가 놓이는 배열의 배열방법의 가짓수(Ω)는 $\Omega(n_A, n_B) = {}_nC_{n_A} \cdot {}_{(n-n_A)}C_{n_B} = \frac{n!}{n_A! \, n_B!}$ 이 된다. 이를 A, B, C, ..., Z 성분의 원자들을 섞는 경우로 일반화 시키면

$$\Omega(n_A, n_B, n_C, \ldots n_Z) = \frac{n!}{n_A! \, n_B! \, n_C! \ldots n_Z!} \qquad \text{---(VI-2)}$$

가 된다.

n이 매우 큰 수 일 때 ln(n!) ≈ n ln(n) − n 으로 근사할 수 있다는 Sterling의 근사법을 적용하면, A와 B로 이루어진 계의 총 엔트로피 S'는 $k \ln\left(\frac{n!}{n_A! \, n_B!}\right)$ 로부터 $k[(n_A+n_B) \ln(n_A+n_B) - (n_A+n_B) - n_A \ln(n_A) + n_A - n_B \ln(n_B) + n_B]$ 가 되어 이를 정리하면 $S' = -k\left[n_A \ln\left(\frac{n_A}{n_A+n_B}\right) + n_B \ln\left(\frac{n_B}{n_A+n_B}\right)\right]$ 로 쓸 수 있다. 총 원자의 개수는 $n_A + n_B = n$ 이므로, 위 식은 아래와 같이 A 성분의 분율 $X_A = \frac{n_A}{n_A+n_B}$ 와 B 성분의 분율 $X_B = \frac{n_B}{n_A+n_B}$ 로 바꾸어 $S' = -nk[X_A \ln(X_A) + X_B \ln(X_B)]$로 쓸 수 있고 분모 분자에 아보가드로 수 N_o를 곱해 주면 $S' = -N N_o k[X_A \ln(X_A) + X_B \ln(X_B)]$ 를 얻을 수 있다. 따라서 몰(N) 당(molar) 엔트로피 S는 $S = \frac{S'}{N} = -N_o k[X_A \ln(X_A) + X_B \ln(X_B)] = -R[X_A \ln(X_A) + X_B \ln(X_B)]$ 로 주어짐을 알 수 있다.

한편, n_A 개의 A 원자와 n_B 개의 B원자가 서로 섞이지 않고 각자 자기 자신의 자리에 그대로 머물러 있는 배열의 경우 배열하는 방법의 가짓수(Ω)는 $\Omega_o = {}_{n_A}C_{n_A} \cdot {}_{n_B}C_{n_B} = 1$ 이 되고 이때의 엔트로피 S_o'은 0이 된다. 따라서 순수한 금속 A와 순수한 금속 B를 접촉시켰을 때 이들이 서로 섞여 들어갈 때의 엔트로피 변화를 계산해 보면 $S - S_o = \Delta S = -R[X_A \ln(X_A) + X_B \ln(X_B)]$ 이고, 이를 B의 분율 X_B 에 따라 그림으로 그려보면 아래 [그림 VI-2]와 같다.

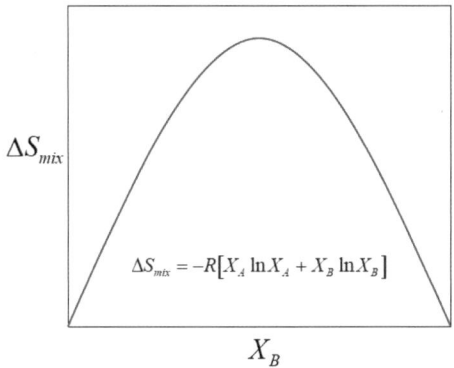

[그림 VI-2] 조성에 따른 배치(Configurational) 엔트로피의 변화

금속 A와 금속 B를 접촉시켰을 때 단순 혼합물처럼 A는 A 그대로 있고 (X_A = 1-X_B = 1) B는 B 그대로 있으면 (X_B =1), 위 그림의 양 끝단에 해당되어 ΔS=0 인데 비해, 이 둘이 상호 섞여 (X_B 〉 0) 들어가면 ΔS 〉 0 가 되면서 엔트로피의 증가가 발생한다. 따라서 저절로 자발적으로 엔트로피가 증가하는 방향 즉, X_B = 0.5 (엔트로피가 최대) 가 될 때까지 상호 확산이 일어나게 되는 것이다. 이 과정은 배치 엔트로피가 증가하는 방향이니까 원하든 원치 않든 자연은 스스로 이렇게 움직여 가는 거예요. 그게 우리 눈에 합금이 형성되는 과정으로 보이는 거다 이 말이죠. 그런데 반대로 합금이 만들어져 있는 상태에서 다시 A는 A끼리 모여서 순수한 A 블록이 만들어지고 (X_A = 1), B는 B끼리 뭉쳐서 순수한 B 블록이 만들어지려면 (X_B =1) 엔트로피가 감소하게 되고 자연은 결코 엔트로피가 감소하는 방향으로 일어나지 않으므로 우리는 자연에서 이러한 현상을 볼 수 없다는 것이죠.

VI-4 Boltzmann Distribution Function

매우 많은 입자들로 이루어진 고립계에서, 계를 구성하고 있는 입자들은 주어진 에너지 공간에 어떻게 배열하는 것일까? Boltzmann의 해석에 의하면 주어진 경계조건을 만족하는 출현 가능한 많은 배열(states)들 중에서 특정 배열이 압도적으로 출현 확률이 높게 되고, 따라서 계의 입자들은 궁극적으로 이 특정 배열을 가지게 된다고 설명한 바 있다. 그리고 이 배열을 가지게 되면 출현 확률이 낮은 다른 배열로는 더 이상 이동하지 않고 시간이 경과해도 그 상태에 계속 머무르는 상황 즉, 평형(Equilibrium)에 도달한다고 설명하였다.

바로 이 평형상태에서 계를 구성하고 있는 입자들이 에너지 공간에 어떻게 배열하고 있는 지를 나타내는 함수를 볼츠만 분포함수 (Boltzmann Distribution Function)라고 하며, 지금부터 이를 유도해 보고자 한다. 이를 위해 식 (VI-1) $\Omega_{\hat{n}} = \frac{n!}{n_0! n_1! n_2! n_3! n_4! \cdots} = \frac{n!}{\prod_{i=0}^{m-1} n_i!}$ 로부터 $ln\Omega = ln(n!) - \sum_{i=0}^{m-1} ln(n_i!)$ 이 되는데, 여기에 매우 큰 m 값에 대해 ln(m!) = m ln(m) −m 으로 근사할 수 있다는 Stirling의 근사식을 적용하면, $ln\Omega = nln(n) - n - \sum_{i=0}^{m-1}(n_i ln(n_i) - n_i)$ 을 얻을 수 있다. 양변을 미분하면 다음과 같이 $\delta ln\Omega = -\sum_{i=0}^{m-1}(\delta n_i ln(n_i) + n_i \delta ln(n_i) - \delta n_i) = -\sum_{i=0}^{m-1}\left(\delta n_i ln(n_i) + n_i \frac{\delta n_i}{n_i} - \delta n_i\right)$ 가 되어, $\delta ln\Omega = -\sum_{i=0}^{m-1} \delta n_i ln(n_i)$ 를 얻게 되는데 평형 상태에서는 배열에 변화가 없으므로 $\sum_{i=0}^{m-1} \delta n_i ln(n_i) = 0$ 가 되어야 한다.

한편, 고립계이므로 입자의 수, 내부에너지 등이 고정된 값을 가지므로 $\delta n = \sum_{i=0}^{m-1} \delta n_i = 0$ 조건과 $\delta U = \sum_{i=0}^{m-1} \varepsilon_i \delta n_i = 0$ 조건이 동시에 만족되어야 한다. 이를 위해 Boltzmann은 단위를 동일하게 맞추기 위한 2개의 상수 α와 β를 앞의 경계조건에 곱해 주어, $\alpha \sum_{i=0}^{m-1} \delta n_i = 0$ 과 $\beta \sum_{i=0}^{m-1} \varepsilon_i \delta n_i = 0$ 로 단위를 평형조건 $\sum_{i=0}^{m-1} \delta n_i ln(n_i) = 0$ 와 통일시킨 후, 이들을 모두 더하여 아래와 같은 하나의 식으

로 통일하였다.

$$\alpha \sum_{i=0}^{m-1} \delta n_i + \beta \sum_{i=0}^{m-1} \varepsilon_i \delta n_i + \sum_{i=0}^{m-1} \delta n_i ln(n_i) = 0$$

이를 정리하면 $\sum_{i=0}^{m-1}(\alpha\delta n_i + \beta\varepsilon_i\delta n_i + \delta n_i ln(n_i)) = 0$ 이 되고, 공통인자 δn_i를 묶어내면 $\sum_{i=0}^{m-1}(\alpha + \beta\varepsilon_i + ln(n_i))\delta n_i = 0$ 이 된다. 위 식이 항등적으로 성립하려면 결국 $\alpha + \beta\varepsilon_i + ln(n_i) = 0$ 이어야 하고, 이를 정리하면 $n_i = exp(-\alpha - \beta\varepsilon_i) = e^{-\alpha}e^{-\beta\varepsilon_i}$ 로 주어진다. 계의 총 입자 수 $n = \sum n_i$ 에 앞에서 구한 식 $n_i = e^{-\alpha}e^{-\beta\varepsilon_i}$ 를 적용시키면 $n = e^{-\alpha}\sum e^{-\beta\varepsilon_i}$ 가 되어, 최종적으로 $\frac{n_i}{n} = \frac{e^{-\beta\varepsilon_i}}{\sum e^{-\beta\varepsilon_i}}$ 로 쓸 수 있다. 이때 $\sum e^{-\beta\varepsilon_i}$ 를 분배함수(Partition Function) P 라 부르는데, 이 함수는 계의 에너지 준위 구조가 정해지면 고정된 값을 가진다. 따라서 계를 구성하고 있는 입자들의 상호작용에 의해 특정한 에너지 준위 구조를 가진 하나의 계 안에서는 'P = 상수'로 간주해도 된다.

이에 따라 다수의 입자로 구성된 고립계가 평형상태에 도달하였을 때 그 계를 구성하는 입자들이 에너지 공간에 어떻게 분포하는가 하는 것은 아래의 함수로 정해지게 된다.

$$n_i = \frac{n}{P} e^{-\beta\varepsilon_i} \text{ (여기서 } \beta = 1/kT)\text{[1]} \qquad ---(VI-3)$$

이를 Boltzmann 분포함수라고 부른다. 아래 [그림 VI-3]은 다수의 입자로 구성된 고립계에서 평형상태 (즉 엔트로피 최대)시 입자들이 에너지 공간에 어떻게 분포하는 지를 보여주고 있다.

---

[1] 증명은 통계역학(Statistical Mechanics)에서 찾아 볼 수 있다.

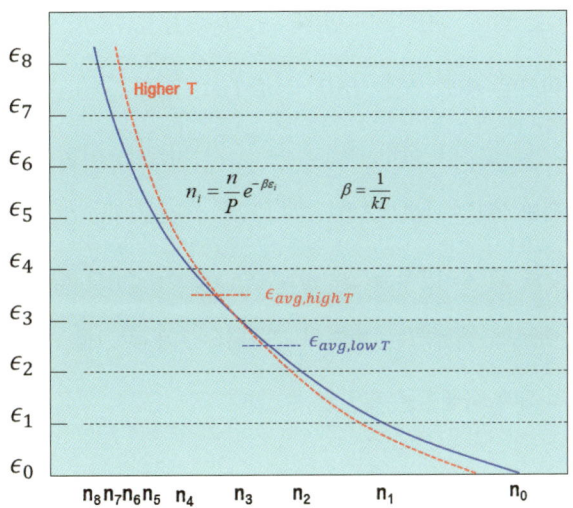

[그림 VI-3] 평형시 고립계를 구성하고 있는 입자들의 에너지 공간에서의 분포

입자들이 넓은 에너지 준위에 걸쳐서 분포하고 있는 것을 볼 수 있는데, 이는 앞에서 열역학 제2법칙(물질/에너지는 넓게 펼쳐져서 존재하려고 한다)과 잘 일치하고 있다. 아울러 계의 온도가 올라가면 입자들의 분포가 보다 높은 에너지 준위 쪽으로 이동하는 것을 확인할 수 있다.

VI-5 Proof of lnΩ being proportional to Clausius Entropy S

앞절에서 본 바와 같이 식 $ln\Omega = nln(n) - n - \sum_{i=0}^{m-1}(n_i ln(n_i) - n_i)$ 로부터 $ln\Omega = nln(n) - \sum_{i=0}^{m-1} n_i ln(n_i)$ 가 됨을 알 수 있고, 여기에 Boltzmann 분포함수 $n_i = \frac{n}{P} e^{-\frac{\varepsilon_i}{kT}}$ 를 적용하면, $ln\Omega = nln(n) - \sum_{i=0}^{m-1} \frac{n}{P} e^{-\frac{\varepsilon_i}{kT}} ln(\frac{n}{P} e^{-\frac{\varepsilon_i}{kT}}) = nln(n) - \frac{n}{P}\sum_{i=0}^{m-1} e^{-\frac{\varepsilon_i}{kT}} \left[ln(\frac{n}{P}) - \frac{\varepsilon_i}{kT} \right]$ 이 되고, 이를 추가 정리하면 $ln\Omega = nln(n) - $

$\frac{n}{P}\left[ln(\frac{n}{P})\right]\sum_{i=0}^{m-1}e^{-\frac{\varepsilon_i}{kT}} + \frac{n}{P}\sum_{i=0}^{m-1}e^{-\frac{\varepsilon_i}{kT}}\left[\frac{\varepsilon_i}{kT}\right] = nln(n) - n\left[ln(\frac{n}{P})\right] +$ $\frac{n}{PkT}\sum_{i=0}^{m-1}\varepsilon_i e^{-\frac{\varepsilon_i}{kT}}$ 이 된다. 이때 $U = \sum_{i=0}^{m-1}\varepsilon_i n_i = \sum_{i=0}^{m-1}\varepsilon_i \frac{n}{P}e^{-\frac{\varepsilon_i}{kT}} = \frac{n}{P}\sum_{i=0}^{m-1}\varepsilon_i e^{-\frac{\varepsilon_i}{kT}}$ 이므로 앞의 식은 $ln\Omega = nln(n) - nln(\frac{n}{P}) + \frac{U}{kT} = nln(P) + \frac{U}{kT}$ 가 됨을 알 수 있다. 양변을 미분하면, $dln\Omega = \frac{dU}{kT}$ 가 되는데, 고립계에서는 부피가 고정되므로 내부에너지의 미분 [dU=δQ+δW=δQ]$_V$ 으로부터 dU$_V$ = δQ가 되므로 $dln\Omega = \frac{\delta Q}{kT} = \frac{dS}{k}$ 로 쓸 수 있게 되고, 결국에는 dS = k dlnΩ 즉, S=k lnΩ 로 주어짐을 알 수 있다. 이로써 배열하는 방법의 가짓수 Ω에 로그를 취한 물리량 lnΩ 가 Clausius 엔트로피 S에 비례함을 확인할 수 있다.

[연습문제]

[정성문제]

1. 엔트로피 S와 계를 구성하고 있는 물질이 에너지 공간과 위치 공간에 배열하는 방법의 가짓수(Ω) 간에 어떤 관계가 있음을 알게 되었는지 S = k ln(Ω) 수식을 사용하여 설명하시오.

2. 고립계(isolated system)에서 배열하는 방법의 가짓수 Ω를 계산하는 일반적인 수식 $\Omega_n = n!/(n_0! n_1! n_2! ...)$을 설명하시오.

3. 고정된 내부 에너지 U를 가진 시스템에서, 특정 배열(거시 상태)로 존재할 확률이 가장 높은 이유를 '총 배열 방법의 가짓수 대비 특정 배열의 가짓수 비율'을 사용하여 설명하시오.

4. Boltzmann의 통계역학적 해석을 통해, 엔트로피가 증가하는 방향으로만 자연 현상이 자발적으로 일어나는 이유를 '출현 확률' 개념을 사용하여 설명하시오.

5. 엔트로피를 구성하는 두 가지 종류의 엔트로피(Thermal Entropy와 Configurational Entropy)를 각각 배열이 이루어지는 공간(에너지 공간/위치 공간)과 관련지어 설명하시오.

6. Configurational Entropy의 개념을 설명하기 위해 맑은 물에 빨간색 잉크 방울을 떨어뜨리는 자연 현상을 예로 들어 설명하시오.

7. Configurational Entropy의 계산에서 n!과 같은 매우 큰 수를 근사하기 위해 $\ln(n!) \approx n \ln(n) - n$ 근사법을 사용하는데, 이를 무엇이라 부르는지 설명하시오.

8. A 성분과 B 성분의 몰분율 X_A, X_B로 이루어진 2성분계 용액의 몰당 Configurational Entropy ΔS를 나타내는 최종 수식을 쓰시오.

9. 금속 A와 B가 섞여 합금을 이룰 때, 엔트로피 변화 ΔS가 양수($\Delta S > 0$)인 경우와 음수($\Delta S < 0$)인 경우 중 어떤 방향으로 자발적인 확산이 일어나며, 이는 자연의 섭리(열역학 제2법칙)에 어떻게 부합하는지 설명하시오.

10. $S = k \ln(\Omega)$ 관계가 Clausius의 엔트로피 정의 $dS = \delta Q/T$와 완벽하게 일치됨을 확인할 수 있다는 볼츠만의 결론에 대해 설명하시오.

[정량문제]

(볼츠만 상수 $k \approx 1.38 \times 10^{-23}$ J/K, 기체 상수 $R \approx 8.314$ J/mol·K로 가정합니다.)

1. 어떤 시스템의 배열 방법의 가짓수 $\Omega = 10^{20}$이라고 가정했을 때, 이 시스템의 엔트로피 S를 J/K 단위로 계산하시오 ($S = k \ln(\Omega)$ 사용).

2. A 성분과 B 성분이 50:50 ($X_A = 0.5$, $X_B = 0.5$)의 비율로 섞여 이상 용액을 형성했을 때, 몰당 Configurational Entropy 변화량 ΔS_{mix}를 J/mol·K 단위로 계산하시오 (단, $\ln(0.5) \approx -0.693$).

3. 총 n=4개의 입자가 존재하고, 이들이 ε_0에 2개 (n_0=2), ε_1에 1개 (n_1=1), ε_2에 1개(n_2=1)로 배열된 경우, 이 배열이 나타날 수 있는 가짓수 Ω_n을 계산하시오 ($\Omega_n = n! / (n_0! \, n_1! \, n_2! \, ...)$) 사용).

4. A 성분 1몰과 B 성분 3몰을 섞어 용액을 만들었을 때, A와 B의 몰분율 X_A, X_B를 계산하고, 이 용액의 몰당 Configurational Entropy 변화량 ΔS_{mix}를 계산하시오.

5. 10^{23}개의 원자로 구성된 시스템이 한 상태에서 다른 상태로 변화했을 때, $\ln(\Omega)$의 변화량이 5000이었다면, 이 과정에서 발생하는 엔트로피 변화량 ΔS를 J/K 단위로 계산하시오.

6. 1 mol의 A와 1 mol의 B를 섞었을 때 ΔH_{mix} = 0인 이상 용액의 경우, T=300 K에서 $\Delta G_{mix} = \Delta H_{mix} - T \Delta S_{mix}$를 계산하시오.

7. 고체 결정 내에 A 원자 4개와 B 원자 4개가 임의의 위치에 배열되어 있다면, 이 배열이 나타날 수 있는 가짓수 Ω를 계산하시오.

8. 몰당 Configurational Entropy ΔS_{mix}가 5.76 J/mol·K를 가질 때, 이 용액이 형성된 온도 T에서 X_A=0.5라면, T ΔS_{mix} 값을 계산하시오.

9. A와 B가 X_A = 0.8, X_B = 0.2의 비율로 섞인 용액의 몰당 Configurational Entropy 변화량 ΔS_{mix}를 계산하시오 (단, $\ln(0.8) \approx -0.223$, $\ln(0.2) \approx -1.609$).

10. 총 10개의 입자가 있을 때, 에너지 준위 ε_0에 5개, ε_1에 5개로 배열되는 방법의 가짓수 Ω를 계산하시오.

VII. 가역과정과 비가역과정

VII-1 Irreversible Process

앞 장에서 프로세스에 대해 정의한 바 있다. 즉, 우리 계가 가질 수 있는 무수히 많은 상태들 중에서 현재의 상태에서 또 다른 상태로 움직여가는 과정을 프로세스라고 한다고 정의한 바 있다. 그런데 움직여가는 과정을 살펴보면 크게 <u>2가지 경로가 있음</u>을 알 수 있다. 폐쇄계에서 계의 상태는 (S, V) 2개의 상태변수에 의해 결정되므로 예를 들면 내부에너지는 U=U(S,V) 함수로 주어지며 (S, V) 좌표계에 대해 대응 U 값을 가진 곡면의 모양으로 나타난다고 앞에서 설명한 바 있다. 그리고 그 곡면 위의 모든 점이 다 그 계가 가질 수 있는 상태들의 집합이라고 설명하였다. 그렇다면 그 곡면 위의 한 점에서 또 다른 한 점으로 이동하는 과정이 프로세스인데, 그 경로를 보면 <u>(1) 곡면 위를 따라서 이동하는 방법이 있고 또는 (2) 곡면 바깥으로 나와 이동하는 방법</u>이 있을 수 있다.

이를 좀 더 자세히 설명하기 위해 이상기체를 가지고 설명해 보겠다. 아래 [그림 VII-1]에 보인 바와 같이 열전달-일전달 특성의 경계로 둘러싸인 폐쇄계 내부에 이상기체가 들어있고 내부의 온도가 주위의 온도 T 그리고 외부의 압력 P_1 과 동일하게 되어 있다고 하자. 그러면 우리 계는 현재 $(P_1, V_1)_T$ 상태에 있게 되는데, 이때 외부 즉 주위의 압력이 P_1 에서 P_2 로 낮아지는 경우 계는 $(P_2, V_2)_T$ 상태로 이동하게 된다. 그런데 만일 계의 피스톤이 상당한 마찰력을 가지고 있으면 외부 압력이 낮아져 내-외부간 압력차에 기인해 피스톤에 가해지는 힘이 발생하더라도 이 마찰력을 이기지 못하면 피스톤의 팽창이 일어나지 못해 우리 계의 상태가 원래 지점에 머물러 있게 된다. 그러다가 외부 압력이 P_2 에 도달했을 때 비로소 마찰력을 이길 수 있게 된다면 갑자기 피스톤이 V_2 까지 팽창하면서 내부 압력도 P_2 에 도달하면서 $(P_2, V_2)_T$ 상태로 이동하게 된다. 이를 경로로 표시하면 아래 그림에서 파란색 점선으로 표시한 경로를 의미하며, 이 경로는 $P=R(T/V)$ 함수의 곡면을 벗어나서 프로세스가 일어나는 과정임을 알 수 있다.

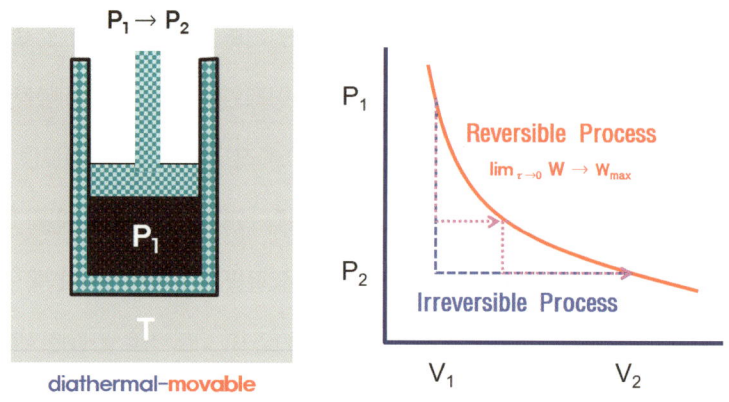

[그림 VII-1] 팽창시 가역과정과 비가역과정에 대한 경로 비교

그런데 만일 피스톤의 마찰력을 줄여주면 어떻게 될까? 마찰력이 줄어들었으므로 보다 작은 내-외부 간의 압력 차이에서도 피스톤이 팽창할 수 있게 되므로 [그림 VII-1] 에서 볼 수 있는 바와 같이 분홍색 점선 경로를 따라 프로세스가 일어날 것임을 짐작할 수 있다. 그렇다면 피스톤의 마찰력이 0으로 수렴되면 어떻게 될까? 마찰력이 0으로 줄어들었으므로 극히 작은 내-외부 간의 압력 차이만 발생해도 피스톤이 팽창할 수 있게 되어 위 그림의 빨간색 실선 경로를 따라 프로세스가 일어날 것임을 짐작할 수 있다. 이 경우에는 프로세스가 $P=R(T/V)$ 함수의 곡면 (곡선)을 따라 일어나는 것을 알 수 있다. 만일, τ를 구동력 변화에 대한 계의 응답시간이라고 한다면 곡면을 벗어나 이동하는 프로세스는 $\tau > 0$ 이고 곡면을 따라 이동하는 프로세스는 $\tau = 0$ 임을 알 수 있다. 그

런데, 우리가 살고 있는 이 자연계에서는 마찰력이 0인 경우가 없으므로 결국에는 $\tau \rangle 0$ 인 프로세스 즉 곡면을 벗어나 이동하는 프로세스로 모든 변화가 일어나며 $\tau=0$ 인 프로세스 즉 곡면을 따라 이동하는 프로세스는 현실 세계에서는 불가능한 이상적인 프로세스 임을 짐작할 수 있다.

곡면을 따라 이동하는 프로세스를 지금부터 가역과정 (Reversible Process)이라고 부르고, 곡면을 벗어나 이동하는 프로세스를 비가역과정 (Irreversible Process)이라고 부르기로 하자. 그렇다면 가역과정과 비가역과정의 특징적 차이는 무엇일까? $\int PdV$는 일(work)이 되므로 위 그림에서 P 함수 아래 면적은 계가 팽창하면서 주위에 해준 일의 양이 된다. 그런데 가역과정에서는 행하는 일의 양이 최대가 되는데 비해 비-가역과정은 가역과정의 일(W_{max})보다 항상 작은 양의 일 (W)만 전달하고 있음을 알 수 있다. 이와 반대인 압축과정 (즉 외부의 압력이 계 내부보다 높아지는)에도 [그림 VII-2]에 보인 것처럼 비가역과정과 가역과정이 존재하는데, 이때는 반대로 가역과정이 계가 전달받는 일의 양에 있어 최소가 되고 오히려 비가역과정이 더 많은 일을 전달받고 있음을 알 수 있다.

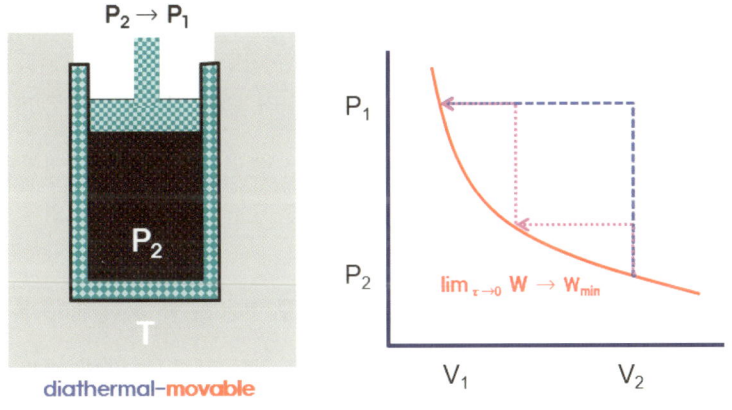

[그림 VII-2] 압축시 가역과정과 비가역과정에 대한 경로 비교

그렇다면 계가 팽창과 수축을 한 사이클(cycle) 행한 다음 일의 출입량을 따져보면 가역과정에서는 $[W_{cycle} = 0]_{rev}$ 인데 비해, 비가역과정에서는 $[W_{cycle} = \triangle P \triangle V \neq 0]_{irrev}$ 이 되어 계가 전달받은 알짜 일이 남는 문제가 생긴다. 한 사이클 팽창-수축이 이루어져 원래의 상태로 돌아왔는데 일의 입출입 양이 남는다면 도대체 이 일은 어디로 간 것일까? 이 문제에 대한 답을 하기 위해 다음과 같은 상황을 생각해 보자.

팽창의 경우: 등온 가역과정에서 W_{max} 만큼의 일을 주위로 전달하였으면 이 만큼의 열을 주위로부터 받아야 계의 온도가 유지될 수 있으므로, 이 과정에서 주위로부터 전달받은 열량은 $q_{rev} = -W_{max}$ 이므로 계와 주위의 엔트로피 변화량은 각각 $\triangle S_{sys} = q_{rev}/T$ 와 $\triangle S_{surr} = -q_{rev}/T$ 이 되므로 우주 전체의 엔트로피 변화량 $\triangle S_{tot} = 0$ 이 된다. 반면 등온 비가역과정에서는 가역과정에서의 일 W_{max} 보다 작은 W 만큼의 일을 주위로 전달하는데, 그렇다면 계는 W_{max} 만큼의 일을 할 수 있음에도 왜 이보다 작은 W 만큼의 일만 하게 되는 것일까? 비밀은 마찰력에 있다. 발생시킨 W_{max} 만큼의 일 중에서 피스톤과 실린더 벽면과의 마찰로 인해 이 중 상당량이 열로 전환되어 ($q_{transformed}$) 주위로 전달하는 일은 $W = W_{max} - q_{transformed}$ 로 작아지기 때문이다. 따라서 이 경우에는 전달한 일 만큼의 열을 주위로부터 받아야 계의 온도가 유지될 수 있으므로, 전달받은 열량은 $q_{irrev} = -W$ 된다. 이에 따라 계와 주위의 엔트로피 변화량은 각각 $\triangle S_{sys} = (q_{irrev} + q_{transformed})/T$ 와 $\triangle S_{surr} = -q_{irrev}/T$ 이 되어 우주 전체의 엔트로피 변화량 $\triangle S_{tot} = q_{transformed}/T > 0$ 이 된다. 즉 비가역과정은 엔트로피가 증가하는 과정임을 알 수 있다.

수축의 경우: 동일한 해석을 수축과정에 대해서도 적용할 수 있는데, 등온 비가역과정으로 수축되는 상황에서 계는 가역과정보다 큰 일 (W)을 주위로부터 받게 되는데 이

일 중에서 계가 일로 수용할 수 있는 양은 가역과정에 수반되는 일 (W_{min}) 만큼만 받을 수 있다. 그렇다면, 초과로 받은 일은 어디로 가는 것일까? 그 해답은 역시 마찰력에 있다. 계의 피스톤이 실린더 벽면과 마찰력을 가지고 있다면, 외부(주위)로부터 전달받은 일 중 일부가 마찰력에 의해 열로 전환되어 $q_{transformed}$ = $W-W_{min}$ 만큼이 열로 전환되고 나머지 일만 계 내부로 수용되는 것이다. 동시에 전달받은 일이 W이므로 온도를 일정하게 유지하기 위해 동일한 양의 열 (q_{irrev} = $-W$)을 주위로 배출한다. 이에 따라 계와 주위의 엔트로피 변화량은 각각 $\triangle S_{sys}$ = (q_{irrev} + $q_{transformed}$) /T 와 $\triangle S_{surr}$ = $-q_{irrev}$ /T 이 되어 우주 전체의 엔트로피 변화량 $\triangle S_{tot}$ = $q_{transformed}$ /T > 0 이 된다. 즉 이 경우에도 비가역과정은 엔트로피가 증가하는 과정임을 알 수 있다.

VII-2 Entropy of Irreversible Processes

앞에서 살펴본 바와 같이 엔트로피는 dS=δQ/T 식에 의거하여 변화하게 되는데, 이때 엔트로피의 변화를 유발하는 열량에는 2 종류가 있음을 알 수 있었다. 즉 전달된 열(Transferred Heat)과 변환된 열(Transformed Heat)이 그것이다. 이상적 과정인 <u>가역과정에서는 계와 주위 간에 전달된 열만 존재할 뿐, 일이 열로 전환되어 발생하는 변환된 열은 존재하지 않는다.</u> 따라서 가역과정에서는 계와 주위 간의 전달된 열에 의한 엔트로피 변화만 존재하고 이들을 합한 총 엔트로피 변화는 0으로 나타난다. 반면에 <u>비가역과정에서는 계와 주위 간에 전달된 열 뿐만 아니라 일의 전달과정에서 일부 일이 열로 변환된 열이 발생하게 됨에 따라 계와 주위의 엔트로피 변화를 합한 총 엔트로피 변화는 항상 0보다 큰 양수 값으로 나타난다 ([dS_{tot}] ≥ 0).</u> 따라서 비가역과정은 항상 엔트로피가 양수이므로 열역학 제2법칙에 따라 저절로 자발적으로 일어나는 과정이며 그 반대는 엔트로피가 감소하는 과정이므로 절대 자발적으로 일어나지 않는 과정임을 알 수 있고, 그래서 명칭이 비가역과정이라 불리우는 것이다.

[연습문제]

 [정성문제]

 1. 가역과정(Reversible Process)과 비가역과정(Irreversible Process)을 이상기체 상태 곡선(P=R(T/V))을 기준으로 이동 경로 측면에서 각각 정의하시오.

 2. 가역 과정(곡면을 따라 이동하는 과정)을 계의 응답시간 τ의 관점에서 설명하고, 이러한 과정이 현실 세계에서 불가능한 이상적인 프로세스인 이유를 설명하시오.

 3. 등온 팽창 과정에서 가역과정과 비가역과정이 전달하는 일의 양(W)을 비교하고, 가역 과정의 일이 최대(W_{max})가 되는 이유를 설명하시오.

 4. 비가역 과정에서 전달된 일의 양이 가역 과정보다 작은 이유를 '마찰력' 및 '열로의 전환'과 관련지어 설명하시오.

 5. 가역 과정에서 팽창-수축 한 사이클이 이루어진 후, 일의 출입량(W_{cycle})이 0이 되는 이유를 설명하시오.

 6. 비가역 과정에서 엔트로피 변화를 유발하는 열량의 두 종류(전달된 열, 변환된 열)를 설명하고, 변환된 열($q_{transformed}$)이 발생하는 원인을 설명하시오.

 7. 등온 가역 팽창 과정에서 계와 주위의 엔트로피 변화량을 설명하고, 우주 전체 엔트로피 변화 ΔS_{tot}가 0이 되는 이유를 설명하시오.

 8. 등온 비가역 팽창 과정에서 우주 전체 엔트로피 변화 ΔS_{tot}가 항상 양수(>0)인 이유를 변환된 열($q_{transformed}$)을 사용하여 설명하시오.

9. 비가역 과정이 엔트로피 증가 과정($\Delta S_{tot} > 0$)이므로 '자발적(저절로)'으로 일어나는 과정이며, 그 반대는 일어나지 않아 '비가역(Irreversible)' 과정이라 불리는 이유를 설명하시오.

10. 압축 과정(외부 압력이 계 내부보다 높아지는 상황)에서도 비가역 과정이 가역 과정보다 계에 더 많은 일을 전달하는 이유를 설명하시오.

[정량문제]

(기체 상수 $R \approx 8.314$ J/mol·K로 가정합니다.)

1. 1 mol의 이상 기체가 300 K에서 $V_1=5$ L에서 $V_2=15$ L로 등온 가역 팽창했을 때, 계가 외부에 한 최대 일 W_{max}를 J 단위로 계산하시오.

2. 400 K에서 진행된 비가역 과정에서, 마찰력에 의해 120 J의 열($q_{transformed}$)이 발생했다고 가정합시다. 이 과정에서 우주 전체의 엔트로피 변화량 ΔS_{tot}를 계산하시오.

3. 1 mol의 이상 기체가 등온 가역 팽창 중, $\Delta S_{sys} = 5$ J/K의 엔트로피 증가를 보였습니다. 이 과정이 일어난 온도 T에서 계가 주위로부터 흡수한 열량 q_{rev}를 계산하시오.

4. 등온 비가역 팽창 과정에서 계가 외부에 W = 2000 J의 일을 했고, 이 과정에서 마찰로 인해 $q_{transformed}$ = 500 J의 열이 발생했습니다. 이 팽창 과정에서 계가 할 수 있는 최대 일 W_{max}는 얼마인지 계산하시오.

5. 300 K에서 등온 비가역 수축 과정이 일어났고, 계가 주위로부터 W = 1000 J의 일을 받았습니다. 만약 이 과정에서 $q_{transformed}$ = 100 J의 열이 발생했다면, 이 과정 동안 계가 주위로 방출한 열량 q_{irrev}를 계산하시오.

6. 1 mol의 이상 기체가 $P_1=5$ atm, $V_1=4$ L에서 등온 팽창하여 $P_2=1$ atm이 되었

습니다. 이 과정이 가역적으로 진행될 때, 기체가 한 일 W_{rev}를 L·atm 단위로 계산하시오.

7. 등온 압축 과정에서 계가 받은 일이 W=2000 J이었고, 이 중 10%가 마찰열로 전환되었다면, 계가 수용한 최소 일 W_{min}은 얼마인지 계산하시오.

8. T=500 K에서 진행된 비가역 팽창 과정에서, ΔS_{tot} = 1.0 J/K의 엔트로피가 생성되었습니다. 이 엔트로피 증가를 유발한 변환된 열 $q_{transformed}$의 양을 계산하시오.

9. 1 mol의 기체가 300 K에서 등온 가역 팽창하여 W_{max} = −1500 J의 일을 했을 때, 이 과정에서 주위의 엔트로피 변화 ΔS_{surr}를 계산하시오.

10. 일정한 온도 T에서, 어떤 계가 비가역 압축을 겪어 W_{rev}보다 500 J 더 많은 일을 받았습니다. 이 추가적인 일 500 J이 모두 열로 전환되었다면, 이 과정에서 우주 전체 엔트로피 변화 ΔS_{tot}를 T의 함수로 나타내시오.

VIII. 보조함수

VIII-1 Geometric Relations

지난 시간에는 통계역학을 이용한 엔트로피의 이해에 대한 것이 주제였죠. 그래서 엔트로피라는 게 무엇인가 하고 봤더니 결국 우리 계가 특정한 상태로 출현하는 확률과 관련이 있다는 것이다. 그리고 그 확률은 구체적으로 무엇에 의해서 결정되는가 하면, 계가 그러한 상태 (배열)로 있을 수 있도록 배열하는 방법의 가짓수에 비례한다는 것이고, 엔트로피는 배열하는 방법의 가짓수의 로그 값에 비례한다는 것을 알 수 있었죠. 이때 배열을 한다 했는데, 이 배열을 어느 공간에서 하느냐 했을 때 에너지 공간과 위치 공간 두 가지 종류의 공간이 있다 했죠. 에너지 공간에 배열하는 방법의 가짓수로부터 나오는 엔트로피가 열 엔트로피, 위치 공간에 배열하는 방법의 가짓수로부터 나오는 엔트로피가 배치 엔트로피라고 얘기했죠. 실제 자연계에서는 에너지 공간에 배열하면서 동시에 위치 공간에도 배열하므로 각각에 기인하는 두 개의 값(thermal entropy & configurational entropy)이 합쳐져 총 엔트로피로 나타나는 것이라는 얘기를 했었어요.

지금부터는 보조함수(auxiliary functions) 라는 새로운 주제에 대해서 이야기를 해보려고 해요. 보조라는 말은 주된 것이 아니고 뭔가 좀 작은 기능이지만 도움이 되는... 이런 뜻이죠. 그래서 보조함수 이렇게 부르니까 여러분은 아 이거 뭐 별로 중요한 거 아니구나 라고 생각할지 모르지만 절대 그렇지 않아요. 이게 타이틀만 보조지 실제로는 굉장히 중요한 함수들이에요. 자 우리 계가 폐쇄되어 있다고 하자. 그러면 이 폐쇄계의 상태를 완벽히 기술하는 데 필요하고도 충분한 독립변수는 U, V 두 개라 했죠. 그런데 독립변수와 종속변수는 서로 교차해서 쓸 수 있으니까 독립변수로 S와 V를 선택하고 종속변수 U를 그림으로 그리면 어떻게 되겠어요? 독립변수 S와 독립변수 V에 대해서 종속변수 U는 자동으로 정해진다는 것이고, 모든 S와 모든 V에 대해서 주어지는 내부에너지 값을 그려보면 아래 [그림 VIII-1]로 표현한 바와 같은 곡면이 얻어지게 되죠.

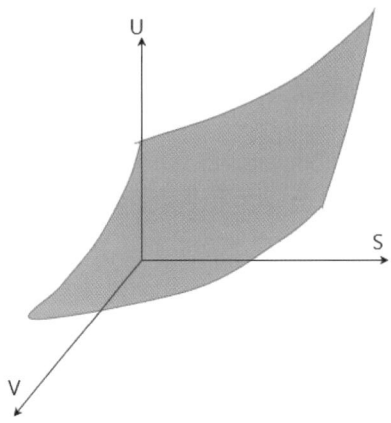

[그림 VIII-1] 폐쇄계에서 상태변수 (S, V)에 따른 내부에너지 U 곡면

VIII-2 Auxiliary Functions

(1) Enthalpy

이 곡면에서 엔트로피를 어떤 특정 값으로 고정시킨다고 한다면(S=constant) 어떤 일이 벌어질까? 아래 [그림 VIII-2]에 보인 바와 같이 엔트로피가 해당 특정 값으로 고정된 절단면이 나타나고 곡면이 절단된 곡선의 형태로 나타나겠죠.

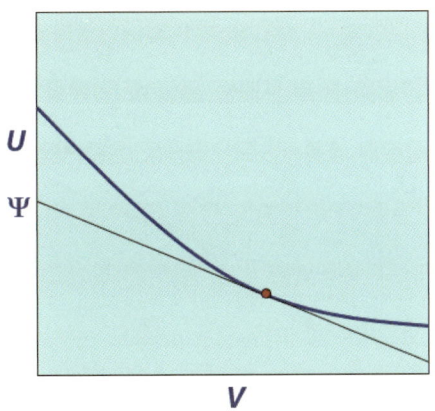

[그림 VIII-2] U=U(S,V) 함수의 S=constant인 절단면 모식도

여기서 V에 대해 U를 그려보면 보는 바와 같이 V가 증가함에 따라 점점 감소하는 경향을 보이는데, 이때 (빨간색) 점으로 표현된 지점에 현재 우리 계가 있다고 가정해 보자. 이 상황에서 계의 내부에너지 U는 (V, S)가 정해지면 자동으로 결정되는 종속 값인데 이를 다음과 같이 접선의 기울기 $\left(\frac{\partial U}{\partial V}\right)_S$ 와 절편 ψ의 함수로 변경해 보자. 내부에너지 U는 $U = \Psi + \left(\frac{\partial U}{\partial V}\right)_S V$ 가 되고 이를 절편에 관해 정리하면 $\Psi = U - \left(\frac{\partial U}{\partial V}\right)_S V$ 이 된다. 여기서 dU = TdS − PdV 로부터 $\left(\frac{\partial U}{\partial V}\right)_S = -P$ 가 됨을 알 수 있고 이를 적용하면 $\Psi = U + PV$ 관계를 얻을 수 있다. 바로 이 절편 함수 Ψ 를 지금부터 Enthalpy H 라고 정의한다.

(2) Helmholtz Free Energy

이번에는 앞의 U=U(V, S) 곡면에서 부피를 어떤 특정 값으로 고정시킨 (V=constant) 경우 아래 [그림 VIII-3]에 보인 바와 같이 부피가 해당 특정 값으로 고정된 절단면이 나타나고 곡면이 절단된 곡선의 형태로 나타나겠죠.

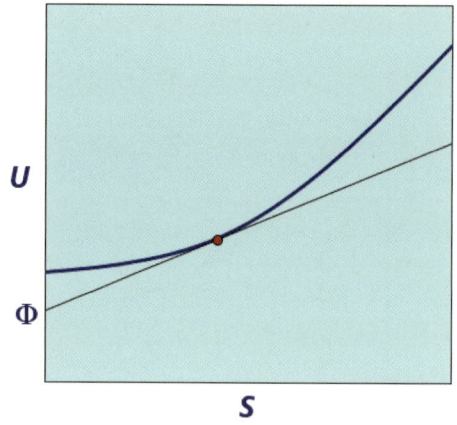

[그림 VIII-3] U=U(S,V) 함수의 V=constant인 절단면 모식도

여기서 S에 대해 U를 그려보면 보는 바와 같이 S가 증가함에 따라 점점 증가하는 경향을 보이는데, 이때 (빨간색) 점으로 표현된 지점에 현재 우리 계가 있다고 가정해 보자. 이 상황에서 계의 내부에너지 U는 (V, S)가 정해지면 자동으로 결정되는 종속 값인데 이를 다음과 같이 접선의 기울기 $\left(\frac{\partial U}{\partial S}\right)_V$ 와 절편 $\varPhi$의 함수로 변경해 보자. 내부에너지 U는 $U = \varPhi + \left(\frac{\partial U}{\partial S}\right)_V S$ 가 되고 이를 절편에 관해 정리하면 $\varPhi = U - \left(\frac{\partial U}{\partial S}\right)_V S$ 이 된다. 여기서 dU = TdS − PdV 로부터 $\left(\frac{\partial U}{\partial S}\right)_V = T$ 가 됨을 알 수 있고 이를 적용하면 $\varPhi = U - TS$ 관계를 얻을 수 있다. 바로 이 절편 함수 $\varPhi$ 를 지금부터 Helmholtz Free Energy F 라고 정의한다.

(3) Gibbs Free Energy

앞의 U=U(V, S) 곡면에서 아래 [그림 VIII-4]에 보인 바와 같이 S/V 비를 어떤 특정 값으로 고정시킨 (S/V = constant) 경우, S/V 비가 해당 특정 값으로 고정된 절단면이 나타나고 곡면이 절단된 곡선의 형태로 나타나겠죠.

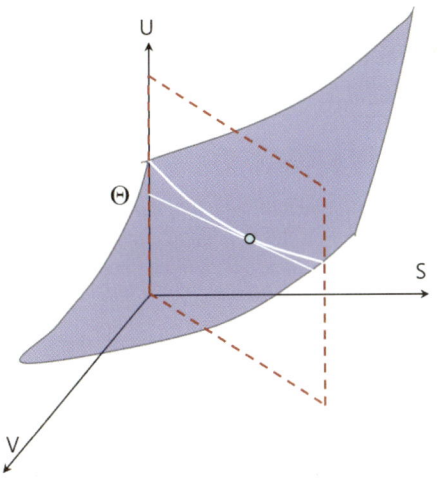

[그림 VIII-4] U=U(S,V) 함수의 S/V=1 인 절단면 모식도

이때 (하늘색) 점으로 표현된 지점에 현재 우리 계가 있다고 가정해 보자. 계의 내부에 너지 U는 (V, S)가 정해지면 자동으로 결정되는 종속 값인데, 이 상황에서 S/V 비가 일정 값을 유지한 채로 V와 S가 모두 변화하므로 접선의 기울기는 $\left(\frac{\partial U}{\partial V}\right)_S$ 와 $\left(\frac{\partial U}{\partial S}\right)_V$ 2개가 존재하게 된다. 또한 이때 접선의 절편을 θ라고 하면, 내부에너지 U는 $U = \theta + \left(\frac{\partial U}{\partial V}\right)_S V + \left(\frac{\partial U}{\partial S}\right)_V S$ 가 되고 이를 절편에 관해 정리하면 $\theta = U - \left(\frac{\partial U}{\partial V}\right)_S V - \left(\frac{\partial U}{\partial S}\right)_V S$ 이 된다. 여기서 dU = TdS − PdV 로부터 $\left(\frac{\partial U}{\partial V}\right)_S = -P$, $\left(\frac{\partial U}{\partial S}\right)_V = T$ 가 됨을 알 수 있고 이를 적용하면 $\theta = U + PV - TS$ 관계를 얻을 수 있다. 바로 이 절편 함수 θ 를 지금부터 Gibbs Free Energy G 라고 정의한다. 따라서 G = U + PV − TS 또는 G = H − TS 가 된다.

VIII-3 Differentials of Auxiliary Functions

[표 VIII-1] 보조함수, 보조함수 미분식, 보조함수 별 경계조건

Functions	Their Differentials	Relations from the Auxiliary Functions	Boundary Conditions
U(S, V)	dU = TdS − PdV	$\left(\frac{\partial U}{\partial S}\right)_V = T$ $\left(\frac{\partial U}{\partial V}\right)_S = -P$	Heat Transfer (X) Work Transfer (X)
H = U + PV	dH = TdS + VdP	$\left(\frac{\partial H}{\partial S}\right)_P = T$ $\left(\frac{\partial H}{\partial P}\right)_S = V$	Heat Transfer (X) Work Transfer (O)
F = U − TS	dF = −SdT − PdV	$\left(\frac{\partial F}{\partial T}\right)_V = -S$ $\left(\frac{\partial F}{\partial V}\right)_T = -P$	Heat Transfer (O) Work Transfer (X)
G = U + PV − TS	dG = −SdT + VdP	$\left(\frac{\partial G}{\partial T}\right)_P = -S$ $\left(\frac{\partial G}{\partial P}\right)_T = V$	Heat Transfer (O) Work Transfer (O)

[표 VIII-1]은 내부에너지와 보조함수들을 일목 요연하게 정리한 표로, 여기서 볼 수 있는 바와 같이 각각의 함수는 서로 다른 독립변수를 가지고 있음을 알 수 있다. 예를 들면, 내부에너지는 S와 V를 독립변수로 하고 있고, 엔탈피는 S와 P를 독립변수로 함을 볼 수 있다. 독립변수라 함은 다른 변수들의 영향없이 독립적으로 그 값이 주어질 수 있는 변수란 의미 이므로, 만일 내부에너지 U의 경우 S와 V가 각각 독립 변수이므로 계의 엔트로피와 부피를 독립적으로 제어할 수 있는 경우에 사용할 수 있는 함수임을 알 수 있다. 따라서 경계의 열전달이 차단되어야 계의 엔트로피 값을 우리가 원하는 특정 값으로 유지할 수 있으며, 또한 경계의 일전달이 차단되어야 계의 부피 값을 우리가 원하는 특정 값으로 유지할 수 있게 된다. 결국 내부에너지 함수 U는 표에 보인 바와 같이 계의 경계가 열차단-일차단 특성의 경계로 둘러싸여 있을 때 적용할 수 있는 함수임을 알 수 있다.

동일한 논리를 적용하면, 엔탈피 H는 표에 보인 바와 같이 계의 경계가 열차단-일전달 특성의 경계로 둘러싸여 있을 때 적용할 수 있는 함수이며, Helmholtz Free

Energy F는 계의 경계가 열전달-일차단 특성의 경계로 둘러싸여 있을 때 적용할 수 있는 함수이며, 마지막으로 Gibbs Free Energy G는 계의 경계가 열전달-일전달 특성의 경계로 둘러싸여 있을 때 적용할 수 있는 함수이다.

VIII-4 Maxwell Relations

x와 y를 독립변수로하는 함수 f(x, y)의 총 미분은 $df = \left(\frac{\partial f}{\partial x}\right)_y dx + \left(\frac{\partial f}{\partial y}\right)_x dy$ 가 되는데, $\left(\frac{\partial f}{\partial x}\right)_y \equiv L$, $\left(\frac{\partial f}{\partial y}\right)_x \equiv M$ 이라고 하면 $df = Ldx + Mdy$으로 쓸 수 있다. 이때 L을 y에 대해서 편미분한 것 $\left(\frac{\partial L}{\partial y}\right)_x$ 은 미분의 교환법칙 즉 $\left(\frac{\partial L}{\partial y}\right)_x = \left(\frac{\partial}{\partial y}\left(\frac{\partial f}{\partial x}\right)_y\right)_x = \left(\frac{\partial}{\partial x}\left(\frac{\partial f}{\partial y}\right)_x\right)_y = \left(\frac{\partial M}{\partial x}\right)_y$ 에 의해 M을 x에 대해서 편미분한 것 $\left(\frac{\partial M}{\partial x}\right)_y$ 과 같아지게 된다. 즉, $\left(\frac{\partial L}{\partial y}\right)_x = \left(\frac{\partial M}{\partial x}\right)_y$ 임을 알 수 있다. 이러한 미분의 교환법칙을 내부에너지와 보조함수들에 적용해 보면 아래 [표 VIII-2]에 나타낸 바와 같은 관계식을 얻을 수 있으며, 이를 Maxwell 관계식 이라고 한다.

[표 VIII-2] 보조함수의 미분과 Maxwell 관계식

Functions	Their Differentials	Maxwell Relations
U(S, V)	dU = TdS − PdV	$\left(\frac{\partial T}{\partial V}\right)_S = -\left(\frac{\partial P}{\partial S}\right)_V$
H = U + PV	dH = TdS + VdP	$\left(\frac{\partial T}{\partial P}\right)_S = \left(\frac{\partial V}{\partial S}\right)_P$
F = U − TS	dF = −SdT − PdV	$\left(\frac{\partial S}{\partial V}\right)_T = \left(\frac{\partial P}{\partial T}\right)_V$
G = U + PV − TS	dG = −SdT + VdP	$-\left(\frac{\partial S}{\partial P}\right)_T = \left(\frac{\partial V}{\partial T}\right)_P$

아래 [그림 VIII-5]는 Maxwell 관계식을 외우기 쉽게 만든 도표로서, 3개의 좌측항

편미분 파라미터로부터 3개의 우측항 편미분 파라미터를 구하는 방법이다. 예를 들면, 좌측항 편미분 파라미터가 S-P-T 라면 즉, $\left(\frac{\partial S}{\partial P}\right)_T$ 가 좌측항 이라면 이에 대응하는 Maxwell 관계식의 우측항 파라미터는 도표상의 대칭 위치에 놓인 V-T-P가 되어 $\left(\frac{\partial V}{\partial T}\right)_P$ 가 된다. 이때 수직 대칭이면 (-)를 곱해주고 수평 대칭이면 (+)를 곱해준다. 위의 예에서는 수직 대칭이므로 (-)를 곱해주면 $\left(\frac{\partial S}{\partial P}\right)_T = -\left(\frac{\partial V}{\partial T}\right)_P$ 의 Maxwell 관계식을 도표로부터 쉽게 찾아낼 수 있다.

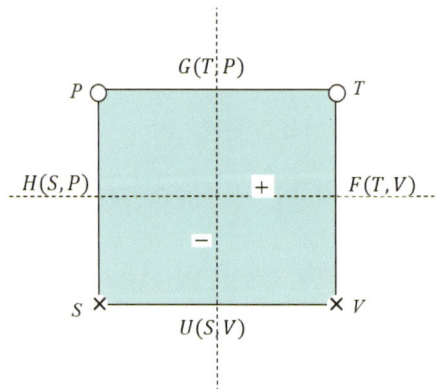

[그림 VIII-5] Maxwell 관계식 찾기 도표

한편, Maxwell 관계식을 응용하는데 있어 추가적으로 필요한 수학적 방법을 다음과 같이 살펴보고자 한다. x와 y를 독립변수로하는 함수 f(x, y)의 총 미분은 $df = \left(\frac{\partial f}{\partial x}\right)_y dx + \left(\frac{\partial f}{\partial y}\right)_x dy$ 가 되는데, 이때 종속변수 f 를 고정시키면 (df=0), $\left[\left(\frac{\partial f}{\partial x}\right)_y dx = -\left(\frac{\partial f}{\partial y}\right)_x dy\right]_f$ 가 되고 이를 정리하면 $\left(\frac{\partial f}{\partial x}\right)_y \left(\frac{\partial x}{\partial y}\right)_f = -\left(\frac{\partial f}{\partial y}\right)_x$ 로 쓸 수 있다. 이들의 모든항을 왼쪽으로 이동시키면 $\left(\frac{\partial f}{\partial x}\right)_y \left(\frac{\partial x}{\partial y}\right)_f \left(\frac{\partial y}{\partial f}\right)_x = -1$ 이 되는데, f=z 로 바꾸어 표현하면

$$\left(\frac{\partial x}{\partial y}\right)_z \left(\frac{\partial y}{\partial z}\right)_x \left(\frac{\partial z}{\partial x}\right)_y = -1 \qquad \text{---(VIII-1)}$$

식을 얻을 수 있다. 이 식은 뒤에서 Maxwell 관계식을 응용하는데 유용하게 사용되므로 꼭 알아둘 필요가 있다.

VIII-5 Applications of Maxwell Relation using Experimentally determined Parameters

실험적으로 측정하기 어려운 열역학적 파라미터의 변화량을 실험적으로 측정 가능한 물리량과 Maxwell 관계식을 결합하여 계산이 가능하게 해 준다는 점에서 Maxwell 관계식의 중요성이 있다. 먼저, 실험적으로 측정가능한 물리량은 아래 [표 VIII-3]과 같으며, 다양한 물질들에 대해 측정하고 그 결과를 열역학 데이터베이스에 담아두고 각종 열역학 계산에서 활용하고 있다.[2]

[표 VIII-3] 실험적으로 측정 가능한 열역학 파라미터

Functions	Symbols	Definitions
Thermal Expansion Coefficient	α	$\alpha \equiv \frac{1}{V}\left(\frac{\partial V}{\partial T}\right)_P$
Isothermal Compressiblity	β	$\beta \equiv -\frac{1}{V}\left(\frac{\partial V}{\partial P}\right)_T$
Constant Pressure Heat Capacity	C_P	$C_P \equiv \left(\frac{\partial Q}{\partial T}\right)_P = T\left(\frac{\partial S}{\partial T}\right)_P$
Constant Volume Heat Capacity	C_V	$C_V \equiv \left(\frac{\partial Q}{\partial T}\right)_V = T\left(\frac{\partial S}{\partial T}\right)_V$

지금부터 Maxwell 관계식을 응용하는 예를 아래와 같이 살펴보자.

[예제 1] 일정한 온도를 유지하고 있는 물체에 압력을 인가하였을 때, 압력의 변화에

---

[2] 부록 A-1에 일부 물질에 대한 이들 α와 β 값을 제시하였다.

따른 엔트로피의 변화량을 구하라.

⟨[풀이]⟩

(1단계) 상기 문제는 dS as a function of dP under constant T 가 되므로 이를 수식으로 표현해 보면 $\left(\frac{\partial S}{\partial P}\right)_T$ 를 구하는 문제가 된다.

(2단계) 여기에 [그림 VIII-5]를 이용해 Maxwell 관계식을 찾아보면 $\left(\frac{\partial S}{\partial P}\right)_T = -\left(\frac{\partial V}{\partial T}\right)_P$ 임을 알 수 있다.

(3단계) 실험적으로 측정가능한 파라미터가 위 관계식에 포함되어 있나 [표 VIII-3]에서 확인하는데, 여기서는 $\left(\frac{\partial V}{\partial T}\right)_P$ 가 αV 가 됨을 알 수 있다. 따라서 $\left(\frac{\partial S}{\partial P}\right)_T = \alpha V$ 로 주어진다.

(4단계) 변화 구간에 대해 다음과 같이 적분을 수행한다. $[dS = \alpha V \, dP]_T$ 로 부터 $\left[\int_{S(P_1)}^{S(P_2)} dS = \int_{P_1}^{P_2} \alpha V \, dP\right]_T$ 가 되고 이를 정리하면 $S(P_2) = S(P_1) + \int_{P_1}^{P_2} \alpha V \, dP$ 가 된다. 만일 대상체가 이상기체라면 V=RT/P를 적용할 수 있어 $S(P_2) = S(P_1) + \alpha RT \int_{P_1}^{P_2} dlnP$ 가 되므로 최종적으로 $S(P_2) = S(P_1) + \alpha RT \ln\left(\frac{P_2}{P_1}\right)$ 로 주어지게 된다. 따라서 초기 압력 P_1 과 엔트로피 값 $S(P_1)$을 알면 압력을 P_2 로 변경하였을 때의 엔트로피 값 $S(P_2)$를 위 식을 이용하여 계산할 수 있다.

[예제 2] 엔트로피가 일정한 값을 가지도록 환경(열차단 경계)이 설정된 물체에 압력을 인가하였을 때, 이에 따른 물체의 온도변화를 구하라.

⟨풀이⟩

(1단계) 상기 문제는 dT as a function of dP under constant S 가 되므로 이를 수식으로 표현해 보면 $\left(\frac{\partial T}{\partial P}\right)_S$ 를 구하는 문제가 된다.

(2단계) 여기에 [그림 VIII-5]를 이용해 Maxwell 관계식을 찾아보면 $\left(\frac{\partial T}{\partial P}\right)_S = \left(\frac{\partial V}{\partial S}\right)_P$ 임을 알 수 있다.

(3단계) 실험적으로 측정가능한 파라미터가 위 관계식에 포함되어 있나 [표 VIII-3]에서 확인하는데, 여기서는 $C_P = T\left(\frac{\partial S}{\partial T}\right)_P$ 이므로 $\left(\frac{1}{\partial S}\right)_P$ 는 $\frac{T}{C_P}\left(\frac{1}{\partial T}\right)_P$ 가 됨을 알 수 있다. 따라서 $\left(\frac{\partial V}{\partial S}\right)_P = \frac{T}{C_P}\left(\frac{\partial V}{\partial T}\right)_P$ 이고 $\left(\frac{\partial V}{\partial T}\right)_P$ 는 αV 이므로 최종식은 $\left(\frac{\partial T}{\partial P}\right)_S = \frac{TV}{C_P}\alpha$ 로 주어진다.

(4단계) 변화 구간에 대해 다음과 같이 적분을 수행한다. $\left[dT = \frac{TV}{C_P}\alpha\, dP\right]_S$ 로부터 $\left[\frac{dT}{T} = \frac{V}{C_P}\alpha\, dP\right]_S$ 가 되고, 대상체가 이상기체라면 V=RT/P를 적용할 수 있어 $\frac{dT}{T^2} = \frac{\alpha}{C_P}R\, dlnP$ 가 된다. 만일 C_P 와 α 가 압력에 거의 독립적이라고 한다면 $\int_{T_1}^{T_2}\frac{1}{T^2}dT = \frac{\alpha}{C_P}R\int_{P_1}^{P_2}dlnP$ 로 쓸 수 있고, 이를 정리하면 $\left[-\frac{1}{T}\right]_{T_1}^{T_2} = \left[\frac{1}{T_1} - \frac{1}{T_2}\right] = \frac{\alpha}{C_P}R\, ln\left(\frac{P_2}{P_1}\right)$ 가 된다. 따라서 초기 압력 P_1 과 온도 $T(P_1)$ 를 알면 압력을 P_2 로 변경하였을 때의 온도 $T(P_2)$ 를 위 식을 이용하여 계산할 수 있다.

[예제 3] 온도가 일정한 값을 가지도록 환경(열전달 경계)이 설정된 물체의 부피를 변경시켰을 때, 이에 따른 물체의 엔트로피 변화를 구하라.

〈풀이〉

(1단계) 상기 문제는 dS as a function of dV under constant T 가 되므로 이를 수식으로 표현해 보면 $\left(\frac{\partial S}{\partial V}\right)_T$ 를 구하는 문제가 된다.

(2단계) 여기에 [그림 VIII-5]를 이용해 Maxwell 관계식을 찾아보면 $\left(\frac{\partial S}{\partial V}\right)_T = \left(\frac{\partial P}{\partial T}\right)_V$ 임을 알 수 있다.

(3단계) 실험적으로 측정가능한 파라미터가 위 관계식에 포함되어 있나 [표 VIII-3]에서 확인하는데, 여기서는 발견할 수 없다. 이런 경우 앞에서 설명한 수학적 방법 식 (VIII-

1)을 적용하여 풀 수 있는데, 이를 이용하면 $\left(\frac{\partial P}{\partial T}\right)_V$ 를 $-\left(\frac{\partial V}{\partial T}\right)_P \left(\frac{\partial P}{\partial V}\right)_T$ 로 대체할 수 있다. 그러면 $\left(\frac{\partial V}{\partial T}\right)_P$ 는 αV 이고 $\beta = -\frac{1}{V}\left(\frac{\partial V}{\partial P}\right)_T$ 로부터 $\left(\frac{\partial P}{\partial V}\right)_T = -\frac{1}{V\beta}$ 가 되어 $\left(\frac{\partial P}{\partial T}\right)_V = \frac{\alpha}{\beta}$ 로 주어짐을 알 수 있다.

(4단계) 앞의 예제에서와 같이 이 식을 적분하면 초기 부피 V_1 과 엔트로피 $S(V_1)$로부터 부피를 V_2 로 변경하였을 때의 엔트로피 $S(V_2)$를 위 식을 이용하여 계산할 수 있다.

[예제 4] 엔트로피가 일정한 값을 가지도록 환경(열차단 경계)이 설정된 물체의 부피를 변경시켰을 때, 이에 따른 물체의 온도 변화를 구하라.

〈풀이〉

(1단계) 상기 문제는 dT as a function of dV under constant S 가 되므로 이를 수식으로 표현해 보면 $\left(\frac{\partial T}{\partial V}\right)_S$ 를 구하는 문제가 된다.

(2단계) 여기에 [그림 VIII-5]를 이용해 Maxwell 관계식을 찾아보면 $\left(\frac{\partial T}{\partial V}\right)_S = -\left(\frac{\partial P}{\partial S}\right)_V$ 임을 알 수 있다.

(3단계) 실험적으로 측정가능한 파라미터가 위 관계식에 포함되어 있나 [표 VIII-3]에서 확인하는데, 여기서는 $C_V = T\left(\frac{\partial S}{\partial T}\right)_V$ 이므로 $\left(\frac{1}{\partial S}\right)_V$ 는 $\frac{T}{C_V}\left(\frac{1}{\partial T}\right)_V$ 가 됨을 알 수 있다. 따라서 $\left(\frac{\partial P}{\partial S}\right)_V = \frac{T}{C_V}\left(\frac{\partial P}{\partial T}\right)_V$ 이고 $\left(\frac{\partial P}{\partial T}\right)_V$ 는 앞의 예제 3에서 $\left(\frac{\partial P}{\partial T}\right)_V = \frac{\alpha}{\beta}$ 이므로 최종식은 $\left(\frac{\partial T}{\partial V}\right)_S = -\frac{T\alpha}{C_V\beta}$ 로 주어진다.

(4단계) 앞의 예제에서와 같이 이 식을 적분하면 초기 부피 V_1 과 온도 $T(V_1)$로부터 부피를 V_2 로 변경하였을 때의 온도 $T(V_2)$를 위 식을 이용하여 계산할 수 있다.

[자습문제] $C_P - C_V = \frac{TV\alpha^2}{\beta}$ 임을 증명하라.

[연습문제]

[정성문제]

1. 내부 에너지 U=U(S, V) 곡면을 기준으로 엔탈피 H가 H = U + PV로 정의된 배경을 엔트로피 S가 고정된 접선의 '절편 함수' ψ 개념을 사용하여 설명하시오.

2. 내부 에너지 U=U(S, V) 곡면을 기준으로 Helmholtz Free Energy F가 F = U − TS로 정의된 배경을 부피 V가 고정된 접선의 '절편 함수' ψ 개념을 사용하여 설명하시오.

3. Gibbs Free Energy G를 내부 에너지 U, 압력 P, 부피 V, 온도 T, 엔트로피 S를 사용하여 G = U + PV − TS 형태로 유도하는 과정을 설명하시오.

4. 보조 함수(Auxiliary Functions) U, H, F, G 각각이 적용될 수 있는 '경계 조건(Boundary Conditions)'을 열 전달 및 일 전달 특성과 연관 지어 설명하시오.

5. Gibbs Free Energy G가 독립 변수로 T와 P를 사용하는 반면, Helmholtz Free Energy F가 T와 V를 사용하는 이유를 경계 조건과 관련지어 설명하시오.

6. Maxwell 관계식은 함수 f(x, y)의 미분 df = Ldx + Mdy에서 성립하는 미분의 교환 법칙 $(\partial L/\partial y)_x = (\partial M/\partial x)_y$을 보조 함수에 적용하여 얻어짐을 설명하시오.

7. $(\partial S/\partial V)_T = (\partial P/\partial T)_V$ Maxwell 관계식이 어떤 보조 함수(U, H, F, G 중 하나)로부터 유도되는지 설명하시오.

8. 실험적으로 측정 가능한 열역학적 파라미터 세 가지(열팽창 계수 α, 등온 압축률 β, 정압 열용량 C_P)를 각각의 정의 수식과 함께 쓰시오.

9. $(\partial S/\partial P)_T$를 구하는 문제에 Maxwell 관계식을 적용하고, 이를 실험적으로 측정 가능한 파라미터 α와 V를 사용하여 표현하시오.

10. 엔트로피가 일정한 값을 가지도록 설정된 계에 압력을 인가했을 때, 물체의 온도 변화 $(\partial T/\partial P)_S$를 T, V, C_P, α를 사용하여 나타내는 최종 수식을 유도 과정(Maxwell 관계식 적용)을 설명하며 쓰시오.

[정량문제]

(기체 상수 R $\approx$ 8.314 J/mol·K로 가정합니다.)

1. 어떤 시스템의 내부에너지 U = 1000 J, 압력 P = 5 atm, 부피 V = 1 L일 때, 이 시스템의 엔탈피 H를 J 단위로 계산하시오 (단, 1 L·atm $\approx$ 101.3 J로 간주).

2. 어떤 시스템의 내부에너지 U = 5000 J, 엔트로피 S = 10 J/K이고 온도 T = 300 K일 때, 이 시스템의 헬름홀츠 자유 에너지 F를 계산하시오.

3. 위 1번, 2번 문제의 시스템이 같은 상태에 있을 때, 이 시스템의 깁스 자유 에너지 G를 J 단위로 계산하시오.

4. N_2 기체(V=10 L, T=300 K)의 등압 열팽창 계수 α = 3.33*10^{-3} K^{-1}라고 가정합니다. dG = -SdT + VdP로부터 유도된 Maxwell 관계식 $(\partial S/\partial P)_T = -(\partial V/\partial T)_P$를 이용하여, 압력 변화 dP=0.1 atm에 따른 엔트로피 변화 dS를 J/K 단위로 계산하시오 (dS = $-\alpha$ V dP 사용).

5. 어떤 물질이 T=400 K, V=100 cm^3, 정압 열용량 C_P = 50 J/mol·K, 열팽창 계수 α = 1*10^{-4} K^{-1}일 때, 엔트로피가 일정한 조건(S=constant)에서 압력 변화 dP=1 atm에 따른 온도 변화 dT를 K 단위로 계산하시오 (단, $(\partial T/\partial P)_S = TV\alpha/C_P$ 사용).

6. 1 mol의 이상 기체에 대해 $(\partial S/\partial V)_T$를 계산하시오 (단, $(\partial S/\partial V)_T = (\partial P/\partial T)_V$ 및

PV=RT 사용).

7. 어떤 물질이 T=300 K, V=50 cm³, 열팽창 계수 α = 2*10⁻⁴ K⁻¹, 등온 압축률 β = 5*10⁻⁶ atm⁻¹일 때, 정압 열용량과 정적 열용량의 차이 $C_P - C_V$를 J/mol·K 단위로 계산하시오 (단, $C_P - C_V = T V \alpha^2 / \beta$ 사용하며, 1 L·atm ≈ 101.3 J로 간주).

8. Gibbs 자유 에너지 G의 미분식 dG = −SdT + VdP에서 온도 T가 일정할 때, 부피 V를 G의 편미분으로 표현하는 관계식을 도출하시오.

9. Fe의 등온 압축률 β가 6*10⁻⁷ atm⁻¹일 때, dV/dP의 등온(T 일정) 변화율을 V의 함수로 나타내시오.

10. 등온 조건(T=constant)에서 부피 변화 dV=0.01 L에 따른 엔트로피 변화 dS를 J/K 단위로 계산하시오 (단, $(\partial S/\partial V)_T = \alpha/\beta$ 관계를 사용하며, α=1*10⁻⁴ K⁻¹, β=5*10⁻⁶ atm⁻¹, 1 L·atm ≈ 101.3 J로 간주).

IX. 엔탈피와 엔트로피 함수 그리고 Gibbs 자유에너지

IX-1 Enthalpy as a function of Temperature under a constant Pressure

엔탈피의 온도의존성 H(T)는 $C_P = \left(\frac{\partial Q}{\partial T}\right)_P = \left(\frac{\partial H}{\partial T}\right)_P$ 로부터 다음과 같이 구할 수 있다. dH = C_P dT 이고 이를 적분하면 $H_2 - H_1 = \int_{T_1}^{T_2} C_P \, dT$ 이고 T_1 을 기준 온도 T_{ref} 로 설정하면 $H_T - H_{ref} = \int_{T_{ref}}^{T} C_P \, dT$ 로 이를 정리하면 $H_T = H_{ref} + \int_{T_{ref}}^{T} C_P \, dT$ 가 된다. 한편, 열역학에서는 엔탈피의 기준 온도를 298K으로 하고 이때 고체가 가지는 엔탈피 H_{ref} 를 0으로 하기로 정의한다. 이에 따라 온도 T에서 고체의 엔탈피 $H_T^S = \int_{T_{ref}=298K}^{T} C_P^S \, dT$ 가 된다.

한편, 각종 물질의 C_P 는 아래 [그림 IX-1]에 보인 것처럼 온도에 의존하는 특성을 가지고 있어 이를 가장 잘 기술할 수 있는 수학 함수로 $C_P(T) = a + bT + \frac{c}{T^2}$ 를 사용한다. 따라서 각종 물질들에 대해 그들의 온도에 따른 정압 열용량 (C_P)를 실험적으로 측정하고 난 다음, 위 식에서 이 거동에 가장 잘 들어맞는 a, b, 그리고 c 를 찾아 이를 열역학 데이터베이스에 저장하고 필요시 이를 꺼내어 계산에 활용한다.[3]

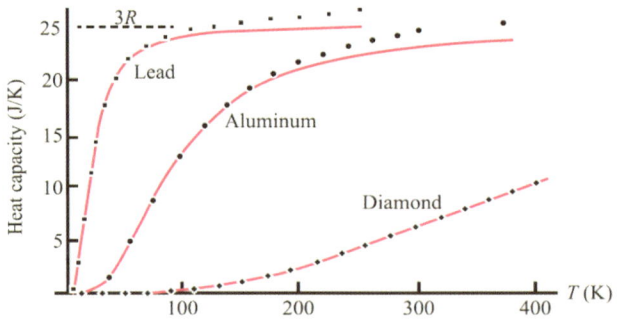

---

[3] 부록 A-2 표에 일부 대표적인 물질에 대한 정압 열용량의 a, b, c 값을 게시하였다.

[그림 IX-1] 일부 물질의 온도에 따른 정압 열용량 변화

$C_P(T) = a + bT + \frac{c}{T^2}$ 를 적용하면 온도 T에서 고체의 엔탈피 H_T^S 는 $H_T^S = \int_{T_{ref}=298K}^{T} \left[a + bT + \frac{c}{T^2} \right]^S dT$ 가 된다. 이를 개략적인 모양의 그래프로 표현해 보면 아래 [그림 IX-2]에서와 같이 온도에 따라 증가하는 함수의 모습을 보인다.

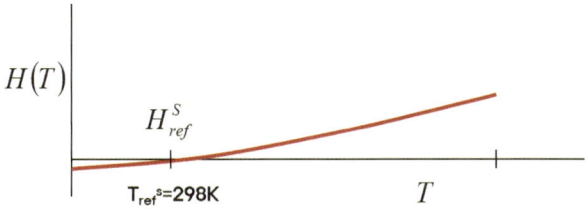

[그림 IX-2] P=고정 조건에서 온도에 따른 엔탈피 변화를 그린 모식도

그런데 온도가 계를 구성하고 있는 물질의 용융 온도보다 높은 경우에는 아래 [그림 IX-3]에서 보인 바와 같이 용융잠열 $\Delta H_{T_m}^{S \to L}$ 에 기인한 엔탈피 변화를 고려해야 할 뿐만 아니라 용융온도 이상에서는 액체상태의 정압 열용량을 엔탈피 계산에 사용하여야 한다.

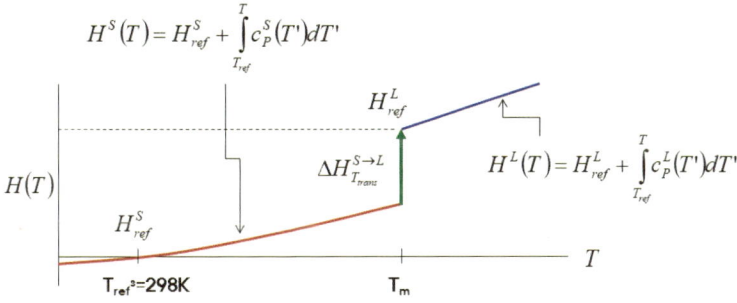

[그림 IX-3] 상전이 온도 이상에서의 엔탈피 변화를 그린 모식도

따라서 $H_T = H_{ref} + \int_{T_{ref}=298K}^{T_m} C_P^S \, dT + \Delta H_{T_m}^{S \to L} + \int_{T_m}^{T} C_P^L \, dT$ 이 되게 된다. 만일 온도가 물질의 증발온도 이상이 되면 $H_T = H_{ref} + \int_{T_{ref}=298K}^{T_m} C_P^S \, dT + \Delta H_{T_m}^{S \to L} + \int_{T_m}^{T_b} C_P^L \, dT + \Delta H_{T_b}^{L \to V} + \int_{T_b}^{T} C_P^V \, dT$ 로 주어지게 된다.

IX-2 Entropy as a function of Temperature under a constant Pressure

엔트로피의 온도의존성 S(T)는 $C_P = \left(\frac{\partial Q}{\partial T}\right)_P = \left(\frac{\partial H}{\partial T}\right)_P$ 로부터 다음과 같이 구할 수 있다. $\delta Q = C_P \, dT = TdS$ 이므로 이를 적분하면 $S_2 - S_1 = \int_{T_1}^{T_2} \frac{C_P}{T} \, dT$ 이고 T_1 을 기준 온도 T_{ref} 로 설정하면 $S_T - S_{ref} = \int_{T_{ref}}^{T} \frac{C_P}{T} \, dT$ 로 이를 정리하면 $S_T = S_{ref} + \int_{T_{ref}}^{T} \frac{C_P}{T} \, dT$ 가 된다. 한편, 열역학에서는 엔트로피의 기준 온도를 0K으로 하고 이때 완전 고체결정 (perfect crytal)이 가지는 엔트로피 S_{ref} 를 0으로 하기로 정의한다. 이에 따라 온도 T에서 고체의 엔트로피는 $S_T^S = \int_{T_{ref}=0K}^{T} \frac{C_P^S}{T} \, dT$ 가 되게 된다. 여기에 $C_P(T) = a + bT + \frac{c}{T^2}$ 를 적용하면 온도 T에서 고체의 엔트로피 S_T^S 는 $S_T^S = \int_{T_{ref}=0K}^{T} \left[\frac{a}{T} + b + \frac{c}{T^3}\right]^S dT = a \ln T + bT - \frac{c}{2T^2} + S_o$ 가 된다. 이를 개략적인 모양의 그래프로 표현해 보면 아래 [그림 IX-4]에서와 같이 온도에 따라 증가하는 함수의 모습을 보인다. 비교를 위해 엔탈피 $H_T^S = \int_{T_{ref}=298K}^{T} \left[a + bT + \frac{c}{T^2}\right]^S dT = aT + \frac{1}{2}bT^2 - \frac{c}{T} + H_o$ 도 같이 표현하였다. 여기서 볼 수 있는 바와 같이 엔탈피는 원점이 298K인데 비해 엔트로피는 원점이 0K 임을 알 수 있으며, 아울러 엔탈피에 비해 엔트로피의 증가가 보다 완만함을 알 수 있다.

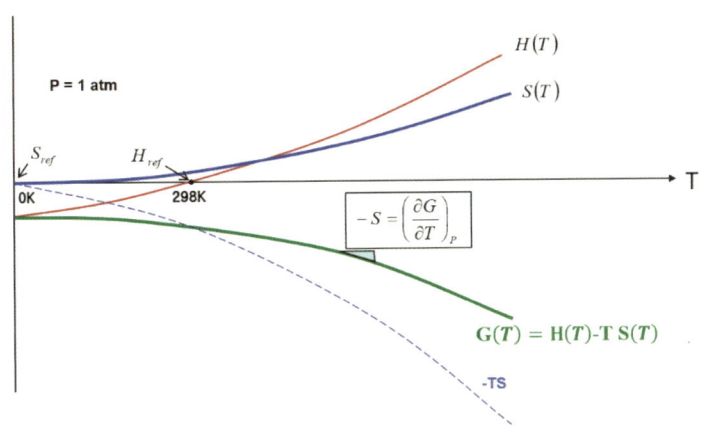

[그림 IX-4] 엔탈피와 엔트로피 그리고 Gibbs 자유에너지의 온도에 따른 변화

IX-3 Gibbs Free Energy as a function of Temperature under a constant Pressure

Gibbs Free Energy는 $G(T) = H(T) - T S(T)$ 이므로 [그림 IX-4]에서 볼 수 있는 것처럼 온도가 증가함에 따라 연속적으로 감소하는 함수의 모양을 가지고 있으며, 이때 $\left(\frac{\partial G}{\partial T}\right)_P = -S$ 이므로 각 온도에서 접선 기울기의 음수 값은 해당 온도에서의 엔트로피 값임을 알 수 있다. 아래 [그림 IX-5]는 온도에 따른 고체와 액체의 깁스 자유에너지 변화를 개략적인 형태로 나타낸 그래프인데, 각 온도에서 접선의 기울기가 해당 온도에서의 엔트로피로 주어지므로 고체에 비해 액체의 엔트로피가 더 커서 보는 바와 같이 액체의 깁스 자유에너지가 보다 급한 기울기를 가지게 되는 것이다. 여기서 주목할 것은 두 개의 곡선이 서로 다른 기울기를 가지고 있기 때문에 둘은 어디선가 서로 교차하게 된다. 이때 이 교차점에서는 고체의 깁스 자유에너지와 액체의 깁스 자유에너지가 동일한 값을 가지며, 이 교차점을 기준으로 낮은 온도에서는 고체가 그리고 높은 온도에서는 액체가 더 낮은 깁스 자유에너지를 가진다는 사실을 알 수 있다.

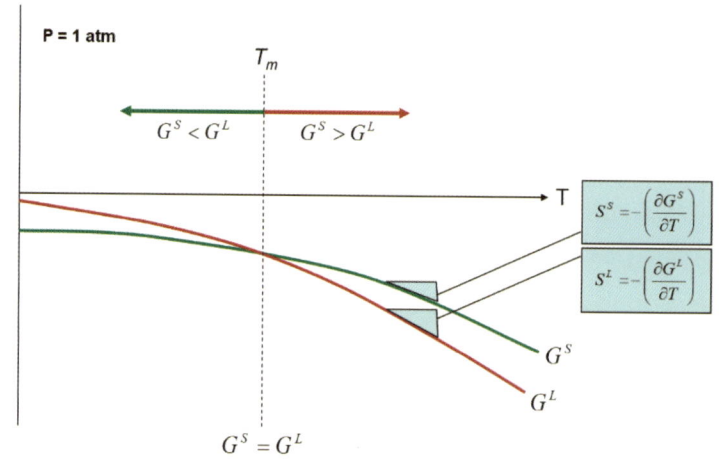

[그림 IX-5] 고상과 액상의 Gibbs 자유에너지 함수의 교차와 상전이

그런데, 자연의 섭리에 의하면 엔트로피는 계속 증가하는 방향으로 그리고 내부에너지를 포함한 엔탈피는 계속 감소하는 방향으로 저절로 자발적으로 그 상태의 변화가 일어난다고 설명한 바가 있다. 특히 엔탈피 (내부에너지 포함)가 감소하는 현상이 자발적으로 일어나는 예를 들어보면, 널판지 위에 둔 쇠구슬은 널판지를 기울이면 높이가 낮아지는 쪽으로 자발적으로 굴러감을 경험적으로 알고있다. 즉, 중력장에 기인한 쇠구슬의 포텐셜에너지가 높이에 비례(E_v = mgh) 하므로 쇠구슬은 자신의 에너지를 낮추기 위해 포텐셜에너지가 낮아지는 방향 즉 높이가 낮아지는 방향으로 저절로 굴러가는 것이다. 이처럼 에너지는 낮아지는 방향 그리고 엔트로피는 커지는 방향으로 저절로 자발적으로 움직이는 것이 자연의 섭리임을 알 수 있다. 이러한 두 개의 섭리를 하나로 묶을 수는 없을까? 그래서 등장한 것이 자유에너지 개념이다. 엔탈피는 감소하는 방향으로 그리고 엔트로피는 증가하는 방향으로 자발적으로 일어난다고 하는 자연의 섭리는, Gibbs 자유에너지의 정의 G=H-TS를 이용하면 Gibbs 자유에너지가 감소하는 방향으

로 자연현상이 자발적으로 일어난다고 하는 하나의 섭리로 바꾸어 표현할 수 있게 된다.

따라서 위의 그래프로 다시 돌아가보면 고체와 액체의 Gibbs 자유에너지가 교차하는 온도 보다 낮은 온도에서는 고체의 Gibbs 자유에너지가 액체보다 낮으므로 이 온도 구간에서는 액체가 고체로 자발적으로 변화하여 고체 상태로 안정적으로 존재함을 알 수 있다. 반대로 교차 온도 보다 높은 온도에서는 액체의 Gibbs 자유에너지가 고체보다 낮아지므로 이 온도 구간에서는 고체가 액체로 자발적으로 변화하여 액체 상태로 안정적으로 존재함을 알 수 있다. 또한 그 교차점은 고체와 액체가 공존하는 상 전이온도 (용융점 또는 응고점)임을 알 수 있다.

IX-4 Phase Diagram determined from Gibbs Free Energy Change with Temperature and Pressure

앞 절에서는 일정한 압력 하에서 온도에 따른 고체와 액체의 Gibbs 자유에너지 함수 교차점으로부터 상전이 온도 (용융온도 또는 응고점)가 나타나는 원리를 설명하였다. 한편, G는 온도와 압력 2개의 상태변수에 의해 결정되는 $G(T, P)$ 함수이므로 압력이 달라지면, 고체와 액체의 Gibbs 자유에너지 곡선들이 영향을 받아 달라지고, 이는 결국 교차점이 다르게 된다는 것을 의미한다. 아래 [그림 IX-6] (a)는 압력의 변경에 따른 교차점의 이동을 보여주는 그래프 이다. 여기서 볼 수 있는 바와 같이 고체 안정 영역과 액체 안정 영역의 경계인 교차점(T_m)들이 압력의 변화에 따라 다른 온도 값을 가지고 있다. 이 점들을 연결한 선을 기준으로 낮은 온도 부분은 고체가 안정한 영역이고 높은 온도 부분은 액체가 안정한 영역이다. 뿐만 아니라, 기체의 Gibbs 자유에너지 함수까지 고려하면 아래 [그림 IX-6] (b)에서 보는 바와 같이 액체와 기체 간의 교차점(T_b)도 나타나게 되고, 이들의 압력에 따른 변화를 상태변수인 P-T 좌표계에 나타내 보면 이 교차점 보다 온도가 낮은 부분은 액체가 안정한 영역이고 온도가 높은 부분은 기체가 안정한 영역으로 나타난다.

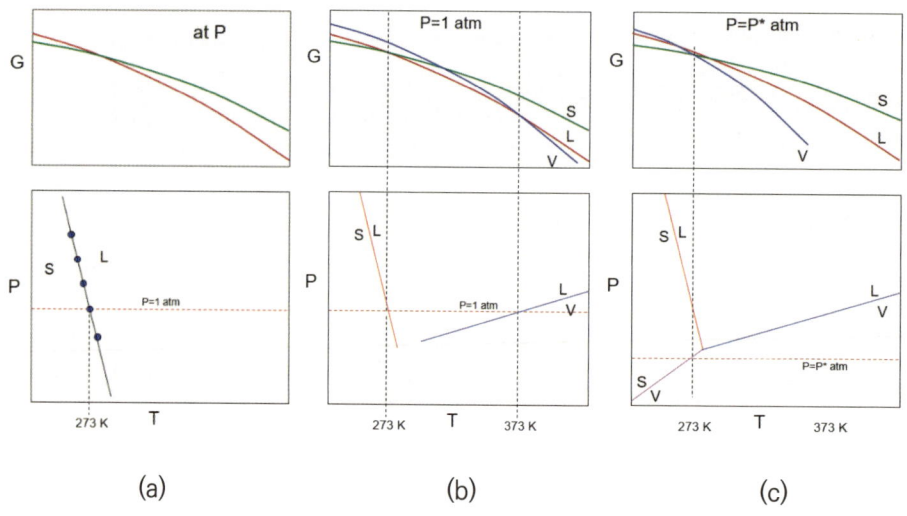

[그림 IX-6] 고체, 액체, 기체상의 Gibbs 자유에너지 함수 교차점의 압력의존성

이를 종합하면 G(T,P)의 상태변수 (P, T) 좌표계에서 고체-액체-기체 등의 Gibbs 자유에너지 함수를 서로 비교하여 그들 간의 교차점으로부터 가장 낮은 Gibbs 자유에너지 값을 가진 상(phase)의 영역을 [그림 IX-6] (c)에서 볼 수 있는 바와 같이 나타낼 수 있고, 이러한 그림을 우리는 상태도 (Phase Diagram)라고 부른다.

IX-5 Clapeyron Equation

Gibbs 자유에너지 곡선의 교차점 (상 전이점)에서는 두 종류 물질 상태 (예를 들면 고체-액체)의 Gibbs 자유에너지 값이 동일하므로 $G^S = G^L$ 가 성립한다. 따라서 $dG^S = dG^L$ 도 성립하게 되고, 보조함수 부분에서 $dG = -SdT + VdP$ 로 주어짐을 알고 있으므로 이를 적용하면 $-S^S dT + V^S dP = dG^S = dG^L = -S^L dT + V^L dP$ 가 되며 변수 분리하면 $(S^L - S^S)dT = (V^L - V^S)dP$ 가 된다. 이를 정리하면 $\left[\left(\frac{dP}{dT}\right) = \frac{S^L - S^S}{V^L - V^S} = \frac{\Delta S}{\Delta V}\right]_{eq}$ 가 된다. 그런데 교차점에서 $\Delta G = 0$ 이므로 $\Delta G = \Delta H - T\Delta S = 0$ 가 되고 따라서 $\Delta S = \Delta H/T$ 가 되므로, $\left[\left(\frac{dP}{dT}\right) = \frac{\Delta S}{\Delta V}\right]_{eq}$ 는

$$\left[\left(\frac{dP}{dT}\right) = \frac{\Delta H}{T \Delta V}\right]_{eq} \quad \text{----(IX-1)}$$

로 쓸 수 있고 이를 Clapeyron 방정식이라고 한다. 이때 주의하여야 할 사항은 온도 T가 임의의 온도가 아니라 Gibbs 자유에너지 교차점의 온도 즉 상전이 온도 T_t 를 뜻하므로 주의를 기울여야 한다.

IX-6 Clausius-Clapeyron Equation

앞 절의 Clapeyron 방정식 $\left[\left(\frac{dP}{dT}\right) = \frac{\Delta H}{T \Delta V}\right]_{eq}$ 은 모든 상전이 구간 즉 Gibbs 자유에너지 교차점에 적용할 수 있는 방정식이다. 그러나 상전이가 기체상을 포함하고 있는 경우 즉, 응축상(고체 또는 액체)과 기체상 간에 일어나는 경우에는 다음과 같은 Clausius-Clapeyron 방정식으로 확장할 수 있다. 이러한 예로 액체와 기체상 간의 상전이에 대해 생각해 보자. 액체(L)로부터 기체(V)로 상전이가 일어날 때 $\Delta V = V^V - V^L$

인데 기체의 부피가 액체의 부피보다 약 1000배 크므로 $\Delta V \approx V^V$ 로 근사할 수 있고, 이를 적용하면 Clapeyron 방정식은 $\left[\left(\frac{dP}{dT}\right) = \frac{\Delta H}{TV^V}\right]_{eq}$ 로 근사할 수 있고 여기에 이상 기체 방정식 PV=RT를 적용하면 $\left[\left(\frac{dP}{dT}\right) = \frac{P\Delta H}{RT^2}\right]_{eq}$ 이 되고 이를 변수 분리하면 $\left[\frac{dP}{P} = \frac{\Delta H}{RT^2} dT\right]_{eq}$ 식을 얻을 수 있는데 이를 Clausius-Clapeyron 방정식 이라고 부른다.

이 방정식을 좀더 자세히 전개해 보기 위해 양변을 적분하면 $\int dlnP = \frac{1}{R}\int \frac{\Delta H}{T^2} dT$ 이 되는데, 앞에서 $H_T = H_{ref} + \int_{T_{ref}=298K}^{T} C_P \, dT$ 로 주어진다고 한 바 있으므로 $\Delta H_T = \Delta H_{298} + \int_{T_{ref}=298K}^{T} \Delta C_P \, dT$ 가 된다. 이때 정압 열용량은 온도에 의존하는 함수 $C_P(T)$ 이지만, 액체(또는 고체)와 기체 사이의 열용량 차이인 ΔC_P 는 온도에 훨씬 덜 의존적이므로 $\Delta C_P (T) \approx$ constant 로 근사할 수 있다. 이에 따라 $\Delta H_T = \Delta H_{298} + \Delta C_P \int_{298K}^{T} dT = \Delta H_{298} + \Delta C_P(T - 298)$ 이 되고 이를 적용하면 $\int dlnP = \frac{1}{R}\int \frac{\Delta H_{298} + \Delta C_P(T - 298)}{T^2} dT$ 가 됨을 알 수 있다. 이를 정리하면 $lnP = \left(-\frac{\Delta H_{298} - \Delta C_P \, 298}{R}\right)\frac{1}{T} + \left(\frac{\Delta C_P}{R}\right)lnT + constant$ 형식의 식을 얻을 수 있다. 이에 따라 모든 물질의 응축상과 기체상이 공존할 때 (즉, Gibbs 자유에너지 교차점, 상전이 구간) 기체상의 압력은 다음과 같은 형식으로 주어짐을 알 수 있다.

$$lnP = \frac{-A}{T} + B \, lnT + C \qquad \text{---(IX-2)}$$

이러한 논리를 근거로 열역학에서는 각종 물질의 기체상이 자신의 응축상과 평형을 이룰 때 기체상이 이루는 평형 압력을 온도에 따라 측정하고 이를 식 (IX-2)의 함수에 적용하여 오차가 최소화되는 상수 A, B, 그리고 C 값을 결정하고 이를 데이터베이스화 해서 각종 계산에 사용하고 있다.[4]

---

[4] 부록 A-3에 대표적인 일부 물질의 평형 기체압력을 A, B, C 값으로 표현한 표를 제

한편, 식 (IX-2)는 응축상과 기체상 사이의 상전이 (즉, Gibbs 자유에너지 교차점) 구간을 기술하는 방정식이므로 아래 [그림 IX-7]에 나타낸 바와 같이 상태변수 (P, T)로 표현한 상태도에서 액상과 기체상(L-V) 또는 고체상과 기체상(S-V) 간의 경계선을 기술하는 방정식이 된다.

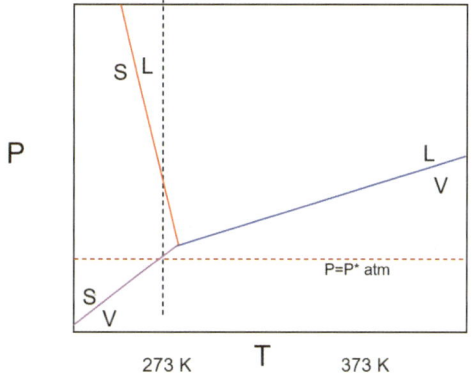

[그림 IX-7] 단일 성분계의 상태도 모식도. 주의: L-V, S-V 경계는 식 (IX-2) 로 주어지는 곡선 인데 편의상 직선으로 표시 하였음.

식 (IX-2)의 물리적 의미를 보다 자세히 알기 위해 다음과 같은 사고실험을 해 보자. 열전달 경계 특성을 가진 용기 내부의 이물질을 모두 제거하여 진공으로 만들면 용기 내부는 압력 P=0인 상태 그리고 주위와 동일한 온도 T를 유지할 것으로 상상할 수 있다. 이 용기의 내부에 [그림 IX-7]의 상태도를 가진 액체를 투입하였다면, 압력이 0 기압일 때 안정상은 기체이므로, 용기 내의 액체가 기화되면서 대기를 형성하게 되고 그

시하였다.

로 인해 용기 내의 압력은 서서히 증가하게 될 것이다. 그러다가 압력이 액상-기상 경계를 넘어서게 되면 그곳은 액체가 안정상인 영역이므로 과잉 기화된 기체는 다시 응축하면서 압력은 다시 내려가게 될 것이다. 이때도 만일 압력이 액상-기상 경계를 넘어 낮은 압력으로 가게 되면 그 곳은 기체가 안정상인 영역이므로 과잉 액화된 액체는 다시 기화되면서 압력을 밀어 올리게 될 것임을 상상해 볼 수 있다.

그렇다면, 이러한 과정의 종착점은 어디일까? 바로 해당 온도의 액상-기상의 경계선 위에서 평형 압력을 이룰 때까지 기화-액화 과정이 반복되고 마침내는 그 곳에 멈추어 액상과 기상이 공존하는 평형상태에 돌입하게 될 것임을 쉽게 짐작해 볼 수 있다. 바로 식 (IX-2)는 (P, T) 상태도에서 응축상과 기체상 간의 경계를 기술하는 방정식임과 아울러 이들 응축상과 기체상이 평형상태에 도달하였을 때 형성된 대기의 압력을 의미하고 있다. 열역학에서는 이러한 평형 기체압력을 '포화 증기압(Saturated Vapor Pressure)'이라고 부른다.

[연습문제]

  [정성문제]

  1. 정압 열용량(C_P)의 정의 $C_P = (\partial H/\partial T)_P$를 이용하여 온도 T에서의 엔탈피 H(T)를 기준 엔탈피 H_{ref}와 C_P를 사용한 적분식으로 표현하시오.

  2. 열역학에서 엔탈피의 기준 온도는 298K이며 이때 고체가 가지는 H_{ref}를 0으로 정의하는 이유와 엔트로피의 기준 온도가 0K인 이유를 각각 설명하시오.

  3. 엔탈피 H(T) 함수를 계산할 때, 온도가 용융 온도(T_m)를 초과하는 경우 고려해

야 할 추가적인 엔탈피 변화 항(용융잠열)을 포함한 수식을 쓰시오.

4. C_P는 $(dQ/dT)_P$와 $T(\partial S/\partial T)_P$ 모두로 정의될 수 있음을 이용하여 온도 T에서의 엔트로피 S(T)를 기준 엔트로피 S_{ref}와 C_P를 사용한 적분식으로 표현하시오.

5. Gibbs 자유 에너지 G(T)는 온도에 따라 연속적으로 감소하는 함수의 모양을 가지고 있으며, 이때 $(\partial G/\partial T)_P = -S$ 관계를 이용하여 G(T) 곡선에서 엔트로피 S가 의미하는 바를 설명하시오.

6. 고체와 액체의 G(T) 곡선이 교차하는 지점이 상 전이 온도임을 설명하고, 이 지점을 기준으로 액체 곡선의 기울기가 고체 곡선보다 급한 이유를 엔트로피 값(S^L과 S^S)의 차이와 관련지어 설명하시오.

7. 자연 현상이 엔탈피는 감소하는 방향, 엔트로피는 증가하는 방향으로 진행되는 두 개의 섭리를 Gibbs 자유 에너지 G=H-TS를 사용하여 하나의 섭리(G 감소 방향)로 통합하여 설명하시오.

8. G(T, P) 함수의 상태 변수 P-T 좌표계에서 고체-액체-기체 등의 Gibbs 자유 에너지를 비교하여 가장 낮은 값을 가진 영역을 나타낸 그림을 무엇이라 부르는지 설명하시오.

9. 상전이 온도(T_t)에서 $\Delta G = 0$ 조건을 이용해 유도되는 Clapeyron 방정식 $(dP/dT) = \Delta H/(T\Delta V)$을 쓰고, 이 방정식이 적용되는 물리적 영역을 설명하시오.

10. Clausius-Clapeyron 방정식은 기체상과 응축상 간의 상전이에 대해 적용되며, 기체의 부피가 응축상의 부피보다 훨씬 크다는 근사를 통해 유도될 수 있음을 설명하시오.

[정량문제]

(기체 상수 R ≈ 8.314 J/mol·K로 가정합니다.)

1. 어떤 고체의 정압 열용량 C_P^S가 25 J/mol·K로 일정하다고 가정하고, 엔탈피 기준점 $H_{ref}=0$ ($T_{ref}=298$ K)이라고 할 때, T=500 K에서의 고체 엔탈피 H^S(500 K)를 계산하시오.

2. T=298 K에서 $H_{ref}=0$인 고체가 용융 온도 T_m = 1000 K에 도달했습니다. 용융 잠열 $\Delta H_{Tm}^{S \to L}$ = 15,000 J/mol이고 C_P^S = 25 J/mol·K일 때, 1000 K에서의 액체 상태 엔탈피 H^L(1000 K)를 계산하시오 (단, 액체 상태의 C_P^L은 무시함).

3. 어떤 물질의 정압 열용량이 $C_P(T)$ = 30 + 0.01 T J/mol·K로 주어질 때, $T_{ref}=298$ K에서 500 K까지 가열했을 때의 엔탈피 변화 ΔH를 계산하시오.

4. 어떤 고체가 T=0 K에서 $S_{ref}=0$이고, C_P^S = 20 J/mol·K로 일정하다고 가정할 때, 300 K에서의 고체 엔트로피 S^S(300 K)를 계산하시오 (단, $S^S(T) = \int C_P^S/T \, dT$ 사용).

5. 어떤 상전이 반응의 엔탈피 변화 ΔH = 10,000 J/mol이고 엔트로피 변화 ΔS = 10 J/mol·K일 때, 이 상전이의 평형 온도 T_t를 계산하시오.

6. T=500 K에서 어떤 물질의 엔탈피 H = 20,000 J/mol이고 엔트로피 S = 30 J/mol·K일 때, 이 물질의 Gibbs Free Energy G를 계산하시오.

7. 물(액체-기체)의 기화 잠열 ΔH_{vap} = 40.66 kJ/mol이고 끓는점 T_b = 373 K일 때, T_b에서의 dP/dT 값을 kPa/K 단위로 계산하시오 (단, Clausius-Clapeyron 방정식을 사용하여 $\Delta V \approx V^V$ = RT/P로 근사하고 P=1 atm ≈ 101.3 kPa).

8. 어떤 물질의 액체-기체 평형 증기압이 ln P = −5000/T + 10의 관계를 따른다고 가정합니다 (단, P는 atm 단위, T는 K). T=500 K일 때의 평형 증기압 P를 계산하시오.

9. 고체(S)에서 액체(L)로의 상전이(T_t=1000 K)에서 $\Delta H^{S \to L}$ =5000 J/mol이고 부

피 변화 $\Delta V^{S \to L}$ =0.5 cm^3/mol일 때, 1 atm 압력 증가에 따른 용융점 변화 dT를 계산하시오 (단, Clapeyron 방정식 dT = T ΔV / ΔH dP 사용하며, 1 L·atm ≈ 101.3 J).

10. T=1000 K에서 고체의 Gibbs 자유 에너지 G^S = −10,000 J/mol, 액체의 Gibbs 자유 에너지 G^L = −12,000 J/mol일 때, 1000 K에서 액체와 고체 중 어느 상이 더 안정한지 설명하시오.

X. 기체의 거동

X-1 Temperature Variation by Heat Transfer under constant Pressure

일전달-열전달 특성의 경계를 가진 실린더 내에 들어 있는 고체를 지금부터 고려해 보자. 우선 주위의 압력 P를 일정하게 유지시킨 상태에서 실린더 바깥으로부터 열량 δQ를 공급하는 경우 $dT = \delta Q / C_P$ 만큼의 온도 증가가 발생해 아래 [그림 X-1]에서 보는 바와 같이 공급받은 열량을 온도 증가에 사용하면서 계의 온도가 증가하게 된다. 그러나 고체-액체 경계에 도달하게 되면 공급받은 열에너지는 고체 구조를 붕괴 (즉, 고체에서 액체로의 상전이)시키는데 사용되어 계의 온도 증가에 쓰이지 못하게 된다. 이러한 상황은 고체가 모두 액체로 전환될 때까지 이루어지며, 완전히 액체로 바뀐 뒤에는 공급받은 열량이 액체의 온도 증가에 쓰이면서 다시 온도가 증가하게 된다. 이때 고체를 액체로 전환시키는데 사용되는 열량을 잠열(latent heat)이라고 부른다.

이 과정에서 주목할 것은 외부에서 공급 받는 열에너지가 연속적으로 온도 증가에만 쓰이는 것이 아니라 상전이가 발생하는 곳에서는 공급받은 열에너지가 상전이에 사용되므로 이때는 온도증가가 멈추게 된다는 것이다. 따라서 계의 온도와 엔탈피는 불연속 함수의 형태를 띠고 있다는 점이다. 또한, 각 온도에서 엔탈피의 온도에 대한 기울기는 해당 온도에서의 정압 열용량에 해당한다.

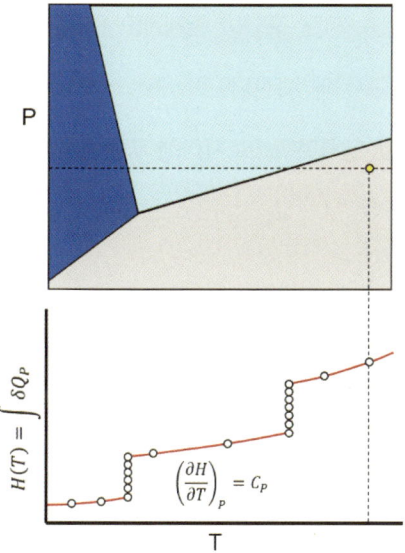

[그림 X-1] P=고정 조건에서 열의 출입에 따른 계의 엔탈피와 온도의 변화

X-2 Pressure Variation by Work Transfer under constant Temperature

일전달-열전달 특성의 경계를 가진 실린더 내에 들어있는 기체를 지금부터 고려해 보자. 우선 주위의 온도 T를 $T=T_8$으로 일정하게 유지시킨 상태에서 피스톤을 조절하여 계의 부피를 dV 만큼 줄이는 경우 (즉, 일을 공급하는 경우), P = RT / V 만큼의 압력 증가가 발생해 아래 [그림 X-2]에서 보는 바와 같이 부피 감소를 압력 증가에 사용하면서 계의 압력이 증가하게 된다. 그러나 기체-액체 경계에 도달하게 되면 외부에서 인가한 부피 감소는 기체의 액화에 의한 부피 감소로 흡수되어 계의 압력증가에 쓰이지 못해 그림에서 보는 것처럼 압력의 증가가 일어나지 않게 된다. 이러한 상황은 기체가 모두 액체로 전환될 때까지 이루어지며, 완전히 액체로 바꾼 뒤에는 비로소 추가적인 부피 감소가 액체의 압력 증가에 쓰이면서 다시 압력이 증가하게 된다. 이에 따라 부피

감소에도 압력의 증가가 없는 평탄 구간이 존재하고 이 평탄 구간에서는 기체가 액체로 전환되는 과정이 일어나는 구간에 속한다. 이 구간 우측은 기체가 안정한 영역이고, 이 구간 좌측은 액체가 안정한 영역이며 그 사이에 있는 평탄 구간은 액체와 기체가 공존하는 구간이 된다.

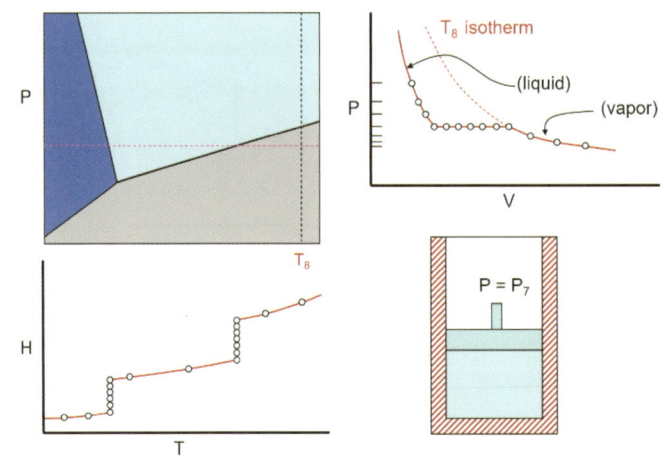

[그림 X-2] T=고정 조건에서 부피의 변경에 따른 계의 압력 변화

위와 동일한 사고실험을 보다 높은 온도들에 대해서 추가하게 되면 아래 [그림 X-3]에 보인 바와 같이 온도가 증가함에 따라 액체와 기체가 공존하는 평탄구간이 점점 좁아지는 것을 볼 수 있으며, 더욱이 어떤 임계온도 T_c 이상에서는 평탄구간이 사라지는 것을 알 수 있다. 즉, 이 온도 이상에서는 액체가 기체와 유사한 거동을 보이는 임계현상이 나타나게 된다. 그리고 이러한 액체/기체를 초 임계 유체(super critical fluid)라 부른다.

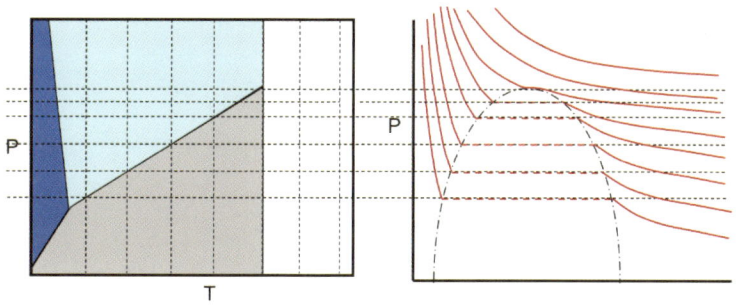

[그림 X-3] 온도 변화에 따른 기체-액체 상전이 구간의 변화

X-3 van der Waals Gas Model describing Real Gas Behavior

앞에서 살펴본 실제 기체의 거동에 대한 사고 실험으로부터 실제 기체의 거동은 이상기체 상태방정식 PV=RT으로는 설명할 수 없는, 부피 변화에 따른 기체-액체 상전이가 존재하고 또한 액체와 기체의 구분이 불가능해 지는 임계 현상이 나타남을 알 수 있었다. 이에 따라 실제 기체의 거동을 근사적으로 설명할 수 있는 새로운 방정식이 필요한데, 앞에서 언급한 바와 같이 기체분자의 크기와 분자들 간의 상호작용을 모두 고려한 van der Waals 방정식이 그것이라고 언급한 바 있다. 따라서 지금부터는 이 van der Waals 방정식 $\left(P + \frac{a}{V^2}\right)(V - b) = RT$ 이 앞서 살펴본 사고실험과 같은 실제기체의 거동을 잘 설명할 수 있는지를 살펴보고자 한다.

이를 위해 위 방정식을 전개하면 $PV^3 - (Pb + RT)V^2 + aV - ab = 0$ 로 쓸 수 있으며, 이때 임계온도 T_C 이하의 임의의 한 온도에서 P를 V의 함수로 그려보면 아래 [그림 X-4]와 같은 모양의 함수가 된다.

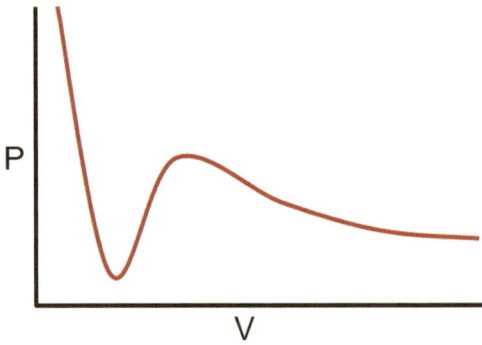

[그림 X-4] van der Waals 방정식에서 T=고정 조건일 때 부피에 따른 압력 함수의 변화

한편, 폐쇄계에서 dG=-SdT+VdP 이므로 온도가 일정할 때는 $[dG=-SdT+VdP]_T$ = $[VdP]_T$ 가 되어, 이를 압력에 대해 적분하면 $\left[G = G_o + \int_{P_o}^{P} VdP\right]_T$ 로 주어진다. 이를 위 van der Waals 방정식에 적용하면 압력의 변화에 따른 계의 Gibbs 자유에너지 값이 아래 [그림 X-5]와 같이 나타난다.

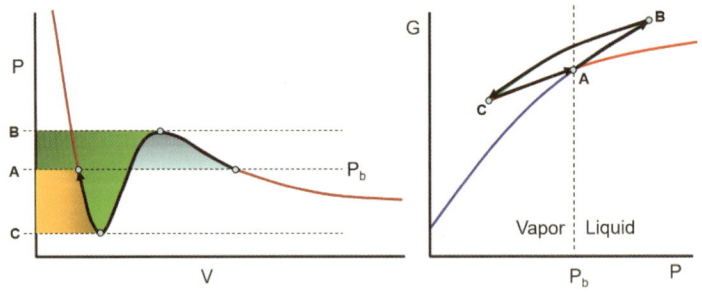

[그림 X-5] van der Waals 방정식의 부피에 대한 적분과 Gibbs 자유에너지 변화

여기서 주목해야 할 것은 압력 P_b 인 곳을 경계로 구간 A-B → 구간 B-C → 그리고

구간 C-A에서는 Gibbs 자유에너지가 최소 값이 아니므로, 계는 이들 구간을 지나지 않고 압력 P_b에 이르면 바로 기체에서 액체로 직진하는 경로를 택하게 된다. 이러한 해석은 앞서 사고실험을 통해서 살펴본 부피 감소에 따른 (기체로부터 액체로의) 상전이 시 (기상과 액상이 공존하는) 평탄구간이 나타나는 것과 정확하게 일치한다. 그래서 van der Waals 방정식이 실제 기체의 거동을 잘 근사하고 있음을 알 수 있다.

그러나, 이 방정식을 이용하여 각종 열역학적 계산을 하기 위해서는 방정식 내 두 개의 미지수 a와 b를 알아야 한다. 각 기체들의 이 미지수 값을 알아내기 위해서는 다음과 같이 임계 값 (임계 온도 T_C, 임계 압력 P_C, 임계 부피 V_C)을 이용한다. 이를 위해 먼저 van der Waals 방정식을 압력에 관해 정리하면 $P = \frac{RT}{(V-b)} - \frac{a}{V^2}$이 되는데, 온도를 달리해 가면서 부피에 따른 압력의 변화를 그려보면 아래 [그림 X-6]에 보인 바와 같은 모양을 가진다.

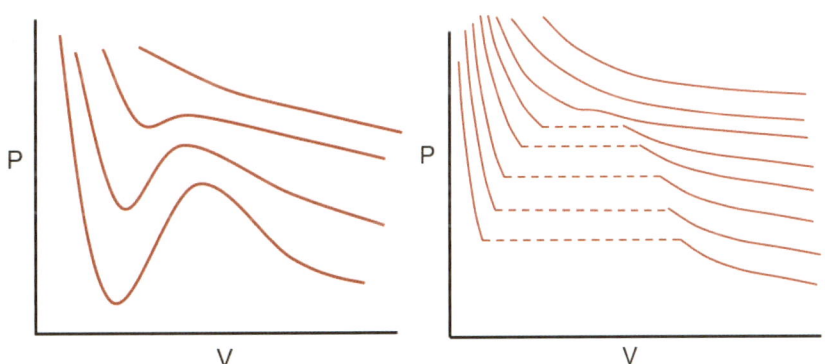

[그림 X-6] van der Waals 방정식에서 온도 증가에 따른 압력 함수의 변화 및 그에 수반하는 기체-액체 상전이 구간의 변화

이때 온도가 임계점에 도달하면 평탄구간 (점선으로 표기)이 사라지고 변곡점이 나타나는데, 수학적으로 변곡점은 1차 도함수가 0일 뿐만 아니라 2차 도함수도 0이 되는 곳 이므로, 이러한 수학적 성질을 이용해 a와 b를 구할 수 있다. 즉 1차 도함수가 0인 조건 $\left[\frac{\partial P}{\partial V} = -\frac{RT}{(V-b)^2} + \frac{2a}{V^3}\right]_{critical\ point} = 0$ 과 2차 도함수가 0인 조건 $\left[\frac{\partial^2 P}{\partial V^2} = \frac{2RT}{(V-b)^3} - \frac{6a}{V^4}\right]_{critical\ point} = 0$ 으로부터 연립 방정식을 풀면

$$T_C = \frac{8a}{27bR},\ P_C = \frac{a}{27b^2},\ V_C = 3b$$

관계식을 얻을 수 있다. 따라서 각 실제 기체의 임계온도 T_C, 임계압력 P_C 을 실험적으로 측정하면, 위 관계식으로부터 a와 b를 결정할 수 있다. 이렇게 해서 구한 대표적인 일부 기체들의 임계온도 T_C, 임계압력 P_C 그리고 a, b 값을 아래 [표 X-1]에 제시하였다.

[표 X-1] 대표적 일부 기체의 임계조건(T_C, P_C)으로부터 결정된 van der Waals 계수(a와 b)

Gas	T_{cr},K	P_{cr},atm	V_{cr},cm³/mole	$a,\frac{l^2 \cdot atm}{mole^2}$	b,liters/mole	Z_{cr}
He	5.3	2.26	57.6	0.0341	0.0237	0.299
H_2	33.3	12.8	65.0	0.2461	0.0267	0.304
N_2	126.1	33.5	90.0	1.39	0.0391	0.292
CO	134.0	35.0	90.0	1.49	0.0399	0.295
O_2	153.4	49.7	74.4	1.36	0.0318	0.293
CO_2	304.2	73.0	95.7	3.59	0.0427	0.280
NH_3	405.6	111.5	72.4	4.17	0.0371	0.243
H_2O	647.2	217.7	45.0	5.46	0.0305	0.184

한편, 실제 기체들이 이상기체 거동으로부터 얼마나 벗어나는지를 알아보기 위하여 PV/RT=Z로 정의하고, 압력에 따른 Z 값의 변화를 측정 및 계산한 결과 아래 [그림 X-7] (a)에 보인 바와 같이 거의 모든 기체들이 압력이 증가하면 이상기체 거동으로부

터 멀어지는 것을 확인할 수 있다. 뿐만 아니라 압력 P과 온도 T를 각 기체의 임계압력 P_c 와 임계온도 T_c 대비 비율 즉 $P_R = P/P_c$ 와 $T_R = T/T_c$ 로 나타낸 [그림 X-7] (b)에서 보는 바와 같이 기체의 종류에 상관없이 하나의 곡선으로 수렴한다는 사실로부터 실제 기체의 거동은 서로 유사하며 임계점으로부터 얼마나 멀리 떨어져 있는가에 따라 그들의 거동이 비례적으로 나타나는 것임을 알 수 있다. 특히 기체의 온도가 T_c 의 2배 이상일 때 또는 압력이 ≪ P_c 일 때는 그 기체가 이상기체와 유사한 거동을 하는 것을 확인할 수 있다.

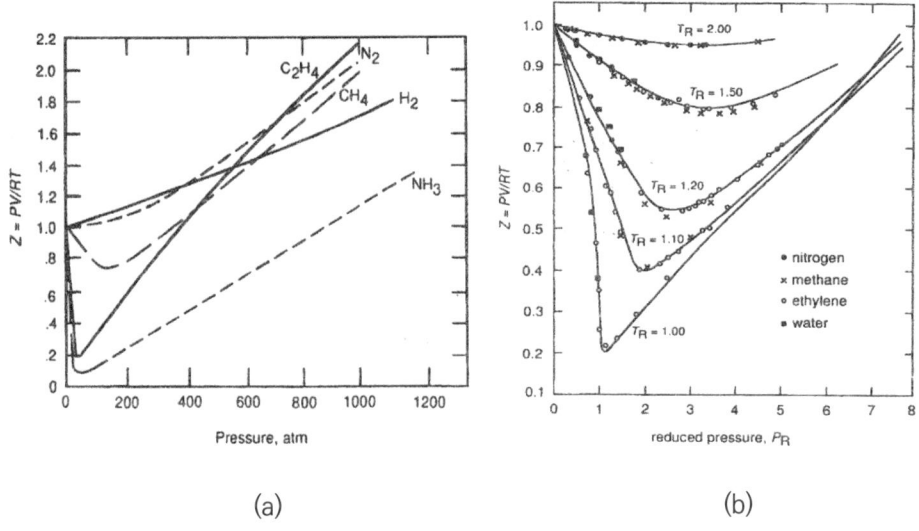

(a)　　　　　　　　　　(b)

[그림 X-7] 대표적 기체들의 비-이상기체 거동을 보여주는 Z=PV/RT

[연습문제]

　[정성문제]

1. 일정한 압력하에서 고체에 열량을 공급했을 때, 온도가 증가하는 구간과 온도가

멈추는 평탄 구간이 나타나는 이유를 설명하고, 이 평탄 구간에서 소모되는 열을 무엇이라 부르는지 설명하시오.

2. 일정한 온도하에서 기체의 부피를 감소시켰을 때, 압력이 증가하다가 평탄 구간이 나타나는 이유를 기체-액체 상전이 현상과 관련지어 설명하시오.

3. 온도가 증가함에 따라 기체와 액체가 공존하는 평탄 구간이 어떻게 변화하며, 임계 온도(T_C) 이상에서는 어떤 현상(초임계 유체 거동)이 나타나는지 설명하시오.

4. van der Waals 방정식을 P를 V의 함수로 나타냈을 때, 임계 온도 T_C 이하에서 나타나는 곡선이 실제 기체의 거동을 근사적으로 설명하는 이유를 G의 최소화 원리와 관련지어 설명하시오.

5. van der Waals 방정식의 미지수 a와 b를 결정하기 위해 사용되는 임계점(Critical Point)에서 압력 P를 V에 대해 편미분한 1차 도함수와 2차 도함수의 수학적 조건은 무엇인지 쓰시오.

6. van der Waals 상수 a와 b를 임계 온도 T_C와 임계 압력 P_C를 사용하여 나타내는 관계식을 쓰시오.

7. 압축 인자(Compressibility Factor) $Z = PV/RT$를 정의하고, 압력이 증가함에 따라 실제 기체의 Z 값이 이상기체 거동으로부터 어떻게 멀어지는지 설명하시오.

8. 압력이 매우 낮거나(P/P_C) 온도가 임계 온도(T/T_C)의 2배 이상일 때, 실제 기체가 이상기체와 유사한 거동을 보이는 이유를 설명하시오.

9. 일정한 온도에서 이상기체의 Gibbs 자유 에너지가 압력 P에 따라 $G(P) = G° + RT \ln(P)$와 같이 표현되는 이유를 설명하시오.

10. 실제 기체의 Gibbs 자유 에너지를 계산할 때, 압력 P 대신 이상기체 압력 P* =

γ P를 사용하여 보정 상수 γ를 도입하는 이유를 설명하시오.

[정량문제]

(기체 상수 R ≈ 0.08206 L·atm/mol·K로 가정합니다.)

1. N_2 기체의 임계 온도 T_C = 126.2 K이고 임계 압력 P_C = 33.5 atm일 때, N_2 기체의 van der Waals 상수 a와 b를 계산하시오 (단, T_C = 8a/(27bR) 및 P_C = a/(27b^2) 관계 사용).

2. van der Waals 상수 b = 0.0387 L/mol인 Ar 기체의 임계 부피 V_C를 계산하시오.

3. 1 mol의 이상 기체가 300 K에서 압력이 1 atm에서 10 atm으로 증가했을 때, Gibbs 자유 에너지 변화 ΔG를 J 단위로 계산하시오 (단, ΔG = RT ln(P_2/P_1) 사용).

4. 1 mol의 이상 기체가 400 K에서 5 L의 부피를 가집니다. 이 기체의 압축 인자 Z는 얼마인지 계산하시오.

5. 실제 기체의 압축 인자 Z = 1.1로 측정되었고, T=350 K, P=10 atm일 때, Z = PV/RT 관계를 이용하여 이 기체의 몰당 부피 V를 계산하시오.

6. 1 mol의 CO_2 기체에 대해 a = 3.64 L^2·atm/mol^2, b = 0.04267 L/mol일 때, T_C와 P_C를 이용하여 압축 인자 Z_C를 계산하시오 (Z_C = P_C V_C / (R T_C) 사용).

7. 10 mol의 이상 기체를 300 K에서 1 atm에서 10 atm까지 가역적으로 압축하는 데 필요한 최소 일 W를 ΔG를 이용하여 J 단위로 계산하시오.

8. Ar 기체의 임계 압력 P_C=48.98 atm이라고 가정합니다. 압력이 1 atm일 때 이 Ar 기체가 이상 기체와 유사한 거동을 보일 것으로 예측되는 이유를 설명하시오.

9. van der Waals 방정식 $P = RT/(V - b) - a/V^2$에서, V가 무한히 클 때($V \to \infty$), 이 방정식이 이상 기체 방정식으로 수렴함을 보이시오.

10. van der Waals 기체가 T=300 K에서 P를 atm 단위로 나타내는 식이 $P = 24.6/(V - 0.03) - 3.5/V^2$일 때, V=1 L에서의 P 값을 계산하시오.

XI. 혼합 기체의 거동

XI-1 Gibbs Free Energy Variation with Pressure under constant Temperature

폐쇄계의 Gibbs 자유에너지는 dG=-SdT+VdP 인데, 열전달 특성의 경계를 가진 (즉, 일정한 온도를 유지하고 있는) 계 내에 들어있는 기체의 Gibbs 자유에너지 [dG=-SdT+VdP]$_T$ 를 지금부터 고려해 보자. 그러면 dG=VdP 이고 만일 이상기체라면 dG = RT (dP/P) 가 되며 이를 적분하면 $G(P_2) - G(P_1) = RT\, ln\left(\frac{P_2}{P_1}\right)$이 된다. 이를 정리하면 $G(P) = G(P_{ref}) + RT\, ln\left(\frac{P}{P_{ref}}\right)$와 같이 쓸 수 있는데, 열역학에서 <u>압력의 기준은 1기압으로 정의</u>하므로 앞의 식은 $G(P) = G^o + RT\, ln(P)$로 표현할 수 있다. 이때 G° 는 기준 조건일 때의 Gibbs 자유에너지를 일컫는 열역학적 표기법으로 이 경우에는 P=1기압일 때의 Gibbs 자유에너지 값을 의미한다. 결국 일정한 온도에서 이상기체의 Gibbs 자유에너지는 아래 [그림 XI-1]에 보인 바와 같이 ln(P)에 직선적으로 비례하는 직선의 방정식 함수 임을 알 수 있다.

그런데, 실제 기체는 이상기체로부터 벗어난 거동을 보임을 앞 절에서 설명한 바 있다. 즉, 실제 기체가 나타내는 압력은 기체 분자들 간의 상호작용이 존재하는 상태에서 측정된 압력 P인데 상호작용이 전혀 없는 이상기체로서의 압력 P* 와 다르게 된다. 따라서 P를 이상기체 압력 P* 로 환산하기 위하여 보정상수 γ 를 도입하여 P*=γP 로 사용한다면, 실제 기체의 Gibbs 자유에너지 식을 $G(P) = G^o + RT\, ln(P^*) = G^o + RT\, ln(\gamma P)$로 표현할 수 있다. 이때, 이상기체($\gamma$=1)로부터 벗어나는 정도($\gamma$)에 따라 위 [그림 XI-1]에 표현한 바와 같이 직선적 비례 관계로부터 벗어나게 된다.

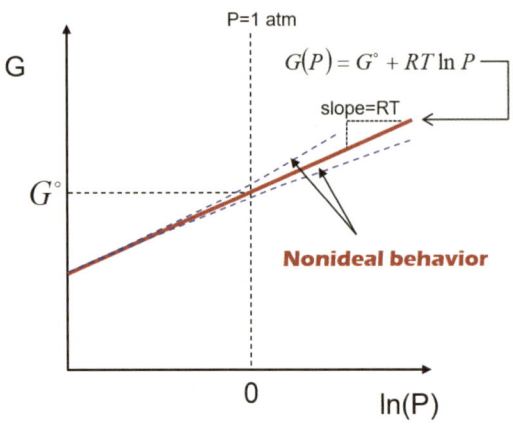

[그림 XI-1] 기체의 압력에 따른 Gibbs 자유에너지 변화

XI-2 Mixture of Ideal Gases

용기 내에 들어있는 기체의 압력 근원은 무엇일까 생각해 보자. 만일 진공 펌프를 이용하여 용기 내에 있는 모든 기체 분자를 제거하였다면 계의 압력은 어떻게 될까? 당연히 진공 즉 P=0 가 된다. 또한 만일 용기 내로 소량의 기체 분자를 투입하면 압력은 어떻게 될까? 예상대로 압력이 증가하며 유한한 값을 가지게 된다. 이처럼 압력은 기체 분자가 내부에서 운동하면서 용기의 벽면을 때리게 되고 이때 전달된 충격량으로부터 벽면에 (수직방향) 힘이 가해지게 된다. 이 힘을 벽면의 면적으로 나눈 값이 압력이므로 결국 압력은 기체분자의 운동에 기인한다는 것을 알 수 있다.

자 그렇다면, 아래 [그림 XI-2]와 같이 용기 내에 서로 다른 종류의 두 기체가 섞여 있는 경우를 생각해 보자. 이때 용기 내에 들어있는 분자들 중 A 기체가 발생시키는 압력(분압이라고 함)을 P_A 그리고 B 기체가 발생시키는 압력을 P_B 그리고 이들의 합을 전체 압력 P 라고 하자. 또한, 용기 내부가 A 기체만으로 (즉 순수한 A 기체 상태로) 채워져 있을 때 이들에 의해 발생하는 압력을 P_A^o , 용기 내부가 B 기체만으로 (즉 순수한 B 기체 상태로) 채워져 있을 때 이들에 의해 발생하는 압력을 P_B^o 라고 하자. 그러면 P_A 는 무엇에 비례하겠는가? 당연히 A 기체 분자의 양 (분율 X_A)에 비례할 것이다. 따라서 $P_A = X_A\,P_A^o$ 그리고 $P_B = X_B\,P_B^o$ 로 주어질 것은 자명하다.

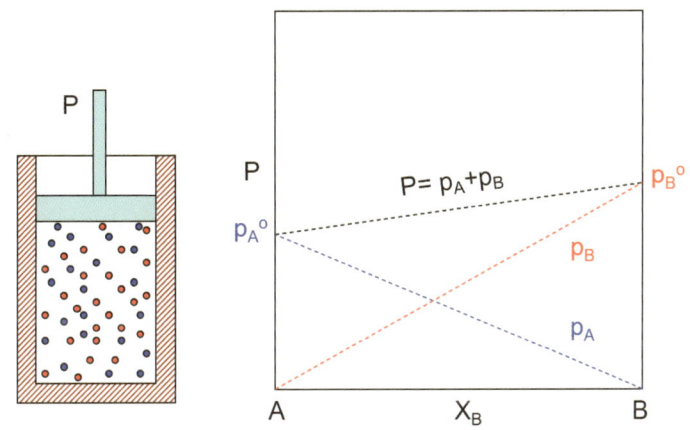

[그림 XI-2] 2성분 이상기체(gaseous solution)에서 조성에 따른 분압

그런데, 용기 내부를 채우고 있는 기체가 이상기체가 아니라면 어떻게 될까? 기체 분자들 간의 상호작용 (A-B 기체 분자 간 상호작용)으로 인해 기체의 압력이 이상기체 압력으로부터 벗어나게 된다. 이를 이해하기 위하여 다음과 같은 상황을 생각해 보자. 용기 내 기체가 대부분 A 분자로 되어 있고 B 분자는 소수인 경우, B 분자 기체가 용기 벽면에 충격량을 전달하기 위해 날아가는 동안 주위에 존재하는 다수의 A분자들과 A-B 상호작용을 하면서 운동에너지에 변동이 생긴다. 그리고 이는 결국 벽면에 가하는 충격량에 영향을 미치고 최종적으로는 압력 P_B 에 영향을 미치게 되면서 $P_B \neq P_B^* = X_B P_B^o$ 가 되어 X_B 에 대한 직선적 비례관계가 깨지게 된다. 반면 A 분자 기체의 경우에는 용기 벽면에 충격량을 전달하기 위해 날아가는 동안 주위에 존재하는 분자들이 대부

분 A 분자들 이므로 A-B 기체분자 간의 상호작용이 미미하여 운동에너지에 변동이 거의 없고, 이는 결국 벽면에 가하는 충격량에 영향을 거의 미치지 못하여 최종적으로는 A 기체 분자에 기인하는 압력 $P_A \approx P_A^* = X_A P_A^o$ 로 나타난다. 그러나 B분자의 함량이 증가하게 되면 (X_B ↑), A 기체 분자에 기인하는 압력도 A-B 상호작용의 증가로 인해 결국 $P_A \neq P_A^* = X_A P_A^o$ 가 되어 X_A에 대한 직선적 비례관계가 깨지게 된다. 이러한 실제 혼합기체의 거동을 아래 [그림 XI-3]에 나타내었다.

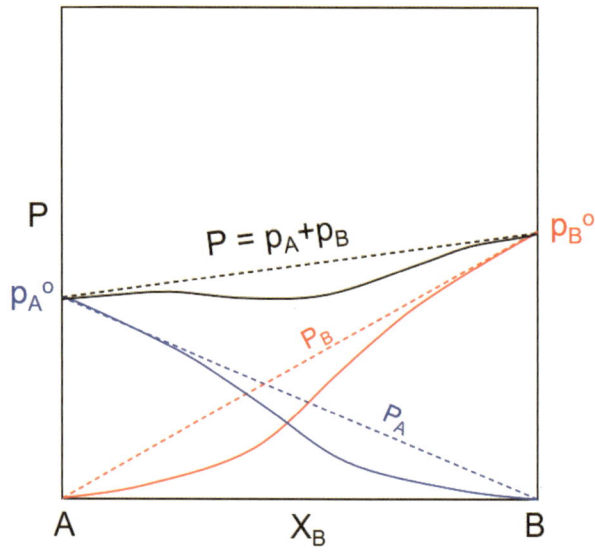

[그림 XI-3] 2성분 비-이상기체(gaseous solution)에서 조성에 따른 분압

여기서 주목할 것은 $X_B \approx 1$ (또는 $X_A \approx 1$) 인 경우 다수 종의 압력은 이상기체 압력과 유사한 거동을 보이고 소수 종 기체의 압력은 이상기체 압력과 달라진다는 사실이다. 이것이 나중에 Rauolt의 법칙과 Henry의 법칙으로 나타나게 되므로 주의하여 이해할 필요가 있다.

XI-3 Partial Molar Quantities and their Physical Meanings

지금부터는 분몰량(partial molar quantities)에 대해 알아보기로 하자. 분몰량이란 것은 계를 구성하고 있는 성분이 한 종류가 아니고 복수 개의 성분들이 원자 또는 분자 단위로 섞여있을 때 (우리는 이것을 용액이라고 부른다), 이 <u>용액을 구성하고 있는 각 성분 원자 또는 분자 1몰 당 가지고 있는 성질</u>을 일컫는 말 이다. 예를 들어 금속 A와 금속 B가 일정한 비율(X_B)로 섞여 합금 (solid solution의 일종)을 이루고 있을 때, 이 합금 내 존재하는 A 금속 1몰이 가지는 부피, 엔트로피, 엔탈피, 내부에너지 등등을 통칭해서 분몰량이라고 하는 것이다.

분몰량을 수학적으로 정의하기 위해 우선 계가 가지는 여러 성질들 (U, H, F, G, S, V, T, P etc.)을 계의 크기 (즉 계를 구성하는 성분의 몰수)에 의존하는 크기 성질 (Extensive Properties: U, H, F, G, S, V, etc.)과 이에 독립적인 세기 성질(Intensive Properties: T, P, etc.)로 대별할 수 있다. 그리고 크기성질 (Extensive Property)들을 대표하는 하나의 파라미터로 지금부터 Q' 을 사용하고자 한다. 여기서 Q는 U, H, F, G, S, V 등 크기성질을 대표하는 대명사이며, 이들은 계의 크기에 의존하므로 계가 가진 총량을 표현하기 위해 ' 을 붙여서 Q' 과 같이 사용한다.

먼저 몰당량(molar quantity)을 살펴보면 이는 몰(n) 당 얼마의 값을 가지는지를 나타내는 파라미터로 Q = Q'/n 로 정의할 수 있다. 이에 비해 분몰량(partial molar quantity)은 용액을 구성하고 있는 구성 성분 각각의 몰당량을 의미하는 것으로 $\overline{Q_i} \equiv \left(\frac{\partial Q'}{\partial n_i}\right)_{n_{j \neq i}}$ 으로 정의한다.

만일 금속 A와 B가 각각 일정한 양 n_A와 n_B 씩 섞여 (조성비 X_B로) 합금을 이루고 있다고 하자. 이 합금 내에 지금 현재 들어 있는 A원자 1몰이 가진 Gibbs 자유에너지 값은 바로 partial molar Gibbs free energy of A 라 불리우며 수학적으로는 $\overline{G_A} \equiv \left(\frac{\partial G'}{\partial n_A}\right)_{n_B}$ 가 되는 것이다. 똑같은 방식으로 이 합금 내에 지금 현재 들어 있는 B원자 1몰이 가진 Gibbs 자유에너지 값은 바로 partial molar Gibbs free energy of B 가 되며 수학적으로는 $\overline{G_B} \equiv \left(\frac{\partial G'}{\partial n_B}\right)_{n_A}$ 가 된다. 따라서 이 합금이 가진 총 Gibbs 자유에너지 G'은 $G' = n_A \overline{G_A} + n_B \overline{G_B}$ 가 된다. 이를 대명사 물리량 Q' 에 대해 확장해 보면 $Q' = n_A \overline{Q_A} + n_B \overline{Q_B}$ 가 됨을 알 수 있으며 이를 몰당량으로 표현하면 $Q = X_A \overline{Q_A} + X_B \overline{Q_B}$ 로 주어짐을 알 수 있다.

한편 $Q = X_A \overline{Q_A} + X_B \overline{Q_B}$ 를 X_B 에 대해 그렸을 때, 아래 [그림 XI-4]에 보인 바와 같이 접선의 절편 a와 b가 해당 조성의 용액 내에 들어있는 각 성분의 분몰량 임을 아래와 같이 증명할 수 있다.

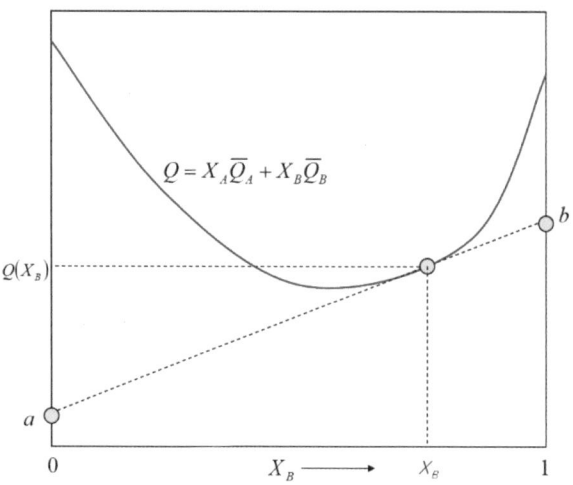

[그림 XI-4] 접선의 절편과 용액의 molar quantity Q와의 기하학적 관계

먼저 조성 X_B 인 용액의 $Q(X_B)$ 값은 접선의 기울기(dQ/dX_B)에 조성 X_B 를 곱한 값에

접선의 절편 a 값을 더하면 구할 수 있다. 즉, Q(X_B) = a + (dQ/dX_B) X_B 로 주어진다. 접선의 기울기는 (dQ/dX_B) = (b − a) / 1 이므로 Q(X_B) = a + (b − a) X_B = (1− X_B) a + X_B b 가 되어 결국 Q(X_B) = X_A a + X_B b 가 되는데, 이는 $Q = X_A\overline{Q_A} + X_B\overline{Q_B}$ 와 같아야 하므로 절편 $a = \overline{Q_A}$ 가 되고 절편 $b = \overline{Q_B}$ 가 되는 것을 알 수 있다. 따라서 아래 [그림 XI-5]와 같이 용액의 성질 Q 를 조성 X_B 에 대해 나타내었을 때 각 조성에서의 접선 절편들은 해당 조성 용액 내에 들어있는 성분들의 분몰량이 된다는 것을 알 수 있다. 또한, $\lim_{X_B \to 1} \overline{Q_B} = Q_B^o$, $\lim_{X_B \to 0} \overline{Q_A} = Q_A^o$ 라고 하면, 이들은 계가 순수한 상태 즉 100% B 또는 100% A 만으로 구성되어 있을 때 해당 성분 1몰당 Q값을 뜻하는 것임을 알 수 있다.

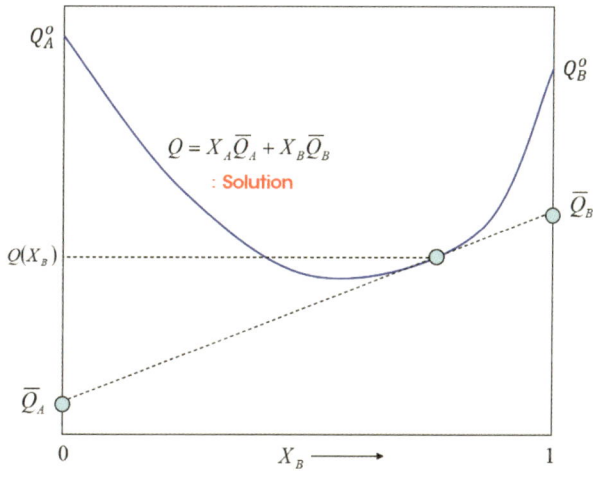

[그림 XI-5] 용액의 molar quantity Q 함수에서 접선의 절편과 분몰량의 관계

따라서, A와 B가 원자 또는 분자 단위로 섞이는 것(용액)이 아니라 단순 혼합물로 존재하는 경우, 계의 총 Q' 값은 각각의 물질이 순수한 상태로 존재하면서 단순히 기계적으로만 섞여 있는 것이므로 $Q' = n_A Q_A^o + n_B Q_B^o$ 로 주어지게 된다. 그리고 이를 몰당량인 Q로 나타내면 $Q = X_A Q_A^o + X_B Q_B^o$ 가 되면서 조성 X_B에 따라 그래프로 그려보

면 아래 [그림 XI-6]에 보인 바와 같이 Q_A^o와 Q_B^o를 양 끝단(절편)으로 하는 직선의 방정식이 됨을 알 수 있다.

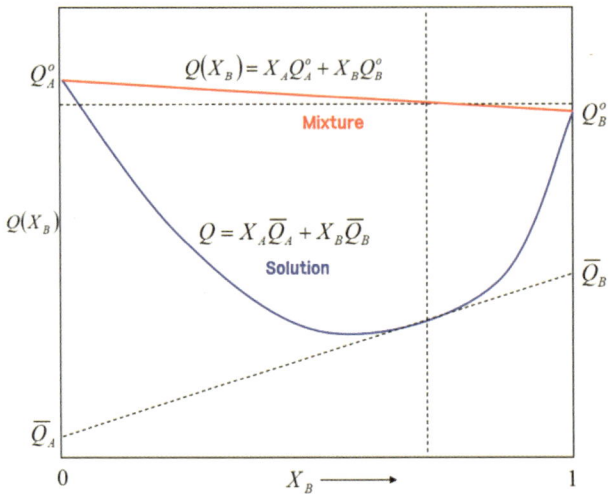

[그림 XI-6] 단순혼합물과 용액의 molar quantity Q 함수에서 접선의 절편과 분몰량의 관계

여기서 알 수 있는 바와 같이 조성 X_B 인 단순 혼합물 내의 각 성분 1몰당 Q 값 (Q_A^o, Q_B^o)과 용액 내의 각 성분 1몰당 Q 값(분몰량) ($\overline{Q_A}, \overline{Q_B}$)은 크게 다르며, 특히 분몰량 $\overline{Q_A}, \overline{Q_B}$ 값은 조성에 따라 크게 변화하는 물리량임을 확인할 수 있다.

XI-4 Chemical Potential as a Partial Molar Quantities

단일 성분으로 이루어진 개방(open) 계를 생각해 보자. 이러한 계의 상태를 완벽히 기술하는데 필요하고도 충분한 상태변수의 개수는 U'=U'(S,V,N) 3개가 된다. 특히 우리 계가 열전달-일전달 경계로 둘러싸인 계라면 Gibbs 자유에너지를 적용할 수 있으므로, Gibbs 자유에너지는 G'=G'(T, P, n)으로 3개의 상태변수를 독립변수로 하는 함수임을 알 수 있다. 따라서 이의 총 미분은

$$dG' = \left(\frac{\partial G'}{\partial T}\right)_{P,n} dT + \left(\frac{\partial G'}{\partial P}\right)_{T,n} dP + \left(\frac{\partial G'}{\partial n}\right)_{T,P} dn \qquad ----(XI-1)$$

이 된다. 한편, 폐쇄계에서 dG'=-S'dT+V'dP 이므로 $\left(\frac{\partial G'}{\partial T}\right)_P = -S'$ 이고 $\left(\frac{\partial G'}{\partial P}\right)_T = V'$ 임을 앞에서 보인 바 있으므로, 위 식 (XI-1)을 다시 정리하면 $dG' = -S'dT + V'dP + \left(\frac{\partial G'}{\partial n}\right)_{T,P} dn$ 가 된다. 이때 3번째 항의 계수 $\left(\frac{\partial G'}{\partial n}\right)_{T,P}$ 를 열역학에서는 Chemical Potential 이라고 부르며 $\mu \equiv \left(\frac{\partial G'}{\partial n}\right)_{T,P}$ 로 정의한다. 이에 따라 단일 성분 개방계에서 Gibbs 자유에너지의 총 미분은 $dG' = -S'dT + V'dP + \mu dn$ 로 주어진다.

그런데, 우리 계가 단일 성분계가 아니라 여러 종류의 물질이 혼재하는, 즉 c 개의 성분을 가진 다성분 계라고 한다면 Gibbs 자유에너지의 총 미분은

$$dG' = \left(\frac{\partial G'}{\partial T}\right)_{P,n_i} dT + \left(\frac{\partial G'}{\partial P}\right)_{T,n_i} dP + \sum_{i=1}^{c} \left(\frac{\partial G'}{\partial n_i}\right)_{T,P,n_{j \neq i}} dn_i$$

이 되고, 이를 정리하면

$$dG' = -S'dT + V'dP + \sum_{i=1}^{c} \mu_i dn_i \qquad ---(XI-2)$$

가 된다. 한편 분몰량의 정의 $\bar{Q_i} \equiv \left(\frac{\partial Q'}{\partial n_i}\right)_{n_{j \neq i}}$ 를 살펴보면 chemical potential $\mu_i \equiv \left(\frac{\partial G'}{\partial n_i}\right)_{T,P,n_{j \neq i}}$ 는 i 성분에 대한 Gibbs 자유에너지의 분몰량 $\bar{G_i}$ 과 동일함을 알 수 있다. 그렇다면 이 화학포텐셜의 물리적 의미는 무엇일까? 분몰량의 정의를 살펴보면 이 화학포텐셜의 의미를 깨달을 수 있는데, 그것은 <u>용액 내에 들어 있는 특정 성분(i) 원자 또는 분자 1몰이 지니고 있는 Gibbs 자유에너지</u>를 뜻하는 것임을 알 수 있다.

그 의미를 보다 명확히 전달하기 위하여 다음과 같은 상황을 고려해 보자. 온도와 압력이 일정하게 유지되고 있는 용기 내에 물과 알코올로 이루어진 용액이 들어있다고 하자. 우리의 관찰 결과에 의하면 용액 내의 물 분자와 알코올 분자가 증발하여 용액 위에 대기 (물 분자와 알코올 분자로 이루어진 기체)를 형성하게 된다. 왜 이런 일이 일어나는 것일까? 그 이유를 열역학적으로 설명하면 용액 내에 존재하는 물 분자의 화학포텐셜이 대기층에 존재하는 물 분자의 화학포텐셜 보다 크기 때문에 Gibbs 자유에너지를 낮추려고 증발이 일어나는 것으로 해석한다. 또한 증발이 계속 일어남에 따라 대기 중에 존재하는 물 분자의 화학포텐셜이 증가하게 되고, 최종적으로는 용액과 대기 중에 존재하는 물 분자의 화학포텐셜이 동일해 질 때까지 증발이 일어나는 것이다. 이때의 압력이 IX장 6절에서 이야기한 포화증기압 이다. 또한 이 때에는 증발과 응축이 평형을 이루게 되므로 용액과 대기가 평형을 이루게 되는 것이다. 이러한 일은 알코올 분자에서도 동일하게 일어난다. 서로 다른 두 개의 물질을 접촉시켰을 때, 상호 확산이 일어나는 현상도 모두 각 원자 또는 분자가 자신이 가진 Gibbs 자유에너지 (화학포텐셜)를 최소화 하기 위하여 이동하는 현상이 우리 눈에 확산으로 나타나는 것이다. 이처럼 자연현상에서 일어나는 모든 물질의 이동에는 화학포텐셜이 관여되어 있다.

XI-5 Equilibrium Vapor Pressure of a Component in Condensed Solutions

아래 [그림 XI-7]에 보인 바와 같이 일정한 온도가 유지되고 있는 용기 내에 한 순수한 액체 A가 들어있다고 하자. 그러면 이미 IX장 6절에서 논의한 바와 같이 초기에는 압력이 P=0 이고, 이때는 (상태도에 보인 것처럼) 기체가 안정한 상이므로 액체가 증발하여 기체로 이루어진 대기를 형성하며, 이 과정이 계속 진행되어 액상-기상 경계까지 진행되고 이 지점에서 증발-응축이 멈춰서 액상과 기상이 공존하는 소위 평형이 이루어진다고 하였다. 그리고 이때의 대기 중 해당 성분의 압력 P_A^o 을 포화증기압 이라고 부른다고 언급한 바 있다. 용액에서는 순수한 물질 상태를 기준 (reference)으로 삼고 있기 때문에 순수한 액체 A의 포화증기압에 기호 o를 붙여 P_A^o 로 표시한다. 그리고 이 포화증기압은 아래 [그림 XI-7]의 상태도에서 볼 수 있는 것처럼 온도에 따라 달라지는 온도 의존 물리량 $P_A^o(T)$이다.

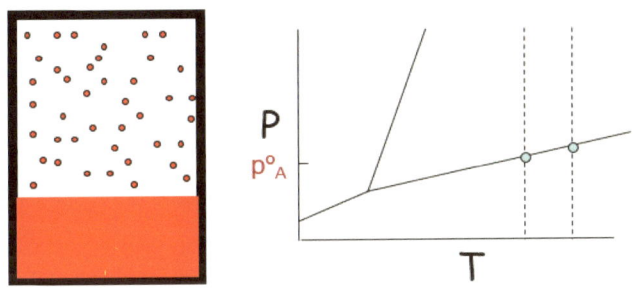

[그림 XI-7] 단일성분 응축상의 평형 포화증기압

그런데, 아래 [그림 XI-8]에서와 같이 만일 용기 내에 용액을 놓으면 어떤 일이 일어날까? 이 때에도 용액 내에 존재하는 성분들이 마찬가지로 증발해 올라가면서 용액 위에 대기를 형성할 것이며, 이때 성분이 두 종류이므로 각각이 모두 증발해 올라올 것이다. 그에 따라 평형에 도달하였을 때 대기 중에는 A성분의 평형압력 P_A와 B 성분의 평형압력 P_B가 존재하게 될 것은 명확하다. 이때 P_A와 P_B는 무엇에 의해 결정될까? 당연히 용액의 조성 $X_{B,solution}$에 의존할 것이며, 예를 들면 P_B는 $X_{B,solution}$에 비례할 것이고 $X_{B,solution}$=1 되면 P_B는 P_B^o 가 될 것이다. 이를 반영하면 $P_B = X_{B,solution} P_B^o$ 의 관계가 성립하고, 또한 A성분에 대해서는 $P_A = X_{A,solution} P_A^o$ 로 쓸 수 있다. 이를 일반식으로 표현하면

$$\frac{P_i}{P_i^o} = X_{i,solution} \qquad \text{---(XI-3)}$$

의 관계를 이루고 있다.

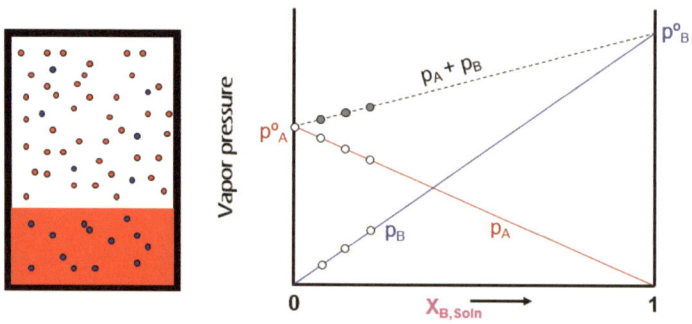

[그림 XI-8] 응축상 (이상) 용액에서 평형 증기압

XI-6 Activity and Activity Coefficient

그런데, 용액 내에 존재하는 성분 간에 상호작용이 존재하면 어떻게 될까? 예를 들어 B성분이 소량 들어있는 한 용액을 생각해 보자. 이 용액에서 B는 소수자이고 A는 다수자가 되어 성분 B가 증발하고자 할 때 그 주위에 다수의 A가 존재하므로 A-B간에 상호작용이 존재하면 이 B성분의 증발에 많은 영향을 미치게 될 것이다. 예를 들어, A-B 간의 상호작용이 척력을 유발하면 보다 많은 B의 증발이 일어날 것이고 인력을 유발하면 보다 적은 증발이 일어날 것을 예상할 수 있다. 따라서 P_B는 $X_{B,solution}$에 비례하는 직선적 관계로부터 벗어나 $P_B \neq X_{B,solution} P_B^o$ 가 된다. 반면에 성분 A가 증발하고자 할 때는 그 주위에 다수의 A가 존재하고 B는 소수 존재하므로 A-B간의 상호작용이 A성분의 증발에 별다른 영향을 미치지 않게 되어 P_A는 $P_A \approx X_{A,solution} P_A^o$ 로 근사할 수 있다 (아래 [그림 XI-9] (a) 참조). 그러나 이 또한 B성분의 함량이 증가하게 되면 마찬가지로 $P_A \neq X_{A,solution} P_A^o$ 가 된다 (아래 [그림 XI-9] (b) 참조).

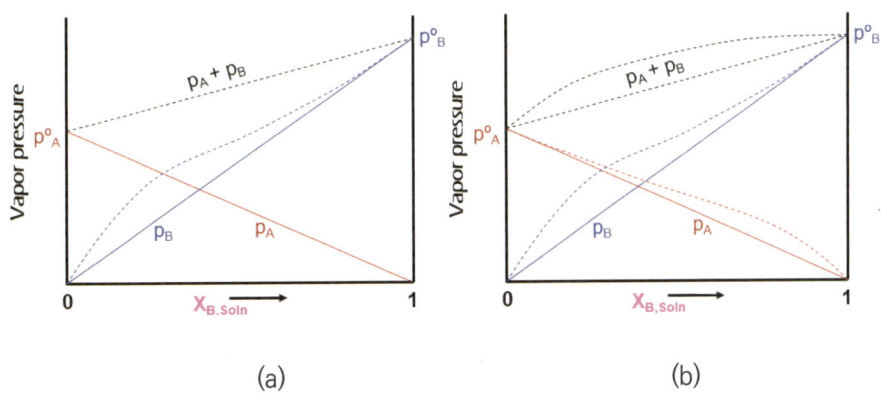

(a) (b)

[그림 XI-9] 응축상 (비이상) 용액에서 평형 증기압

따라서 용액 내 구성 성분 간에 상호작용이 존재하는 경우에는 $\frac{P_i}{P_i^o} \neq X_{i,solution}$ 가 되어 이를 보정하는 파라미터를 도입할 필요가 있다. 이에 따라 $\frac{P_i}{P_i^o} \equiv a_{i,solution}$로 정의하고 이를 활동도 (Activity)라 부르며, $a_{i,solution} \neq X_{i,solution}$을 보정하기 위해 보정상수 γ를 사용하여 $a_{i,solution} = \gamma_{i,solution} X_{i,solution}$ 로 정의한다. 이때 $\gamma_{i,solution}$을 활동도 계수라 부른다. 한편, 이들은 모두 용액의 성질을 나타내는 파라미터임에 유의하면서, 간단하게 표기 하기 위하여 $a_i = \gamma_i X_i$ 로 쓴다. 한편 이상용액은 구성 성분 간에 상호작용이 없는 가상의 용액으로 정의되며, 상호작용이 없으므로 활동도가 용액의 조성과 동일한 $\frac{P_i}{P_i^o} \equiv a_{i,solution} = X_{i,solution}$ 이 성립하는 즉, $\gamma_{i,solution} = 1$인 용액을 일컫는다. 실제 용액은 상호작용이 존재하므로 척력이 존재하는 경우에는 $\gamma \rangle 1$이고 인력이 존재하는 경우에는 $\gamma \langle 1$이 된다.

XI-7 Raoult's Law and Henry's Law

한편, 구성성분 A-B 간에 강한 인력이 작용하는 용액 성분의 평형 증기압 P_B를 용액의 조성 $X_{B,solution}$에 따라 그래프로 그린 그림에서 P_B를 $P_B°$로 나누면 성분 B의 활동도 a_B 를 용액 조성 $X_{B,solution}$의 함수로 그릴 수 있는데, 아래 [그림 XI-10]은 그 대표적인 예를 보여주고 있다. 여기서 B 성분이 소수자 일 때 ($X_{B,solution}$이 작을 때) B의 활동도가 상호작용 (인력)의 영향을 받아 $\gamma < 1$ 로 된 것을 볼 수 있는 반면, 다수자 일 때 ($X_{B,solution}$이 클 때) B의 활동도 계수가 $\gamma \approx 1$ 에 수렴하는 것을 볼 수 있다. 그 이유는 앞에서 설명한 바와 같이 다수자 일 때는 주변에 소수자가 별로 없어 상호작용의 영향을 거의 받지 않기 때문이다.

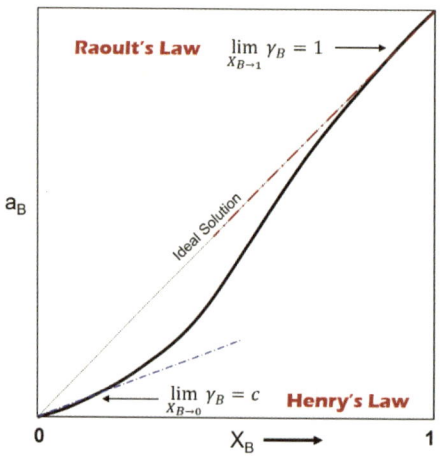

[그림 XI-10] 조성에 따른 활동도 변화와 Raoult 및 Henry의 법칙

이처럼 해당 성분이 다수자 일 때, 활동도 계수가 $\gamma \approx 1$ 에 수렴하는 성질을 Raoult의 법칙 $\lim_{X_i \to 1} \gamma_i = 1$ 이라고 한다. 반면 해당 성분이 소수자 일 때, 활동도 계수가 [그림 XI-10]에서 볼 수 있는 바와 같이 $\gamma \approx$ constant 에 수렴하는 성질을 Henry의 법칙 $\lim_{X_i \to 0} \gamma_i = c$ 이라고 한다. 이 두 법칙을 이용하면 용액을 다루는 열역학 계산이 상당히 단순해 지면서 간편해지는 장점이 있다.

XI-8 Chemical Potential and Activity

앞에서 논의한 바 있는 압력에 따른 Gibbs 자유에너지 식 G(P) = G(P°) + RT ln(P/P°)로부터, 다음 [그림 XI-11]에서와 같이 용액과 평형을 이룬 대기 중에 존재하는 i 성분 기체의 Gibbs 자유에너지 G(P_i)는 G(P_i) = G(P_i^o) + RT ln(P_i/P_i^o) 와 같이 쓸 수 있다. 한편 이 기체 성분과 평형을 이루고 있는 용액 내 i 성분의 Gibbs 자유에너지는 $\bar{G}_i$ 또는 μ_i 로 표현되는데, 이때 용액과 대기가 평형을 이루고 있으므로 G(P_i) = $\bar{G}_i$ 또는 μ_i 조건이 성립함을 알 수 있다.

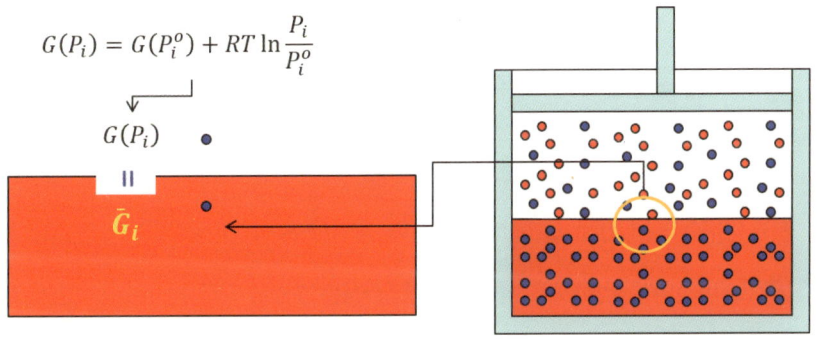

[그림 XI-11] 평형조건에서 기체 성분의 G(P_i) 와 용액 성분의 $\bar{G}_i$ 관계

한편 용액의 Gibbs 자유에너지 $G'_{solution} = \sum_{i=1}^{c} n_i \bar{G}_i$ 로 주어지는데 이때 $\bar{G}_i = G(P_i) = G(P_i^o) + RT\, ln\left(\frac{P_i}{P_i^o}\right)$ 이므로 $\bar{G}_i = G(P_i^o) + RT\, ln\left(\frac{P_i}{P_i^o}\right)$로 바꾸어 쓸 수 있다. 뿐만 아니라 순수한 i 성분 만으로 구성된 응축상과 이의 증발에 의해 형성된 대기와의 평형조건, 즉 순수한 응축상 내 성분 1몰당 Gibbs 자유에너지 G_i^o 와 대기 내 i 성분의 포화증기압 P_i^o 에 따른 Gibbs 자유에너지가 동등 G_i^o=G(P_i^o) 해야 한다. 이 조건을 위

식에 적용하면 $\bar{G}_i = G_i^o + RT \ln\left(\frac{P_i}{P_i^o}\right)$이 된다. 또한 $\frac{P_i}{P_i^o} = a_i$을 적용하면 $\bar{G}_i = G_i^o + RT \ln a_i$ 식을 얻을 수 있다. 그리고 $\bar{G}_i = \mu_i$ 이므로 최종적으로는 아래와 같은 관계식을 얻을 수 있다.

$$\mu_i = \bar{G}_i = G_i^o + RT \ln a_i \qquad \text{---(XI-4)}$$

[연습문제]

[정성문제]

1. 이상기체 혼합물에서 성분 A가 발생시키는 부분 압력 P_A가 순수한 A 기체의 압력 $P_A°$와 어떤 관계를 가지는지 (분율 X_A를 사용하여) 설명하시오.

2. 실제 기체 혼합물에서 소수 종인 B 성분의 압력이 이상기체 압력 관계($P_B \neq X_B P_B°$)로부터 벗어나는 이유를 A-B 간 상호작용과 관련지어 설명하시오.

3. 분몰량(Partial Molar Quantity) Q_i의 정의를 수식 $Q_i = (\partial Q'/\partial n_i)_{n(j \neq i)}$를 사용하여 설명하고, 이것이 물리적으로 용액 내 특정 성분 1몰당 가지는 어떤 성질을 의미하는지 설명하시오.

4. 화학 포텐셜(Chemical Potential) μ_i를 분몰량의 관점에서 정의하고, 이것이 물리적으로 용액 내 특정 성분 1몰이 지니는 어떤 에너지를 뜻하는지 설명하시오.

5. 서로 다른 두 물질을 접촉시켰을 때, 물질의 이동(예: 확산 또는 증발)이 발생하는 이유를 화학 포텐셜의 관점에서 설명하고, 평형에 도달하는 조건(화학 포텐셜 관계)을 설명하시오.

6. 활동도(Activity, a_i)의 정의를 순수한 응축상의 포화 증기압 $P_i°$와 평형 증기압 P_i의 비율을 사용하여 설명하시오.

7. 이상 용액(Ideal Solution)의 정의를 활동도 계수 γ_i의 값과 관련지어 설명하고, 실제 용액에서 γ_i가 1보다 크거나 작을 때 구성 성분 간의 상호작용(척력 또는 인력)이 어떻게 나타나는지 설명하시오.

8. Raoult의 법칙과 Henry의 법칙을 설명하고, 두 법칙이 각각 용액 내에서 특정 성분이 다수자(majority)인 경우와 소수자(minority)인 경우 중 어떤 상황에서 활동도 계수(γ_i)가 수렴하는 성질을 나타내는지 설명하시오.

9. 화학 포텐셜 μ_i를 순수한 성분의 Gibbs 자유 에너지 G_i°와 활동도 a_i를 사용하여 나타내는 최종 관계식 $\mu_i = G_i^\circ + RT \ln a_i$를 쓰시오.

10. 단순 혼합물(기계적 혼합)과 용액(원자/분자 단위 혼합)의 몰당량 Q를 조성 X_B에 대해 그래프로 나타냈을 때, 용액의 분몰량(Q_A, Q_B)은 조성에 따라 크게 변화하는 반면 단순 혼합물의 분몰량은 일정(Q_A°, Q_B°)한 이유를 설명하시오.

[정량문제]

(기체 상수 R ≈ 8.314 J/mol·K로 가정합니다.)

1. A와 B 두 이상 기체가 혼합되어 총 압력 P=5 atm을 이루고 있습니다. A의 몰분율 X_A=0.7일 때, A 기체의 부분 압력 P_A를 계산하시오.

2. 용액 내 A 성분의 활동도 a_A = 0.6이고 몰분율 X_A = 0.5일 때, A 성분의 활동도 계수 γ_A를 계산하시오.

3. 액체 A의 포화 증기압 P_A° = 100 kPa입니다. A-B 용액과 평형을 이루는 A의 증기압 P_A가 70 kPa일 때, 용액 내 A 성분의 활동도 a_A를 계산하시오.

4. A 성분의 표준 Gibbs 자유 에너지 G_A° = -10,000 J/mol이고, T=500 K에서 활동도 a_A = 0.5인 용액 내 A 성분의 화학 포텐셜 μ_A를 계산하시오.

5. A 성분 2몰과 B 성분 3몰이 섞인 용액이 있습니다. A의 분몰량 엔탈피 $\Delta H_{m,A}$ = 2000 J/mol이고 B의 분몰량 엔탈피 $\Delta H_{m,B}$ = 1000 J/mol일 때, 이 용액의 총 혼합 엔탈피 $\Delta H_m{'}$을 계산하시오 (단, 총량 $\Delta H_m{'} = \Sigma n_i \Delta H_{m,i}$ 사용).

6. T=400 K에서 B 성분의 활동도 계수 γ_B = 1.5일 때, B 성분의 분몰량 엔탈피 $\Delta H_{m,B}$를 J/mol 단위로 계산하시오.

7. 순수한 A의 몰당량 $Q_A°$ = 10 J/mol이고 B의 몰당량 $Q_B°$ = 20 J/mol인 단순 혼합물(X_A=0.3, X_B=0.7)의 총 몰당량 Q를 계산하시오.

8. A와 B의 혼합 용액에서 B 성분의 몰분율 X_B=0.1이고 활동도 계수 γ_B = 5라면, Henry의 법칙이 적용될 수 있는 조건인지 설명하시오.

9. 1 mol의 A와 1 mol의 B를 섞었을 때 ΔS_{mix} = 5.76 J/K이 발생했습니다. ΔH_{mix} = 1000 J일 때, T=300 K에서 ΔG_{mix}를 계산하시오.

10. A 성분의 분몰량 G_A = -500 J/mol이고 B 성분의 분몰량 G_B = -800 J/mol일 때, X_A=0.4인 용액의 총 Gibbs 자유 에너지 G를 계산하시오.

XII. 화학반응 평형

XII-1 Reactions involving Gases

다성분으로 구성된 계에서 일어날 수 있는 상황을 분류해 보면, 지난 시간까지는 (1) 기계적 단순 혼합물, (2) 원자 또는 분자 단위로 혼합된 혼합물 (용액)에 대해서만 다루어 왔다. 그런데, 여러 종류의 성분이 계 내에 혼재하는 경우 단순 혼합물 또는 용액을 형성하는 일 이외에도 (3) 이종 성분 간의 접촉에 의해 화학반응이 일어날 수도 있다. 지금부터는 바로 이 화학반응에 대하여 집중적으로 논의를 이어가고자 한다.

이를 위해 다음과 같은 경우를 생각해 보자. 열전달-일전달 특성의 경계로 둘러싸인 계 내에 기체 A 1몰과 기체 B 1몰이 들어있고, 이들 간에 A+B = 2C 라는 화학반응이 존재한다고 하자. 그러면 A와 B가 반응하여 C를 생성하게 될 것인데, 이 반응이 어디까지 진행되는 걸까? 완전반응이 일어나면 A와 B는 모두 사라지고 C 2몰만 남을때 까지 반응이 끝까지 진행될 것이고, 반응이 전혀 진행되지 않는다면 A와 B는 처음 양 그대로 존재하고 C는 전혀 생성되지 아니할 것이다. 아니면 반응이 진행되다가 어느 단계에서 멈춰서고 평형을 이루는 것일까? 이러한 의문의 답은 어떻게 찾을 수 있을 것인가. 그 답은 아래 [그림 XII-1]에 보인 바와 같이 화학반응의 진행 정도에 따라 계의 Gibbs 자유에너지가 변화하게 되는데, 이 값이 최소가 되는 단계까지 화학반응이 진행되고는 멈춰설 것임은 명확하다.

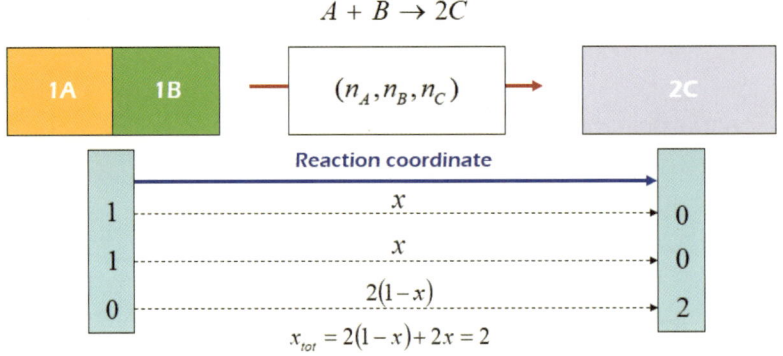

[그림 XII-1] 화학반응의 진행 정도를 나타낸 도식도

화학반응 진행 정도에 따른 Gibbs 자유에너지 변화를 계산하기 위해 [그림 XII-1]에 보인 바와 같이, 1몰의 A와 1몰의 B가 화학반응으로 소모되고 각각 x몰 만큼 남아 있는 단계에서 계의 Gibbs 자유에너지를 계산해 보자. 계의 총 Gibbs 자유에너지는 $G' = n_A\overline{G_A} + n_B\overline{G_B} + n_C\overline{G_C}$ 이고 이를 몰당량으로 나타내면 $G = X_A\overline{G_A} + X_B\overline{G_B} + X_C\overline{G_C}$ 가 된다. 이때 계에 존재하는 기체의 총량을 살펴보면 2(1-x)+2x = 2 이므로 X_A = x/2, X_B = x/2, X_C = 2(1-x)/2 이 되고 이를 위 식에 적용하면 $G = \frac{x}{2}\overline{G_A} + \frac{x}{2}\overline{G_B} + (1-x)\overline{G_C} = \frac{1}{2}(x\overline{G_A} + x\overline{G_B} + 2(1-x)\overline{G_C})$가 된다. 여기에 $\overline{G_i} = G_i^o + RT \ln a_i$ 를 적용하면 $G = \frac{1}{2}(x\{G_A^o + RT \ln a_A\} + x\{G_B^o + RT \ln a_B\} + 2(1-x)\{G_C^o + RT \ln a_C\})$ 이고 이를 정리하면 $G = \frac{1}{2}(\{xG_A^o + xG_B^o + 2(1-x)G_C^o\} + RT\{x \ln a_A + x \ln a_B + 2(1-x)\ln a_C\})$ 를 얻을 수 있다.

한편, 화학반응이 멈춰서는 곳, 즉 화학반응 평형이 이루어지는 지점은 Gibbs 자유에너지가 최소인 지점일 것이므로 $\frac{dG}{dx} = 0 = \frac{1}{2}(\{G_A^o + G_B^o - 2G_C^o\} + RT\{\ln a_A + \ln a_B - 2\ln a_C\})$가 성립하는 곳이다. $\Delta G^o \equiv 2G_C^o - (G_A^o + G_B^o)$를 정의하면, 위 식은 $\Delta G^o = -RT\left\{\ln \frac{a_C^2}{a_A a_B}\right\}$이 되는데 여기서 ΔG^o는 A+B = 2C 반응이 완전히 끝까지 진행

(완전반응)될 때 발생하는 Gibbs 자유에너지 변화를 의미한다. 그리고 화학반응 평형에 도달하였을 때의 $\left[\frac{a_C^2}{a_A a_B}\right]_{Equilibrium}$ 값을 특별히 평형상수(Equilibrium Constant) K라고 부른다. 따라서 어떤 임의의 화학 반응이 진행되다가 멈춰서는 화학반응 평형점은 $\Delta G^o = -RT\ lnK$ 라고 표기할 수 있다.

이상의 논리를 일반식으로 확장하면 a A + b B = c C + d D 와 같은 화학반응은 $\Delta G^o = -RT\ lnK$ 를 만족하는 단계까지 화학반응이 진행되며, 이때 $\Delta G^o = (cG_C^o + dG_D^o) - (aG_A^o + bG_B^o)$ 로 주어지며,[5] K는 $\left[\frac{a_C^c a_D^d}{a_A^a a_B^b}\right]_{Equilibrium}$ 가 된다. 각 화학 반응의 ΔG^o는 해당 화학 반응에 참여하는 모든 (순수한 상태의) 물질들에 대해, 실험적으로 측정한 정압 열용량을 이용하여 먼저 온도에 따른 엔탈피와 엔트로피를 계산하고 이를 바탕으로 Gibbs 자유에너지를 구한 다음 $\Delta G^o = (cG_C^o + dG_D^o) - (aG_A^o + bG_B^o)$에서와 같이 생성물의 Gibbs 자유에너지로부터 반응물의 Gibbs 자유에너지를 빼서 구한다.

XI장 6절에서 응축상 용액과 평형을 이룬 대기 내 i 성분 기체의 압력 P_i 와 순수한 i 응축상이 대기와 평형을 이룬 대기 내 i 성분 기체의 압력 (포화증기압) P_i^o의 비를 용액 내 i 성분의 활동도라고 정의 $\left(a_i = \frac{P_i}{P_i^o}\right)$ 하였었다. 그런데, 응축상이 존재하지 않고 단순히 기체들만의 혼합으로 되어 있는 계에서는 i 성분 기체의 활동도가 어떻게 주어지는가? 이 경우에는 앞에서 언급한 것 처럼 i 성분 기체의 기준(표준) 압력으로 1기압을 사용한다. 따라서 기체의 활동도는 $a_i = P_i$로 쓸 수 있다. 이에 따라 기체 간의 화학반응 A+B = 2C에서 이 화학반응의 평형조건은 $\Delta G^o = -RT\left\{ln\frac{a_C^2}{a_A a_B}\right\} =$

---

[5] 부록 A-4에는 대표적인 일부 화학반응의 ΔG^o를 제시하였다.

$-RT\left\{ln\frac{P_C^2}{P_AP_B}\right\}$가 된다. 또한 각 기체의 압력은 해당 기체의 분율에 비례하므로 $P_i = X_i P$ (여기서 P는 전체 압력)로 쓸 수 있고 결국 위 식은 $\Delta G^o = -RT\left\{ln\frac{X_C^2}{X_AX_B}\right\}$로 주어짐을 알 수 있다.

XII-2 Effect of Temperature on Chemical Reaction Equilibrium

화학반응의 평형은 $\Delta G^o = -RT\ lnK$ 로 주어진다고 하였으므로 $K = exp\left(-\frac{\Delta G^o}{RT}\right)$로 바꾸어 표현할 수도 있다. 한편, $\Delta G^o = \Delta H^o - T\Delta S^o$ 이므로 $\frac{\Delta G^o}{T} = \frac{\Delta H^o}{T} - \Delta S^o$ 가 되고 이를 (1/T)로 미분하면 $\frac{\partial}{\partial\left(\frac{1}{T}\right)}\left(\frac{\Delta G^o}{T}\right) = \Delta H^o$ 가 되는데 이 식에서 ΔG^o 를 평형조건 $-RT\ lnK$ 로 대체하면 $\left[\frac{\partial}{\partial\left(\frac{1}{T}\right)}\left(\frac{-RT\ ln K}{T}\right) = \Delta H^o\right]_{Equilibrium}$ 즉 $\left[\frac{\partial\ ln K}{\partial\left(\frac{1}{T}\right)} = -\frac{\Delta H^o}{R}\right]_{Equilibrium}$ 의 관계식을 얻게 된다.

이 식의 물리적인 의미를 알아보기 위하여 아래 [그림 XII-2]에서와 같이 ln K를 1/T의 함수로 나타내면 그 함수의 기울기는 $-\frac{\Delta H^o}{R}$ 이어야 하므로, 발열반응은 온도가 감소함에 따라 ln K가 커지고 반대로 흡열반응은 온도가 증가함에 따라 ln K가 커지게 된다. 여기서 K는 반응물의 분율 대비 생성물의 분율의 비율에 비례하므로 ln K가 커진다는 것은 화학반응의 평형이 생성물 쪽으로 이동한다는 것을 의미한다. 따라서 생성물을 보다 많이 생성하고자 하면 발열반응은 저온에서, 흡열반응은 고온에서 화학반응을 일으키는 것이 바람직하게 된다. 이처럼 화학반응 평형은 온도에 따라 크게 변화하기 때문에 우리는 반응용기의 온도를 적절히 제어함으로써 화학반응을 제어할 수 있게 된다.

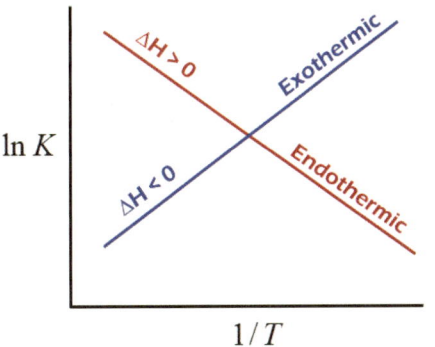

[그림 XII-2] 온도에 따른 화학반응 평형 점의 변화

XII-3 Reference Pressure and Effect of Total Pressure on Chemical Reactions

또한, 반응용기 내 압력이 화학반응 평형에 미치는 영향을 알아보기 위해 예를 들어 $H_2 + \frac{1}{2}O_2 \rightarrow H_2O$ 반응에 대해 생각해 보자. 이 반응의 평형조건은 $\Delta G^o = -RT \ln K$ 이고, 이는 다음과 같이 전개할 수 있다. $\Delta G^o = -RT\left\{\ln \frac{a_{H_2O}}{a_{H_2} a_{O_2}^{1/2}}\right\} = -RT\left\{\ln \frac{P_{H_2O}}{P_{H_2} P_{O_2}^{1/2}}\right\}$ $= -RT\left\{\ln \frac{X_{H_2O} P}{X_{H_2} P \, X_{O_2}^{1/2} P^{1/2}}\right\} = -RT\left\{\ln \frac{X_{H_2O}}{X_{H_2} X_{O_2}^{1/2}} \frac{1}{\sqrt{P}}\right\}$ 이를 정리하면 $-\frac{\Delta G^o}{RT} = \left\{\ln \frac{X_{H_2O}}{X_{H_2} X_{O_2}^{1/2}} \frac{1}{\sqrt{P}}\right\}$ 가 되며 추가로 $exp\left(-\frac{\Delta G^o}{RT}\right)\sqrt{P} = \left\{\frac{X_{H_2O}}{X_{H_2} X_{O_2}^{1/2}}\right\}$ 와 같이 정리할 수 있다. 여기서 양변에 ln 함수를 적용하면 $-\frac{\Delta G^o}{RT} + \frac{1}{2} \ln P = \ln\left\{\frac{X_{H_2O}}{X_{H_2} X_{O_2}^{1/2}}\right\}$ 가 되어 아래 [그림 XII-3]에 나타낸 바와 같이 이 식은 압력 ln(P)에 대해 1/2의 기울기와 $-\frac{\Delta G^o}{RT}$ 절편을 가진 직선의 방정식 임을 알 수 있다. 즉 이 화학반응은 반응물의 분율 대비 생성물의 분율의 비율 K가 압력이 증가함에 따라 커진다는 것을 의미하며 화학반응의 평형이 생성물 쪽으로 이동한다는 것을 의미한다. 따라서 생성물을 보다 많이 생성하고자 하면 반응용기 내부의 압력을 높여야 한다는 사실을 알 수 있다.

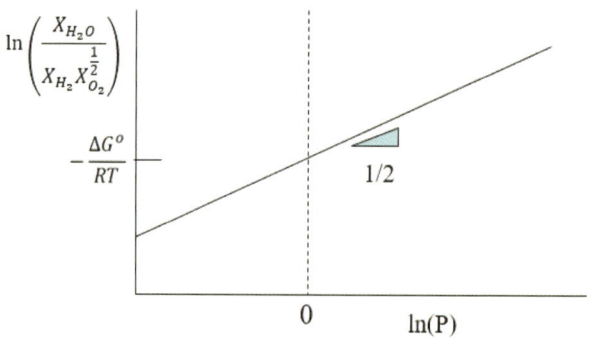

[그림 XII-3] 압력에 따른 화학반응 평형 점의 변화

여기서 주목할 것은 화학반응 평형점이 온도 T와 압력 P에 의해 모두 영향을 받는다는 사실이다. 이처럼 화학반응 계의 온도와 압력은 화학반응에 지대한 영향을 미친다.

[자습문제 1] 압력 1기압과 온도 1000K인 용기 내에 1몰의 CH_4 가스와 1몰의 CO_2 기체가 존재할 때, $CH_4 + CO_2 = 2H_2 + 2CO$ 반응에 의한 각 성분의 평형 농도를 계산하라.

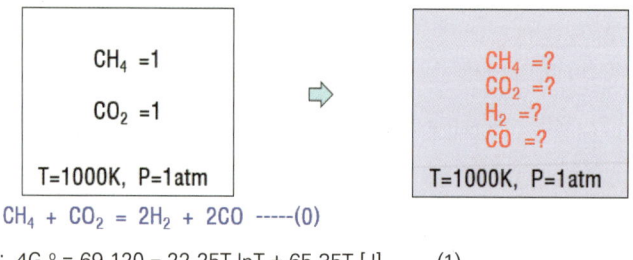

$CH_4 = C + 2H_2$: $\Delta G_1^\circ = 69,120 - 22.25T \ln T + 65.35T$ [J] (1)

$CO_2 = C + O_2$: $\Delta G_2^\circ = 394,100 + 0.8T$ [J] (2)

$2C + O_2 = 2CO$: $\Delta G_3^\circ = -223,400 - 175.3T$ [J] (3)

[자습문제 2] 압력 1기압과 온도 1000K인 용기 내에 1몰의 CH_4 가스와 1몰의 CO_2

기체가 존재할 때, $CH_4 + CO_2 = 2H_2 + 2CO$ 반응 뿐만 아니라 $H_2 + CO_2 = H_2O + CO$ 반응이 동시에 일어날 때 이들에 의한 각 성분의 평형 농도를 계산하라.

```
┌─────────────────┐           ┌─────────────────┐
│   CH₄ = 1       │           │   CH₄ = ?       │
│   CO₂ = 1       │    ⇨      │   CO₂ = ?       │
│                 │           │   H₂  = ?       │
│                 │           │   CO  = ?       │
│                 │           │   H₂O = ?       │
│ T=1000K, P=1atm │           │ T=1000K, P=1atm │
└─────────────────┘           └─────────────────┘
```

$CH_4 + CO_2 = 2H_2 + 2CO$ -----(0)
$H_2 + CO_2 = H_2O + CO$ -----(1)

$H_2 + \frac{1}{2} O_2 = H_2O$: $\Delta G_2^\circ = -246,400 + 54.8T$ [J]   (2)

$C + \frac{1}{2} O_2 = CO$: $\Delta G_3^\circ = -111,700 - 87.65T$ [J]   (3)

$C + O_2 = CO_2$: $\Delta G_4^\circ = -394,100 - 0.8T$ [J]   (4)

XII-4 Reactions involving Pure Condensed Phases and a Gaseous Phase

응축상과 기체상 간의 화학반응에 대해 살펴보기 위하여, $M + 1/2\ O_2 = MO$와 같은 금속 산화 반응을 고려해 보자. 이 산화-환원 반응에 대한 평형은 $\Delta G^o = -RT\ ln\ K = -RT \left\{ ln \dfrac{a_{MO}}{a_M a_{O_2}^{\frac{1}{2}}} \right\}$ 인데, 금속 M과 금속 산화물 MO는 순수한 상태로 존재하므로 그들의 활동도는 모두 1로 간주할 수 있다. 따라서 $\Delta G^o = -RT \left\{ ln \dfrac{1}{a_{O_2}^{\frac{1}{2}}} \right\} = RT \left\{ ln\ a_{O_2}^{\frac{1}{2}} \right\}$ 가 되고 기체의 활동도는 압력으로 대체할 수 있으므로 $\Delta G^o = RT \left\{ ln\ P_{O_2}^{\frac{1}{2}} \right\} = \frac{1}{2} RT\ ln P_{O_2}$ 로 표현할 수 있다. 한편, 이 반응에 대한 $\Delta G^o = \Delta H^o - T \Delta S^o$ 이므로 결국 평형조건은 $\left[\Delta G^o = \Delta H^o - T \Delta S^o = \frac{1}{2} RT\ ln P_{O_2} \right]_{Equilibrium}$ 가 됨을 알 수 있다. 이 평형조건의 좌측 항은 아래 [그림 XII-4]에 나타낸 바와 같이 ΔH^o를 절편으로 하고 $-\Delta S^o$를 기울기로 하는 직선의 방정식이다. 반면에 이 평형조건의

우측 항은 절편이 0 이고 기울기가 $\frac{1}{2}R\,lnP_{O_2}$ 인 직선의 방정식이 됨을 알 수 있다. 그런데 이 기울기는 P_{O_2} 값에 따라 바뀌므로 그림에서 보는 바와 같이 $P_{O_2} = 1$ 기압을 기준으로 부채꼴 모양을 가진 함수 임을 알 수 있다.

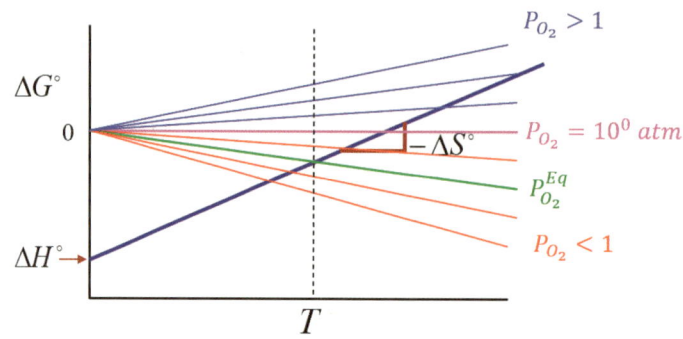

[그림 XII-4] 금속의 산화반응 ΔG^o와 $\frac{1}{2}RT\,lnP_{O_2}$ 함수의 온도에 따른 변화

위에서 살펴본 것 처럼 M + 1/2 O_2 = MO 화학반응의 평형조건은 좌측 항 $\Delta G^o = \Delta H^o - T\Delta S^o$과 우측항 $\frac{1}{2}RT\,lnP_{O_2}$이 동일한 값을 가질 때 인데, 예를 들어 어떤 온도 T에서 해당 화학반응의 ΔG^o ($\Delta H^o - T\Delta S^o$) 값을 찾고 이 점을 통과하는 원점에서 출발하는 부채꼴 함수의 기울기로부터 $\frac{1}{2}R\,lnP_{O_2}$ 식을 이용하여 평형 산소 분압 $P_{O_2}^{Eq}$을 계산하면 된다. 즉, 시스템 내의 산소분압이 $P_{O_2}^{Eq}$ 값에 도달할 때까지 화학반응이 진행되는 것이다.

이러한 계산을 편리하게 수행할 수 있도록 도입된 도표가 Ellingham Diagram 이다. 이 도표는 아래 [그림 XII-5]에 보인 바와 같이 각종 금속들의 산화반응에 대한 ΔG^o 즉 $\Delta H^o - T\Delta S^o$를 온도의 함수로 그려 넣은 도표에 부채꼴 함수의 기울기($\frac{1}{2}R\,lnP_{O_2}$)를 결정하는 산소 분압 P_{O_2}을 도표 우측에 막대 형태로 표기한 도표이다. 이 도표를 이용하면 연필과 자 만 있으면 금속의 산화반응 평형을 쉽게 계산할 수 있는데, 예를 들면 온도 1000℃를 유지하고 있는 용기 내에서 순수한 철 Fe가 공기 중의 산소와 만나 Fe + 1/2O₂ = FeO의 산화 반응이 일어난다고 하자. 이 반응은 어디까지 진행되는지 알기 위해 먼저 i) Ellingham 도표에서 해당 반응의 ΔG^o 라인을 찾고, ii) 온도 1000℃에서의 ΔG^o(T=1000℃) 값을 확인한다. iii) 이어서 원점으로부터 출발하는 부채꼴 선들 중에서 ΔG^o(T=1000℃) 점을 통과하는 직선을 확인하고 이 직선과 우측의 P_{O_2} 막대와의 절편 값을 읽으면 이 값이 평형 산소분압이 되는 것이다. 아래 그림 상에서 이러한 절차를 수행하여 Fe + 1/2O₂ = FeO 반응의 평형 산소분압을 구해 보면 10⁻¹⁵ atm이 됨을 알 수 있다. 바로 용기 내의 산소가 $P_{O_2} = 10^{-15} atm$ 될 때까지 산소를 소모하면서 산화 반응이 진행된다는 것이다.

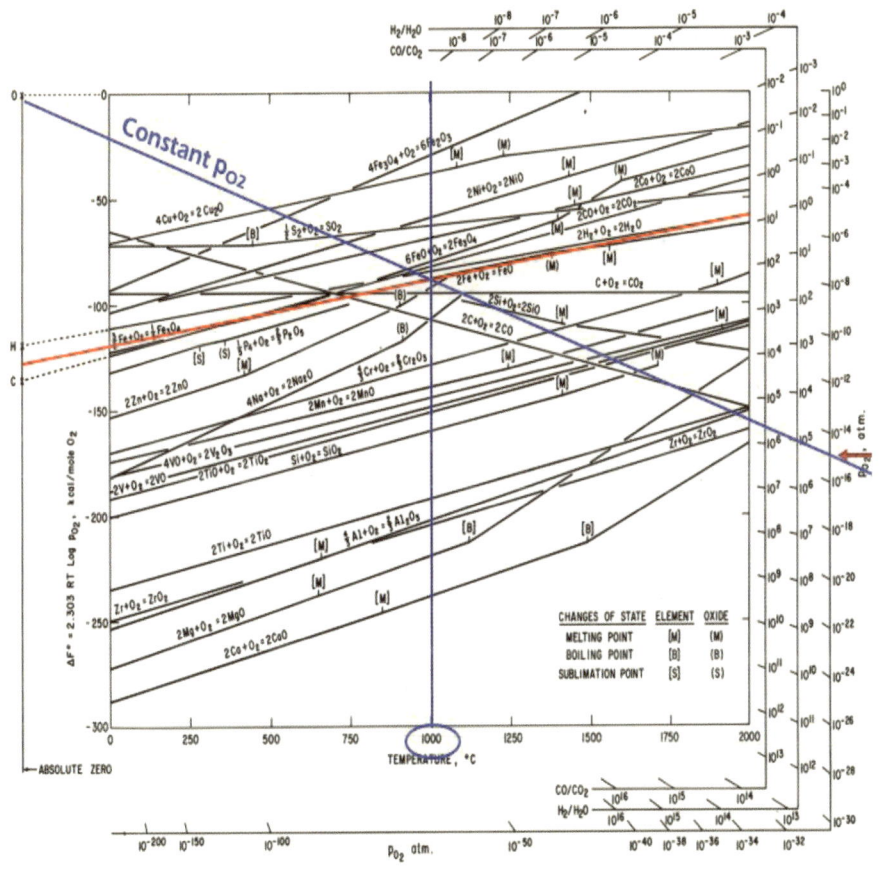

[그림 XII-5] Ellingham 도표와 이를 이용한 Fe+1/2O$_2$=FeO 반응의 평형 산소분압 계산 예

이상의 계산을 Ellingham 도표 없이 다음과 같이 직접 계산해 보자. 먼저, 2Fe + O$_2$ = 2FeO 반응의 평형조건 $\Delta G^o = -RT \ln K$ 로부터 $K = exp\left(-\frac{\Delta G^o}{RT}\right) = \frac{a_{FeO}^2}{a_{Fe}^2 a_{O_2}} = \frac{1}{a_{O_2}} = \frac{1}{P_{O_2}}$ 로 정리할 수 있다. 열역학 데이터베이스에서 가져온 이 반응의 $\Delta G^o = -527,400 + 128.7\, T\ [J/mole]$를 이용해 1000℃ (1273.15K)에서의 ΔG^o를 구하면 -363,545.595 J/mole 이 되는데, 이를 위 식에 집어 넣으면 평형 산소분압 P_{O_2}=1.21*10^{-15} atm 이 얻어진다. 이는 앞서 Ellingham 도표를 이용 연필과 자로 구한 P_{O_2}=10^{-15} atm이 실제 정확한 계산 값 P_{O_2}=1.21*10^{-15} atm 과 상당히 잘 일치하고 있음을 알려주며 Ellingham 도표의 유용성을 보여준다.

또한, Ellingham 도표에 표기된 각종 화학반응의 $\Delta G^o = \Delta H^o - T \Delta S^o$ 직선들을 살펴보자. 여기서 각 라인의 절편은 해당 화학반응의 ΔH^o를 의미하며, 기울기는 $-\Delta S^o$를 나타낸다. 따라서 절편이 원점 이하에 존재한다는 것은 발열반응이라는 뜻이며, 그 값이 아래로 내려갈수록 몰 당 발열량이 커지는 것을 의미한다. 또한, 직선의 기울기는 해당 반응에 따른 몰 당 엔트로피 변화량을 의미하는데, 대부분의 금속 산화반응의 기울기 ($-\Delta S$)가 (+) 양수라는 것은 이 반응의 엔트로피가 감소하는 화학반응이라는 뜻이다. 그 이유는 M(s)+1/2O$_2$(g)=MO(s)와 같이 기체상태로 존재하던 가스 (여기서는 산소)가 반응에 의해 고체인 MO 내부로 포획되면서 자유롭게 움직이지 못하고 극히 제한된 일부 공간 (MO내부)에 구속되면서 배치(Configurational) 엔트로피가 급격히 감소하기 때문에 (-) 음수의 ΔS^o을 가지게 되고, 이에 따라 기울기($-\Delta S^o$)는 (+) 양수 값을 가지게 되는 것이다. 또한 각 반응의 직선들이 중간에 꺾이면서 기울기가 달라지는 모습을 보이는데 이것은 온도 증가에 따라 금속이 용융 (M(s) → M(l)) 되거나, 또는

더 높은 온도에서는 금속 산화물이 용융 (MO(s) → MO(l)) 되기 때문에 이에 따른 해당 화학반응의 ΔS^o가 변화하기 때문이다.

한편, Ellingham 도표에 표기된 특정 화학반응의 $\Delta G^o = \Delta H^o - T \Delta S^o$ 직선에서 이 직선을 경계로 윗쪽 영역은 산화반응이 일어나는 영역이며, 아래쪽 영역은 환원반응이 일어나는 영역이고 그 경계선은 이 산화-환원반응이 평형을 이루는 지점을 의미한다. 아래 [그림 XII-6]에 예를 든 것 처럼 2Fe + O_2 = 2FeO 반응 (빨간색 직선)을 생각해 보자. 온도 1000℃에서 평형 산소분압은 이 온도의 빨간색 직선 값을 통과하는 원점 출발 파란색 직선의 기울기로부터 결정되는 10^{-15} 기압이 되며, 이때 반응의 평형이 이루어지게 된다. 그런데 만일 이 교차점 보다 위에 존재하는 지점을 관통하는, 예를 들면 산소 분압이 10^{-9} 기압에 해당하는 파란색 점선의 경우 1000℃에서 서로 교차하지 못하고 2Fe + O_2 = 2FeO 반응의 ΔG^o 라인 (빨간색 직선)의 위쪽 영역을 지나가는 상황이 되는데 이렇게 되면 평형 산소 분압보다 산소가 많이 존재하는 상황이 되어 산화반응이 계속 일어나게 된다. 반대로 ΔG^o 라인의 아래쪽 영역을 지나가는 상황에서는 평형 산소 분압보다 산소가 적게 존재하는 상황이 되어 환원반응이 계속 일어나게 된다. 이외에도 이 도표에서 알 수 있는 것은 온도가 올라갈수록 산화-환원 평형 산소분압이 커지는 것을 관찰할 수 있어 고온에서 환원공정을 진행하는 것이 훨씬 유리함을 이 도표로부터 알 수 있다.

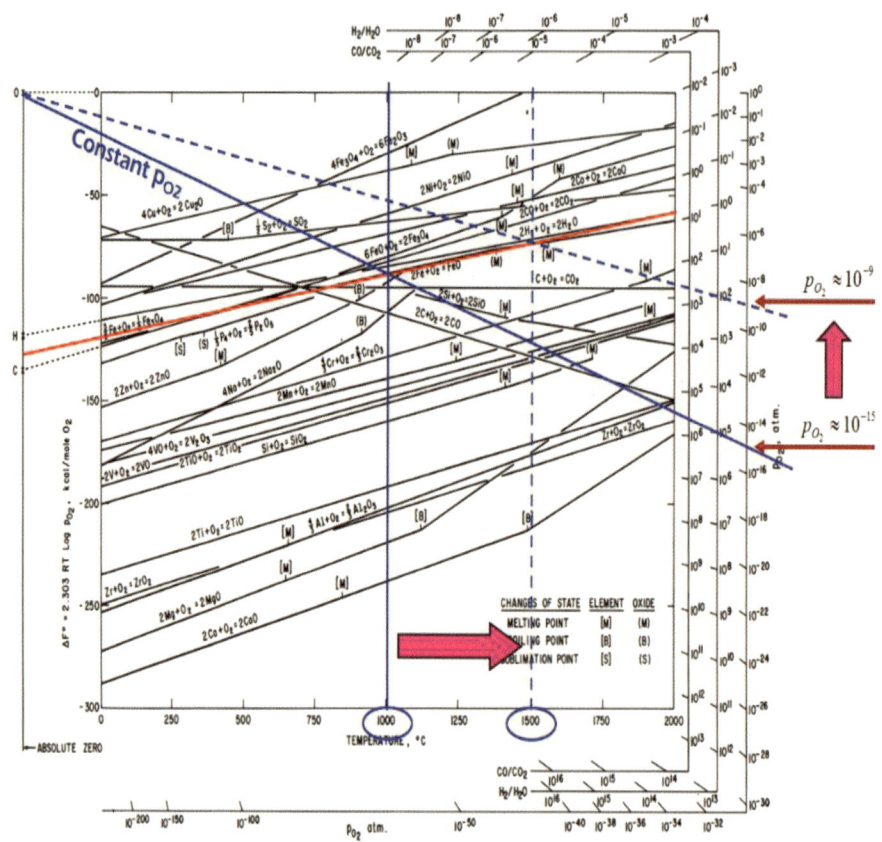

[그림 XII-6] Ellingham 도표와 온도 증가에 따른 Fe+1/2O$_2$=FeO 반응의 평형 산소 분압 계산 예

(1) CO/CO$_2$ 비율 조절을 이용한 산소분압 조절

Ellingham 도표에서 볼 수 있는 바와 같이 대부분 금속의 평형 산소분압은 10^{-10} 기압 이하의 값을 가지고 있는데, 이처럼 낮은 산소분압을 진공펌프 류의 장비로 도달하는 것은 매우 어려울 뿐만 아니라 고가의 진공장비를 이용하여 이러한 낮은 산소분압을 유지하는 것 또한 매우 비경제적이다. 이러한 문제를 해결하고자 도입된 개념이 CO 기체와 CO$_2$ 기체를 일정한 비율로 반응용기 내에 투입함으로써 용기 내 산소분압을 매

우 낮게 유지시키는 방법이다. 이를 위해 다음과 같은 2CO + O₂ = 2CO₂ 반응 ($\Delta G^o = -564,800 + 174\,T\,[J/mole]$)을 고려해 보자. 이 반응에 대한 평형은 $\Delta G^o = -RT \ln K = -RT \left\{ \ln \frac{a_{CO_2}^2}{a_{O_2} a_{CO}^2} \right\}$ 인데, 이들 모두가 기체상이므로 활동도를 각 기체의 분압으로 대체할 수 있어 $\Delta G^o = -RT \ln \left\{ \frac{P_{CO_2}^2}{P_{O_2} P_{CO}^2} \right\} = RT \ln \left\{ \frac{P_{CO}^2 P_{O_2}}{P_{CO_2}^2} \right\} = RT \ln \left\{ \frac{P_{CO}^2}{P_{CO_2}^2} \right\} + RT \ln P_{O_2} = 2RT \ln \left\{ \frac{P_{CO}}{P_{CO_2}} \right\} + RT \ln P_{O_2}$ 가 된다. 우변의 첫번째 항을 좌측으로 이항하면 $\Delta G^o - 2RT \ln \left\{ \frac{P_{CO}}{P_{CO_2}} \right\} = RT \ln P_{O_2}$ 이 되고 $\Delta G^o = \Delta H^o - T \Delta S^o$ 이므로 다음과 같은 CO – CO₂ 반응의 평형조건 식으로 정리할 수 있다.

$$\left[\Delta H^o - \left\{ \Delta S^o + 2R \ln \left\{ \frac{P_{CO}}{P_{CO_2}} \right\} \right\} T = RT \ln P_{O_2} \right]_{Equilibrium} \quad \text{---(XII-1)}$$

여기서 좌측 항은 ΔH^o를 절편으로 하고 $-\left\{ \Delta S^o + 2R \ln \left\{ \frac{P_{CO}}{P_{CO_2}} \right\} \right\}$를 기울기로 하는 직선의 방정식이다. 이때 기울기는 $\frac{P_{CO}}{P_{CO_2}}$ 에 따라 변화하는데, 만일 $\frac{P_{CO}}{P_{CO_2}} = 1$ 인 경우에는 아래 [그림 XII-7]에 보인 바와 같이 2CO + O₂ = 2CO₂ 반응의 $\Delta G^o = \Delta H^o - T \Delta S^o$ 와 동일한 기울기 $-\Delta S^o$를 가진다.

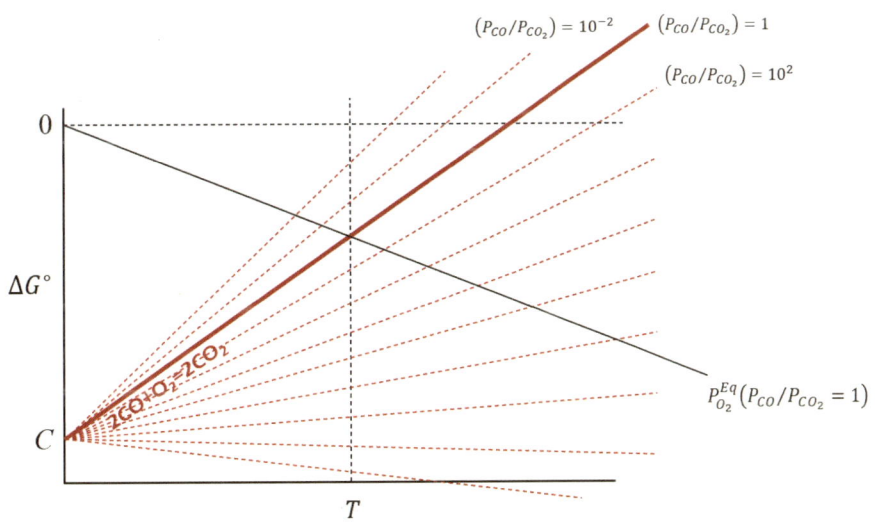

[그림 XII-7] $2CO + O_2 = 2CO_2$ 반응의 $\Delta G^o - 2RT ln\left\{\frac{P_{CO}}{P_{CO_2}}\right\}$와 $RT\, lnP_{O_2}$ 함수의 온도에 따른 변화

반면에 $\frac{P_{CO}}{P_{CO_2}}$가 1 보다 커지는 경우에는 $2R\, ln\left\{\frac{P_{CO}}{P_{CO_2}}\right\}$항이 (+) 양수가 되어 (-) 음수 값을 가진 ΔS^o항을 상쇄하여 전체 기울기 $-\left\{\Delta S^o + 2R\, ln\left\{\frac{P_{CO}}{P_{CO_2}}\right\}\right\}$가 그림에 보인 바와 같이 $\frac{P_{CO}}{P_{CO_2}}$ 비 증가에 따라 점차 감소하게 된다. 또한, $\frac{P_{CO}}{P_{CO_2}}$ 가 1 보다 작아지는 경우에는 $2R\, ln\left\{\frac{P_{CO}}{P_{CO_2}}\right\}$항이 (-) 음수가 되어 (-) 음수 값을 가진 ΔS^o 항을 보강하여 전체 기울기 $-\left\{\Delta S^o + 2R\, ln\left\{\frac{P_{CO}}{P_{CO_2}}\right\}\right\}$가 그림에 보인 바와 같이 $\frac{P_{CO}}{P_{CO_2}}$ 비 감소에 따라 점차 증가하게 된다. 이처럼 평형조건 식의 좌측 항도 $\Delta G^o = \Delta H^o - T\Delta S^o$ 직선을 기준으로 $\frac{P_{CO}}{P_{CO_2}}$ 비에 따라 기울기가 변화하는 부채꼴 모양의 함수임을 알 수 있다. 이를 일목요연하게 표기하기 위하여 Ellingham 도표 우측에 P_{O_2} 막대를 세운 것 처럼, 동일한 방식으로 $\frac{P_{CO}}{P_{CO_2}}$ 비를 나타내는 막대를 추가한 도표가 Ellingham-Richardson Diamgram 이다. 그리고 이 평형조건 식의 우측 항은 절편이 0이고 기울기가 $R\, lnP_{O_2}$ 인 직선의 방정식이 됨을 알 수 있다.

$CO - CO_2$ 반응의 평형을 이용한 산소분압 조절에 대하여 좀 더 잘 이해하기 위하여 아래 [그림 XII-8]을 이용하여 자세히 살펴보자. 먼저, 온도가 1000℃인 용기 내로 CO 가스와 CO_2 가스를 1:1의 비율 $\frac{P_{CO}}{P_{CO_2}} = 1$로 투입하고 있다고 하자. 그러면 식 (XII-1)의 좌측항은 아래 그림에 녹색 실선으로 표시한 $2CO + O_2 = 2CO_2$ 반응의 $\Delta G^o = \Delta H^o - T\Delta S^o$와 동일한 기울기 $-\Delta S^o$를 가진다. 그리고 이때 CO/CO_2 막대 값을 살펴보면 $10^0 = 1$ 인 것을 확인할 수 있다. 따라서 식 (XII-1)로부터 평형조건은 $\left[\Delta H^o - \Delta S^o T = RT\, lnP_{O_2}\right]_{Equilibrium}$ 가 되므로, 좌측항(녹색 실선)의 1000℃ 값을

통과하는 우측항(원점에서 출발한 부채꼴 형 직선 중 녹색 점선)을 찾아보면 $P_{O_2} = 10^{-14}$ atm 이 됨을 볼 수 있다. 이 말은 용기 내로 CO 가스와 CO_2 가스를 $\frac{P_{CO}}{P_{CO_2}} = 1$ 의 비로 투입하면 용기 내부에는 $P_{O_2} = 10^{-14}$ 기압의 평형 산소 분압이 형성된다는 것을 의미한다.

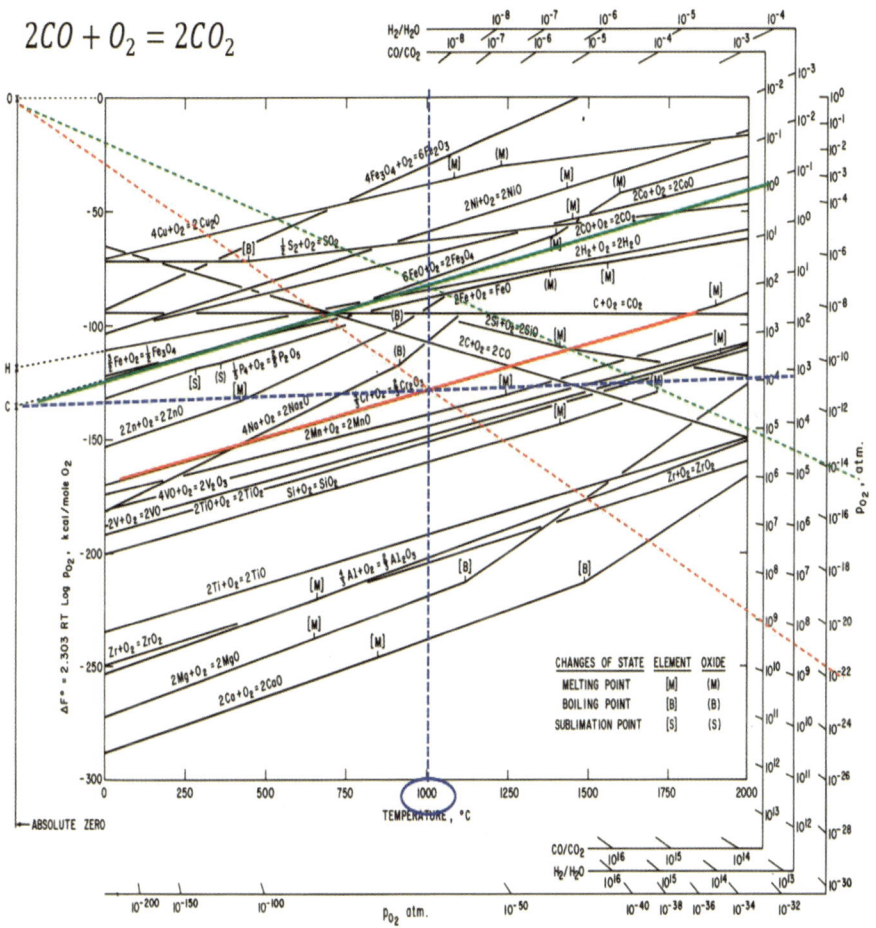

[그림 XII-8] CO/CO_2 비 조절을 통한 평형 산소분압 조절 예

이러한 원리를 이용하면, 다음과 같이 특정 금속의 산화를 방지하면서 열처리 할 수 있는 방법을 알아낼 수 있다. 예를 들면 위 [그림 XII-8]에 보인 바와 같이 순수한 Cr 금속을 1000℃에서 열처리 한다고 하자. 이때 Ellingham 도표에 의하면 $4/3Cr + O_2$ = $2/3Cr_2O_3$ 반응(빨간색 실선)의 평형 산소 분압은 10^{-22} 기압(빨간색 점선)이므로 열처리 용기 내부의 산소는 P_{O_2} < 10^{-22} 기압을 만족해야 산화반응이 방지될 수 있다. 그렇다면 어떻게 이처럼 낮은 산소분압을 만들어 낼 수 있을까? 그 답을 찾기 위해 i) 우선 $4/3Cr + O_2$ = $2/3Cr_2O_3$ 반응에 대해 1000℃에서의 ΔG^o 값을 통과하는 원점 출발 선을 긋고 이 직선의 산소분압 막대기 절편을 읽는다 (P_{O_2}=10^{-22} 기압). ii) 그런 다음 $2CO + O_2$ = $2CO_2$ 반응의 ΔG^o 직선 (녹색 실선)을 그림에서 보는 바와 같이 1000℃에서 $4/3Cr + O_2$ = $2/3Cr_2O_3$ 반응의 ΔG^o 값을 통과할 수 있도록 회전시킨다 (파란색 점선). iii) 그런 다음 원점 출발 직선(빨간색 점선)을 이용 산소 분압이 P_{O_2}=10^{-22} 기압 인지 확인한다. iv) 그리고 이 파란색 점선의 CO/CO_2 막대기 절편을 읽는다 (CO/CO_2 = 10^4). 이렇게 결정된 CO/CO_2 비 보다 큰 비율로 CO 기체와 CO_2 기체를 용기 내에 투입하면 용기 내부에는 P_{O_2}<10^{-22} 기압의 산소 분압이 형성되어 금속 Cr의 환원반응 조건이 성립하기 때문에 열처리 동안 금속 Cr의 산화가 일어나지 않게 된다.

(2) H_2/H_2O 비율 조절을 이용한 산소분압 조절

앞에서 설명한 CO/CO_2 기체를 이용한 산소분압 조절법은 편리하기는 하지만 저온 (T<900℃)에서는 $CO(g)$ = $C(s) + 1/2\ O_2(g)$의 부가반응이 무시할 수 없는 수준으로 일어나므로 이에 따른 그을음의 발생 그리고 그을음이 금속의 표면과 접촉하여 변색, 탄화물 형성 등의 문제를 일으킨다. 따라서 저온에서는 이러한 문제가 없는 H_2/H_2O 기체를 이용한 산소분압 조절법을 사용한다. 기본적인 원리는 CO/CO_2 기체의 경우와 동

일하므로 자세한 설명은 생략하고자 한다.

XII-5 Reactions involving Condensed Solution Phases and a Gaseous Phase

이 장의 앞 절에서는 순수한 응축상과 기체상 간의 화학반응에 대해 살펴보았는데, 지금부터는 용액화된 응축상(M)과 기체상 간의 화학 반응 즉 M + 1/2 O_2 = MO 반응을 간단히 알아보고자 한다. 예를 들어, 1500K (1,226.85℃)에서 순수한 Cu의 평형산소 분압은 2Cu + 1/2O_2 = Cu_2O 반응에 대한 $\Delta G^o = -188,300 + 88.48\,T\,[J/moe]$ 로부터 $P_{O_2}^{Eq} = exp\left(\frac{2\Delta G^o}{RT}\right) = 1.3 * 10^{-4}$ 기압이 된다. 그런데 만일 Cu가 Au와 9:1의 비율로 합금을 이루었다고 하자. 이 경우 평형산소 분압은 어떻게 변화할까? 이를 계산하기 위해 2Cu + 1/2 O_2 = Cu_2O 반응에 대한 평형조건으로부터 $K = exp\left(-\frac{\Delta G^o}{RT}\right) = \frac{a_{Cu_2O}}{a_{Cu}^2 a_{O_2}^{1/2}}$ 이 된다. 여기서 Cu_2O는 순수한 산화물 상이므로 $a_{Cu_2O} = 1$이 되고, Cu는 용액이므로 $a_{Cu} = \gamma_{Cu} X_{Cu}$인데 X_{Cu} = 0.9 이고 Cu가 다수종 (majority)이므로 Raoult의 법칙을 적용하면 $\gamma_{Cu} \approx 1$로 근사할 수 있다. 따라서 $K = \frac{1}{0.9^2 P_{O_2}^{1/2}} = exp\left(-\frac{\Delta G^o}{RT}\right)$이 되어 온도 1500K의 $\Delta G^o(T = 1500K) = -55,800\,[J/mole]$을 적용하여 계산하면 $P_{O_2}^{Eq} = 1.98 * 10^{-4}$ 기압으로 평형 산소분압이 증가하게 된다. 특히 합금내 Cu의 분율 X_{Cu}이 감소할 수록 빠르게 평형 산소분압이 커지는 것을 볼 수 있으며, 이는 금속이 합금화 될 수록 산화 저항성이 증가한다는 사실을 알려주고 있다.

[연습문제]

  [정성문제]

1. 화학 반응 A + B = 2C의 진행 정도에 따른 계의 Gibbs 자유 에너지 G 변화를 설명하고, G가 최소가 되는 단계까지 화학 반응이 진행되고 멈춰서는 이유를 설명하시오.

2. 화학반응 aA + bB = cC + dD에 대한 평형 조건식을 Gibbs 자유 에너지 변화 $\Delta G°$와 평형 상수 K를 사용하여 나타내시오.

3. 평형 상수 K가 의미하는 바를 화학 반응이 평형에 도달했을 때의 활동도(Activity)의 비 $[a_C^c \, a_D^d / a_A^a \, a_B^b]_{Equilibrium}$를 사용하여 나타내시오.

4. 반트 호프 방정식(van't Hoff Equation) $[\partial \ln K / \partial (1/T)] = - \Delta H° / R$을 설명하고, 이 관계를 이용하여 발열 반응($\Delta H° < 0$)이 고온과 저온 중 어느 온도에서 생성물 쪽으로 평형이 이동하는지 예측하시오.

5. 응축상(순수한 금속 M, 금속 산화물 MO)과 기체상(O_2) 간의 화학 반응 M + 1/2 O_2 = MO의 평형 조건 $\Delta G° = 1/2 \, RT \ln P_{O_2}$가 유도되는 과정을 설명하시오.

6. Ellingham Diagram에서 $\Delta G° = \Delta H° - T \Delta S°$ 직선의 절편과 기울기가 각각 어떤 열역학적 물리량을 나타내는지 설명하시오.

7. 대부분의 금속 산화 반응 직선이 Ellingham Diagram에서 (+) 양의 기울기를 가지는 이유를 M(s)+1/2O_2(g)=MO(s) 반응에서 기체(O_2)가 고체 내부로 포획되면서 발생하는 엔트로피 변화 $\Delta S°$와 관련지어 설명하시오.

8. Ellingham Diagram을 사용하여 특정 온도에서 금속의 산화 반응 평형 산소 분압 $P_{O_2}^{Eq}$을 결정하는 방법을 설명하시오.

9. CO/CO_2 기체 혼합을 이용하여 용기 내부의 산소 분압을 조절하는 원리를 설명하고, CO/CO_2 비가 증가함에 따라 평형 산소 분압이 어떻게 변화하는지 설명하시오.

10. H_2/H_2O 기체 혼합을 이용한 산소 분압 조절법이 CO/CO_2 조절법에 비해 저온 (T < 900°C)에서 더 선호되는 이유를 설명하시오.

[정량문제]

(기체 상수 R ≈ 8.314 J/mol·K로 가정합니다.)

1. 어떤 화학 반응의 표준 Gibbs 자유 에너지 변화 $\Delta G° = -10,000$ J/mol이고 T=500 K일 때, 이 반응의 평형 상수 K를 계산하시오 ($\Delta G° = -RT \ln K$ 사용).

2. 발열 반응($\Delta H° = -50,000$ J/mol)의 평형 상수 $K_1 = 100$이 $T_1=400$ K일 때 측정되었습니다. $T_2=500$ K에서의 평형 상수 K_2를 계산하시오 (단, 반트 호프 방정식 $\ln(K_2/K_1) = -\Delta H°/R (1/T_2 - 1/T_1)$ 사용).

3. $Fe + 1/2\ O_2 = FeO$ 반응의 표준 Gibbs 자유 에너지 변화 $\Delta G° = -300,000$ J/mol이고 T=1000 K일 때, 이 반응의 평형 산소 분압 $P_{O_2}^{Eq}$를 atm 단위로 계산하시오 (단, $\Delta G° = 1/2\ RT \ln P_{O_2}$ 사용).

4. 화학 반응 $A(g) + B(g) = 2C(g)$의 평형 상수 K=10이고 T=300 K일 때, 표준 Gibbs 자유 에너지 변화 $\Delta G°$를 계산하시오.

5. $Mg + 1/2\ O_2 = MgO$ 반응에 대해 $\Delta H° = -600$ kJ/mol, $\Delta S° = -100$ J/mol·K일 때, T=1500 K에서의 $\Delta G°$를 계산하시오.

6. T=1000 K에서 CO/CO_2 비 $P_{CO}/P_{CO_2}=10$을 유지했을 때, 용기 내의 평형 산소 분압 P_{O_2}를 계산하시오 (단, $2CO + O_2 = 2CO_2$ 반응의 $\Delta G° = -500,000$ J/mol로 근사하며, $\Delta G° - 2RT \ln(P_{CO}/P_{CO2}) = RT \ln P_{O2}$ 관계 사용).

7. 화학반응 A+B=2C에 대해 $G°_A = 100$ J/mol, $G°_B = 200$ J/mol, $G°_C = 150$ J/mol일 때, 표준 Gibbs 자유 에너지 변화 $\Delta G°$를 계산하시오.

8. T=800 K에서 $H_2 + 1/2\ O_2 = H_2O$ 반응의 $\Delta G° = -150,000$ J/mol이라고 가정하고, 전체 압력 P=1 atm일 때, 평형 조건 $\ln(X_{H2O} / (X_{H2}\ X_{O2}^{1/2}))$ 값을 계산하시오.

9. $Fe + 1/2\ O_2 = FeO$ 반응의 평형 산소 분압 $P_{O2}^{Eq} = 10^{-15}$ atm이고, 현재 용기 내 산소 분압 $P_{O2}^{Current} = 10^{-18}$ atm이라면, 이 시스템은 산화 반응과 환원 반응 중 어느 쪽으로 자발적으로 진행될지 설명하시오.

10. Cu-Au 합금(X_{Cu}=0.9)이 1500 K에서 O_2 가스와 반응하여 Cu_2O를 형성하는 평형 산소 분압이 $1.98*10^{-4}$ atm이었습니다. 만약 X_{Cu}=0.5로 감소한다면, 새로운 평형 산소 분압은 증가할까요, 감소할까요?.

XIII. 상태도

XIII-1 Free Energy Change as a Solute dissolving into a Matrix

이번 장에서는 재료공학의 연구에서 많이 활용되고 있는 상태도의 형성원리를 살펴보고자 한다. 이를 위해 아래 [그림 XIII-1]에 보인 바와 같은 3개의 Ag-Au, Ag-Cu, Ag-Zn 2성분계 상태도를 서로 비교해 보자.

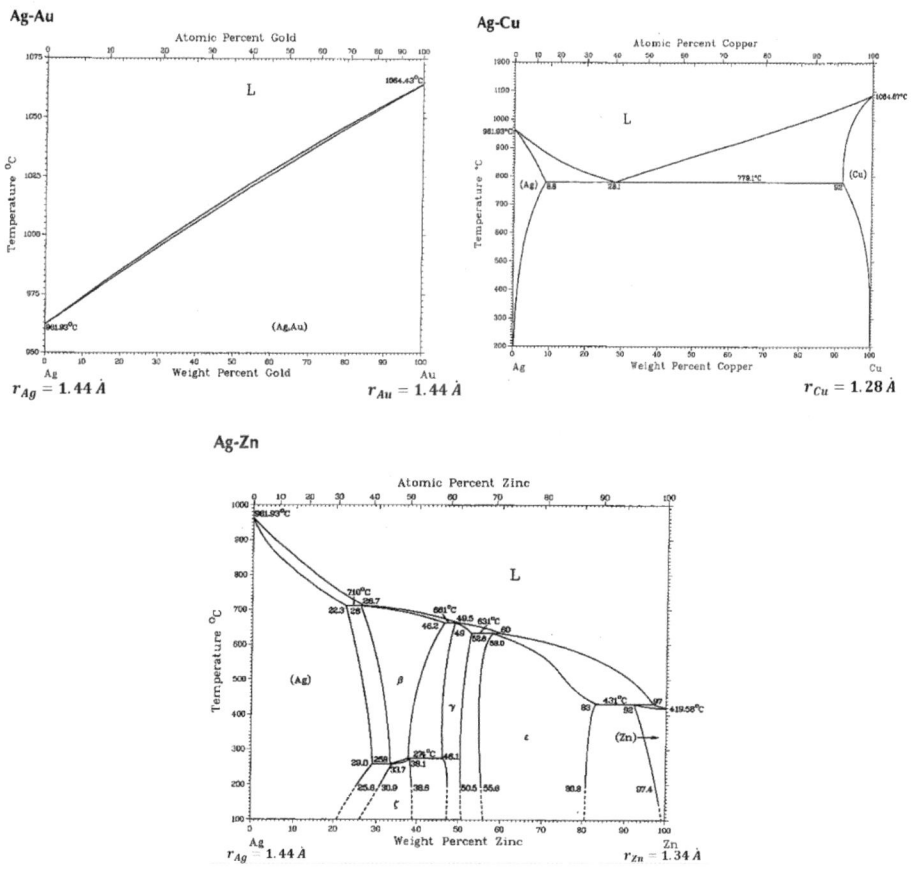

[그림 XIII-1] Ag-Au, Ag-Cu, Ag-Zn 2성분계 상태도

본격적으로 이 문제를 다루기 전에 먼저 하나의 금속결정 M에 타 금속 N을 첨가함에 따라 이들이 모재 M에 녹아 들어가면서 고체용액(Solid Solution; 금속에서는 합금)을 형성하는 경우 HelmHoltz 자유에너지가 어떻게 변화하는지 살펴보자. 이때 금속 N이 금속 M과 동일한 결정구조를 가지고 있으면서 원자반경도 유사한 경우에는 N의 용해에 따른 격자변형에너지의 증가가 미미하므로 아래 [그림 XIII-2]의 좌측 그림에 파란색 점선으로 나타낸 것처럼 용액의 내부에너지 변화가 N의 첨가량 n_N에 따라 미미하게 증가하는 수준일 것이다. 이때, 금속 모재결정 M 내부에서 첨가 금속 N이 M을 대체하면서 배열함에 따른 엔트로피의 증가는 우측 그림에 빨간색 곡선으로 나타낸 것처럼 N의 용해량 n_N에 따라 증가하게 된다. 특히 $\triangle S = k \ln (\Omega/\Omega_o)$ 이므로 용해량 n_N에 따라 직선적으로 비례하지 않고 점차 기울기가 완만해지는 모양을 가진다.

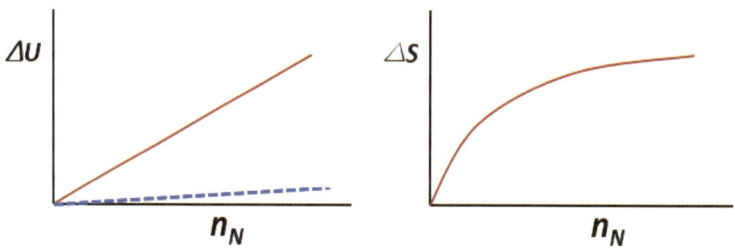

[그림 XIII-2] 금속 N의 첨가량에 따른 내부에너지 및 엔트로피 변화

Helmholtz 자유에너지는 $\triangle F = \triangle U - T \triangle S$ 이므로, 아래 [그림 XIII-3] 좌측에 녹색 실선으로 보인 것처럼 자유에너지는 용해량 n_N에 따라 계속 감소하는 것으로 나타난다. 따라서 이러한 경우에는 모재 M에 N이 완전고용(no solubility limit)하는 결과를 나타낼 것으로 예상된다.

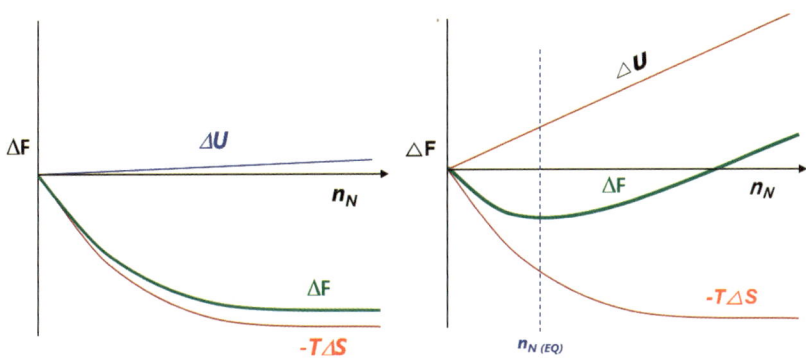

[그림 XIII-3] 금속 N의 첨가량에 따른 Helmholtz 자유에너지 변화 (좌측은 첨가량에 따른 내부에너지 변화가 작을 때이고 우측은 그 변화가 클 때임)

반면 금속 N이 금속 M과 동일한 결정구조를 가지고 있으면서도 원자반경이 상당히 차이나는 경우에는, N의 용해에 따른 격자변형 에너지의 증가가 상당히 발생하므로 위 [그림 XIII-2]의 좌측 그림에서 빨간색 실선으로 나타낸 것처럼 용액의 내부에너지 변화가 N의 첨가량 n_N에 따라 크게 증가하는 것으로 판단된다. 이때, 금속 모재결정 M 내부에서 첨가 금속 N이 M을 대체하면서 배열함에 따른 엔트로피의 증가는 앞의 경우와 동일하게 위 [그림 XIII-2] 우측에 빨간색 곡선으로 나타낸 것처럼 N의 용해량 n_N에 따라 증가한다. 이에 따라 용해량 n_N에 따른 Helmholtz 자유에너지는 위 [그림 XIII-3]의 우측 그림에 녹색 실선으로 보인 것처럼 자유에너지는 용해량 n_N에 따라 초기에는 감소하지만 일정량 이상 용해되면 오히려 자유에너지가 증가하게 되므로 더이상 용해되지 않는 용해도 한계 (solubility limit)를 나타내게 된다. 따라서 이러한 경우에는 모재 M에 N이 일부만 고용되는 결과를 나타낸다.

이러한 사전 지식을 바탕으로 다시 2성분계 상태도 [그림 XIII-1]로 돌아가 보자.

FCC 결정구조를 가진 Ag (원자반경 1.44Å)에 Au (원자반경 1.44Å)을 첨가하면 Ag 결정구조 내의 Ag 원자를 Au 원자가 대체하면서 녹아 들어가 동일한 결정구조의 고체 용액(Solid Solution)을 형성함을 볼 수 있고, 특히 100%까지 완전히 대체될 수 있어 완전고용을 이루고 있음을 알 수 있다. 이에 반해 FCC 결정구조를 가진 Ag에 동일한 결정구조를 가진 Cu (원자반경 1.28Å)을 첨가하면 Ag 결정구조 내의 Ag 원자를 Cu 원자가 대체해 녹아 들어가면서 동일한 결정구조의 고체용액(Solid Solution) α 상을 형성하지만 많이 녹아들어가지 못하고 일부만 녹아 들어가는 고용한계(Solubility Limit)를 나타냄을 볼 수 있다. 또한, 반대 쪽인 (FCC 결정구조를 가진) Cu에 Ag를 첨가하면 Cu 결정구조 내의 Cu 원자를 Ag 원자가 대체하면서 녹아 들어가 동일한 결정구조의 고체용액(Solid Solution) β 상을 형성하지만 역시 많이 녹아 들어가지 못하고 일부만 녹아 들어가는 고용한계(Solubility Limit)를 나타냄을 볼 수 있다. 이에 따라 Ag-Au 계는 완전고용이 나타나는 [그림 XIII-1]의 좌측과 같은 상태도가 나타나는 것이고, Ag-Cu 계는 부분고용을 나타내는 [그림 XIII-1]의 우측 그림과 같은 상태도가 나타나는 것이다.

그렇다면, Ag-Zn 계는 어떻게 이해해야 할까? 일단 Ag는 FCC 결정구조를 가지는 데 반해 Zn (원자반경 1.34Å)은 HCP 구조를 가지고 있으며, 원자 반경도 Ag와 차이가 난다. 따라서 용해 초기에는 엔트로피 효과로 인해 자유에너지가 감소하면서 고용되지만 일정량 이상 용해되면 격자변형에 따른 내부에너지의 빠른 증가로 자유에너지가 다시 증가하게 되어 더 이상 용해되지 못하기 때문에 상태도 양단에 부분 고용체가 각각 나타나는 것으로 이해된다. 또한 Ag-Zn 계에서는 Ag-Cu 계와 달리 중간 조성 영역에 많은 중간 (intermediate) 고용체 상들이 나타나는데 이는 Ag-Zn 간 화학적 친화도가 높아 일종의 화학반응에 의해 중간 화합물(intermetallic compound) 구조가 만들어지고, 이들이 Ag 또는 Zn 쪽으로 일정한 부분 용해도를 가지기 때문으로 이해된다. 이에 비해 Ag-Cu 간에는 화학적 친화도가 낮아 화학반응에 의한 중간화합물 구조가 나타나지 않기 때문에 중간 고용체 상들이 나타나지 않는 것으로 보인다.

XIII-2 Gibbs Free Energy of a Binary System

상태도 형성원리를 열역학적으로 이해하기 위하여 아래 [그림 XIII-4]에 보인 바와 같이 조성에 따른 Gibbs 자유에너지 변화를 살펴보자. X_B 조성으로 두 물질 A와 B를 섞어 놓았을 때, 이들이 계 내에서 존재하는 양태는 화학반응이 일어나지 않는다면, 단순혼합물인 경우와 원자 또는 분자 단위로 혼합된 용액인 경우 두 가지 중 하나로 나타날 것이다. 이때 단순혼합물의 자유에너지는 $G^o(X_B) = X_A G_A^o + X_B G_B^o$ 으로 주어지며, 용액의 자유에너지는 $G(X_B) = X_A \mu_A + X_B \mu_B$ 가 되는데, 단순혼합물이 용액으로 변화할 때 수반되는 자유에너지 변화량을 $\triangle G_{mix}$ 라고 하면 $G(X_B) = G^o(X_B) + \Delta G_{mix}$ 로 쓸 수 있다.

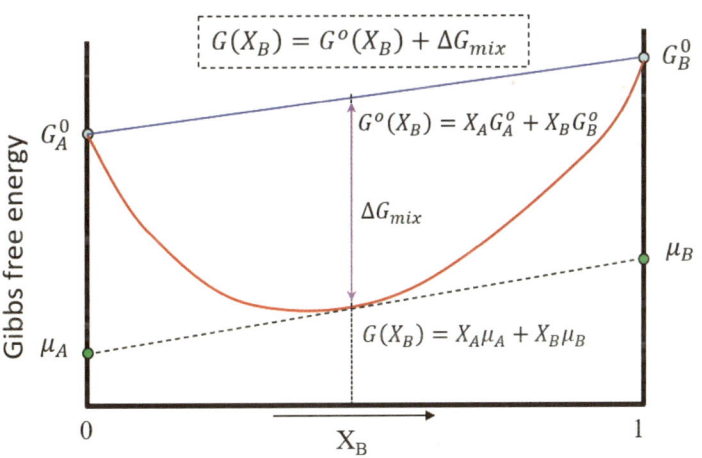

[그림 XIII-4] 단순혼합물이 용액화될 때 Gibbs 자유에너지 변화량 ΔG_{mix}

한편, 2성분 폐쇄계의 상태변수는 ($n_A + n_B = n$ = constant) 이므로 (T, P, n_B) 3 개 인데, n_B 대신 분율 X_B를 사용하면 상태변수는 (T, P, X_B) 로 쓸 수 있다. 대기압 중에서라면 P=1 atm으로 고정할 수 있고 이에 따라 Gibbs 자유에너지는 (T, X_B) 2개의 변수에 의존하는 함수가 된다. 따라서 2성분계 용액의 Gibbs 자유에너지를 (T, X_B) 변수에 대해 그리면 아래 [그림 XIII-5] 좌측과 같이 표현할 수 있다. 여기서 양단 (즉 X_B = 0 : 순수한 A 또는 X_B = 1: 순수한 B)에서 온도에 따른 Gibbs 자유에너지는 그 기울기가 –S 이므로, 아래 [그림 XIII-5] 우측에 나타낸 바와 같이 온도 증가에 따라 서로 다른 기울기로 감소하는 함수이다. 특정 온도 (예를 들면 T_1)에서 조성에 따른 용액의 Gibbs 자유에너지 함수는 아래 좌측 그림에서의 파란색 실선과 같이 해당 온도에서 양단의 값을 절편으로 하는 함수가 된다. 또한, 온도가 증가함에 따라 Gibbs 자유에너지 함수는 전체적으로 더 낮은 값으로 이동하는 특징이 있음에 주목할 필요가 있다.

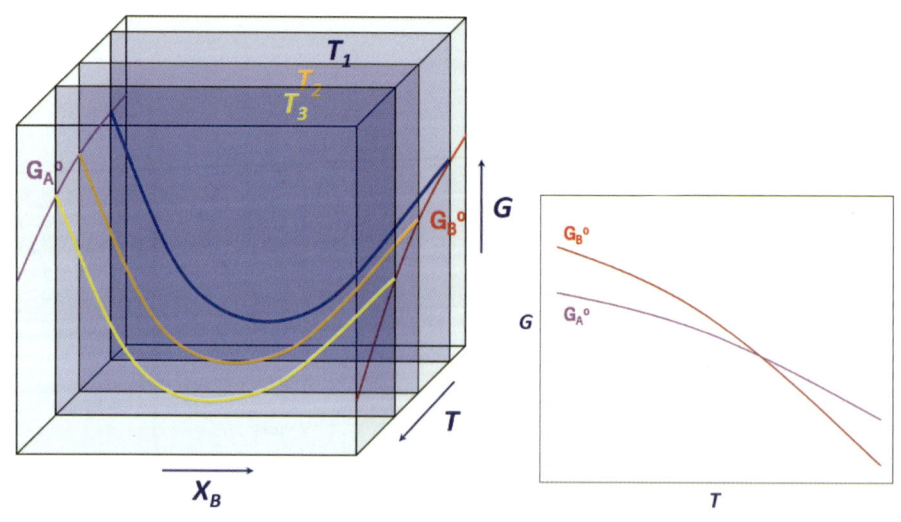

[그림 XIII-5] 온도증가에 따른 용액의 Gibbs 자유에너지 함수의 변화 거동

XIII-3 Ideal Solution

앞에서 용액의 Gibbs 자유에너지는 $G(X_B) = G^o(X_B) + \Delta G_{mix}$로 정의하였는데, 이때 $\Delta G_{mix} = \Delta H_{mix} - T \Delta S_{mix}$ 를 수학적으로 최대한 단순하게 표현하기 위하여 $\Delta H_{mix} = 0$인 경우를 먼저 고려하고자 한다. 그런데 $\Delta H_{mix} = H^{after} - H^{before}$로 원자/분자 단위 혼합 즉 용액화가 일어난 후(H^{after})와 전(H^{before})의 엔탈피 차이가 ΔH_{mix} 인데, 이러한 차이가 어디에서 기인하는지 고민해 보자. 용액화 이전에는 A와 B 각각 순수한 상태로 존재하였기 때문에 A-A 상호작용 또는 B-B 상호작용만 존재했었는데 이들이 혼합되게 되면 새롭게 A-B 상호작용이 나타나게 된다. 이때 이 A-B 상호작용이 A-A 또는 B-B 상호작용에 비해 차이가 나면 A-B 결합의 에너지 준위가 A-A 또는 B-B 결합의 에너지 준위와 달라지는 결과를 야기한다. 이는 곧 내부에너지 차이를 유발하고 결국에는 내부에너지를 포함하고 있는 엔탈피에 반영되어서 그 차이 $\Delta H_{mix} = H^{after} - H^{before}$로 나타나게 될 것이다. 그런데 이 엔탈피 변화량을 측정 또는 계산하는 것이 매우 복잡하고 힘듦으로 일단은 최대로 단순한 용액 모델을 제시하기 위해 $\Delta H_{mix} = 0$인 경우를 먼저 고려하는 것이다.

그런데 A-A, B-B, 그리고 A-B 간의 상호작용이 모두 동일 또는 없다면 $\Delta H_{mix} = 0$ 조건이 성립할 수 있으므로 이러한 조건을 만족하는 가상의 용액을 우리는 이상용액(Ideal Solution)이라고 부른다. 따라서 이러한 가상용액의 Gibbs 자유에너지는 $G^{Id}(X_B) = G^o(X_B) - T \Delta S_{mix}$ 가 되며, ΔS_{mix} 는 배치(configurational) 엔트로피 이

므로 VI장에서 2성분계에 대해 유도하였던 식 $\Delta S_{mix} = -R[X_A \ln X_A + X_B \ln X_B]$ 를 사용할 수 있다. 따라서 $G^{Id}(X_B) = G^o(X_B) + RT [X_A \ln X_A + X_B \ln X_B]$가 되고 여기에 2성분계 단순 혼합물의 Gibbs 자유에너지 $G^o(X_B) = X_A G_A^o + X_B G_B^o$ 를 적용하면 $G^{Id}(X_B) = (1 - X_B)G_A^o + X_B G_B^o + RT [(1 - X_B) \ln(1 - X_B) + X_B \ln X_B]$를 얻을 수 있고, 이를 이용하면 특정 온도 T 에서 조성 X_B 에 따라 이상용액의 Gibbs 자유에너지 함수 값을 계산할 수 있게 된다.

XIII-4 Development of Phase Diagrams

이를 바탕으로 용융온도가 서로 다른 (예를 들면 B의 용융온도가 A의 용융온도 보다 큰 $T_{m,B}$ > $T_{m,A}$) A-B 2성분 계를 고려해 보자. 이때 A의 용융온도 보다는 높고 B의 용융온도 보다는 낮은 온도에 우리 계가 놓여있다고 하자. 그러면 계에는 B의 결정구조를 기반으로 A가 용해되어 들어간 고체용액 α 상과 A를 기반으로 B가 녹아들어간 액체용액 L이 공존하고 있을 것임은 쉽게 짐작할 수 있다. 따라서 우리 계에는 총 2개의 용액이 존재하고 있으며 그들 각각의 조성에 따른 Gibbs 자유에너지 함수는 아래 [그림 XIII-6]에 나타낸 바와 같다.

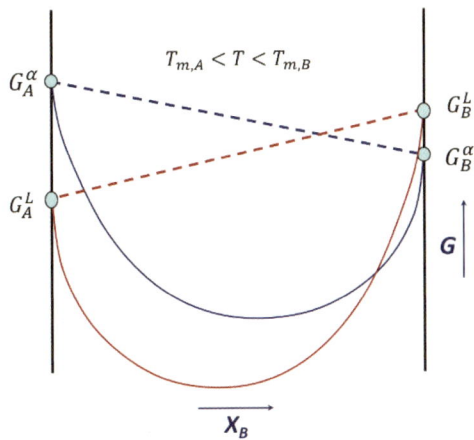

[그림 XIII-6] $T_{m,A} < T < T_{m,B}$의 온도에서 액상용액과 고상용액의 조성에 따른 Gibbs 자유에너지 함수

여기서 주목할 것은 A-side ($X_B = 0$)에서는 현재 온도가 이미 A의 용융온도를 넘었기 때문에 액상용액의 Gibbs 자유에너지 (G_A^L)가 고체용액의 Gibbs 자유에너지 (G_A^α)보다 아래쪽에 놓여있는 것을 볼 수 있으며, 반대로 B-side ($X_B = 1$)에서는 현재 온도가 아직 B의 용융온도 이하이므로 고체용액의 Gibbs 자유에너지 (G_B^α)가 액상용액의 Gibbs 자유에너지 (G_B^L) 보다 아래쪽에 놓여있다. 이에 따라 아래 [그림 XIII-7]에 보인 것처럼 조성에 따라 액상용액의 Gibbs 자유에너지가 더 낮은 구간과 고체용액의 Gibbs 자유에너지가 더 낮은 구간으로 구획되며, 따라서 이들 구간 각각은 액상용액 안정영역(빨간색)과 고상용액 안정영역(파란색)으로 나뉘게 됨을 알 수 있다. 또한, 온도가 감소함에 따라 이들 용액의 Gibbs 자유에너지 함수는 ([그림 XIII-5]에 보인 바와 같이) 동시에 위쪽으로 이동하지만 상대적으로 액상용액의 상승 속도가 커서 아래 [그림 XIII-7]에 보인 것처럼 점점 고상용액 안정구간(파란색)이 점점 늘어나는 것을 볼 수 있다.

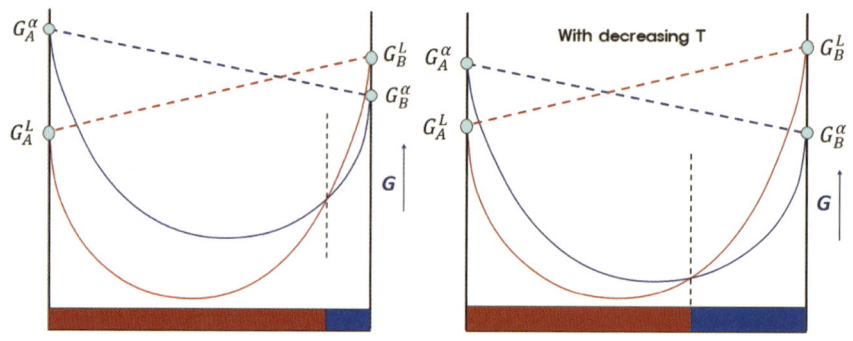

[그림 XIII-7] 온도 감소 시 액상과 고상 용액의 Gibbs 자유에너지 함수 거동 변화

    그런데, 두 개의 자유에너지 함수 곡선의 공통 접선을 아래 [그림 XIII-8]에 보인 바와 같이 그려보면 공통 접선의 사이 조성에서는 단일상의 액체용액 (L)로 존재하거나 단일상의 고체용액 (α)로 존재하는 것 보다는 공통 접점의 조성을 가진 각각의 액상용액과 고상용액 둘 다 같이 공존하는 것이 오히려 계 전체의 Gibbs 자유에너지 값을 낮출 수 있음을 확인할 수 있다. 따라서 공통 접선 사이 조성에서는 2개의 상이 공존하는 2상 영역(2-phase region)이 된다. 그리고 이 2상 영역에서 두 개의 조성점을 연결한 선분을 Tie-line 이라고 부른다.

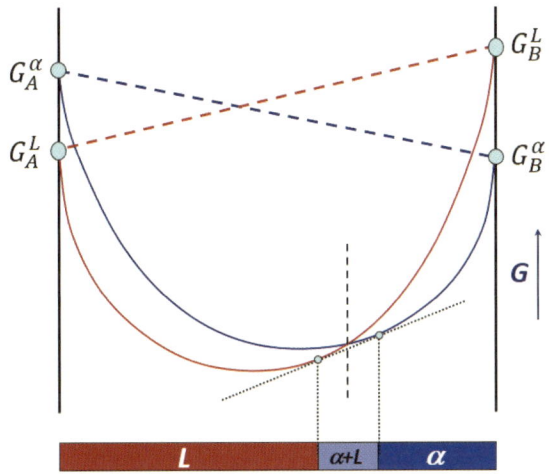

[그림 XIII-8] 두 상의 Gibbs 자유에너지 함수의 공통 접선 구간에서 두 개의 상이 공존하는 이유를 설명하는 모식도

일련의 다음 [그림 XIII-9]들은 B의 용융온도가 A의 용융온도 보다 높은 A-B 2성분계에서 온도 증가에 따른 액상용액과 고상용액의 Gibbs 자유에너지 함수의 변화와 이에 따른 상태도 상에서 안정상 영역의 획정 과정을 보여주고 있다.

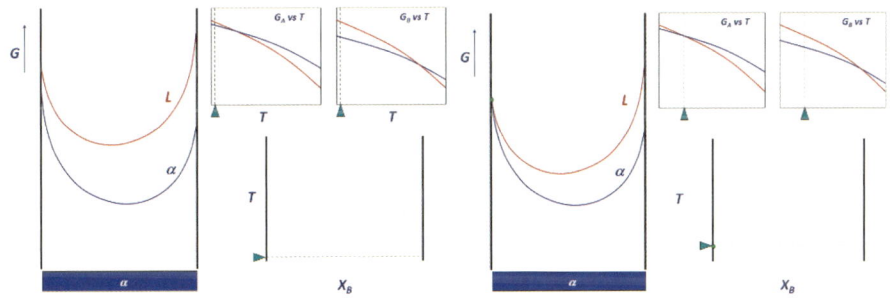

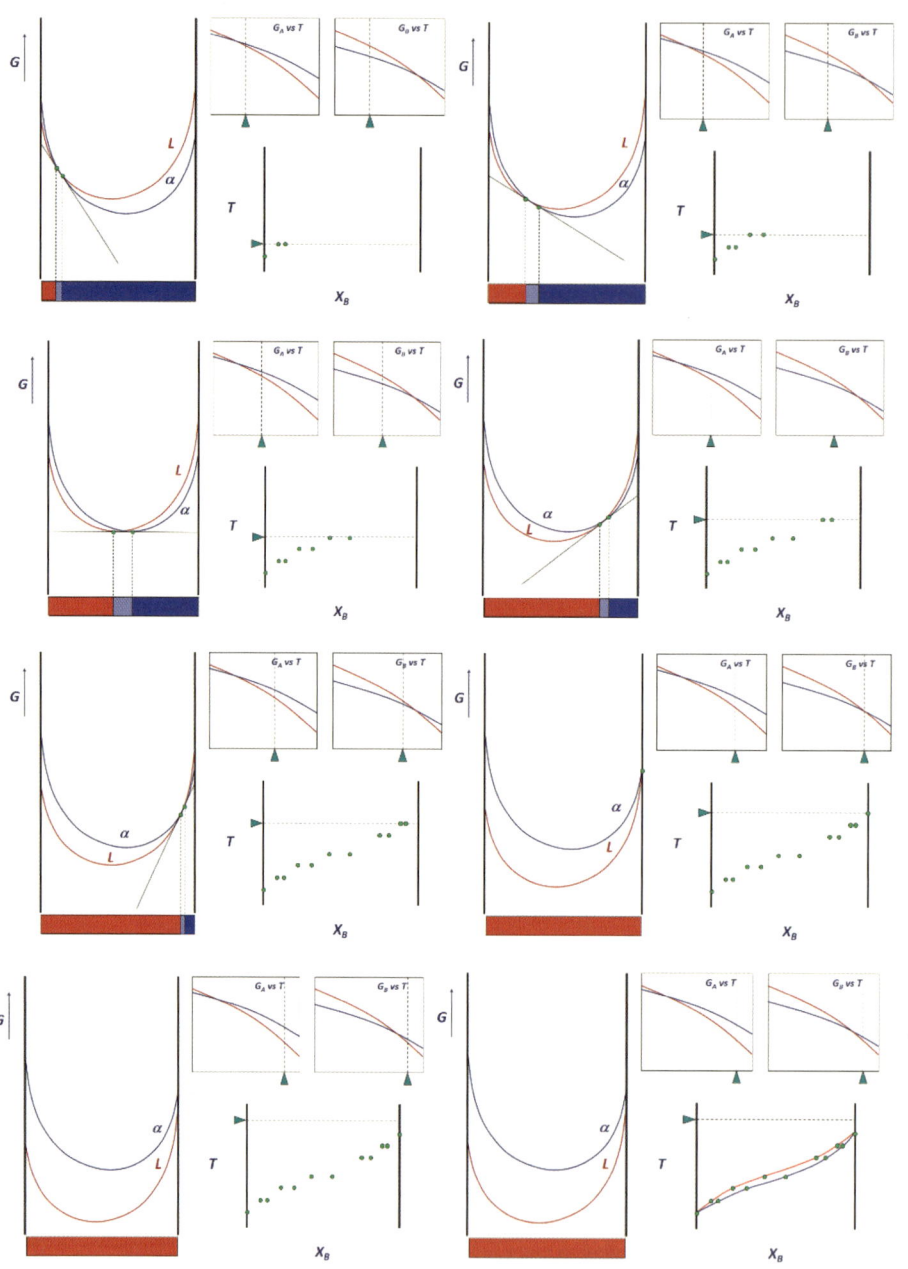

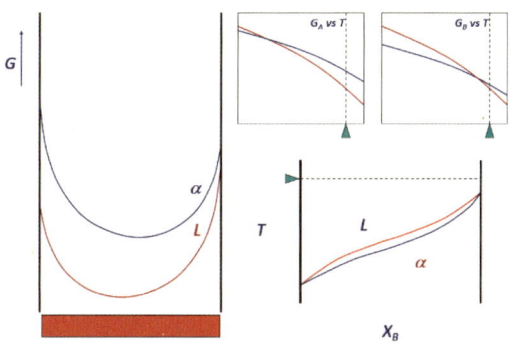

[그림 XIII-9] 완전고용(completely soluble)하는 2성분계에서 온도가 증가함에 따른 고상용액과 액상용액의 Gibbs 자유에너지 함수 거동 변화와 그에 따른 상태도의 구현

이때 2상 영역에 존재하는 각 상의 양은 다음과 같은 Lever Rule에 의해 결정되게 된다. C_o 는 전체 조성이고 C_L 과 C_α 는 공존하는 두 상의 조성 점이라고 하자. 각 상의 무게 분율을 각각 W_L 과 W_α 라고 하면 $W_L + W_\alpha = 1$ 이고 $W_L C_L + W_\alpha C_\alpha = C_o$ 가 된다. 이들을 조합하면 $(1-W_\alpha)C_L + W_\alpha C_\alpha = C_o$ 이고 이를 전개하면 $W_\alpha C_\alpha + C_L - W_\alpha C_L - C_o = 0$ 이 되고 이를 정리하면 $W_\alpha(C_\alpha - C_L) + (C_L - C_o) = 0$ 이 된다. 따라서 $W_\alpha = \frac{(C_o - C_L)}{(C_\alpha - C_L)}$ 로 주어진다. 또한 이를 $W_L = 1 - W_\alpha$ 에 적용하고 정리하면 $W_L = \frac{(C_\alpha - C_o)}{(C_\alpha - C_L)}$ 이 얻어진다.

XIII-5 Development of Eutectic Phase Diagrams

이번에는 금속 N이 금속 M과 동일한 결정구조를 가지고 있으면서도 원자반경이 상당히 차이 나는 경우, N의 용해에 따른 격자변형 에너지의 증가가 상당히 발생하므로 용액의 내부에너지 변화가 N의 첨가량 n_N에 따라 크게 증가하는 경우에 대해서 상태도가 어떻게 형성되는지를 알아보기로 하자. 이러한 상황에서는 (XIII-1절서 살펴본 것처럼) 용해량 n_N에 따른 Helmholtz 자유에너지가 초기에는 감소하지만 일정량 이상 용해되면 오히려 자유에너지가 증가하게 되므로 더이상 용해되지 않는 용해도 한계 (solubility limit)를 나타내게 된다. 이런 대표적인 예가 Ag-Cu 계로 Ag를 모재로 Cu 가 녹아들어가 형성되는 고체용액 α상과 Cu를 모재로 Ag가 녹아들어가 형성되는 고체용액 β상이 나타나는 것을 Ag-Cu 상태도에서 볼 수 있다.

이러한 특징을 가진 용융온도가 서로 다른 (예를 들면 A의 용융온도가 B의 용융온도보다 큰 $T_{mA} > T_{m,B}$) A-B 2성분 계를 고려해 보자. 이때 계의 온도 T가 $T > T_{mA} > T_{m,B}$ 인 상황에 있다고 하자. 그러면 우리 계에는 A의 결정구조를 기반으로 B가 용해되어 들어간 고체용액 α 상과 B의 결정구조를 기반으로 A가 용해되어 들어간 고체용액 β 상 그리고 액체용액 L이 존재하고 있을 것임은 쉽게 짐작할 수 있다. 따라서 우리 계에는 총 3개의 용액이 존재하고 있으며 그들 각각의 조성에 따른 Gibbs 자유에너지 함수는 아래 [그림 XIII-10]에 나타낸 바와 같다.

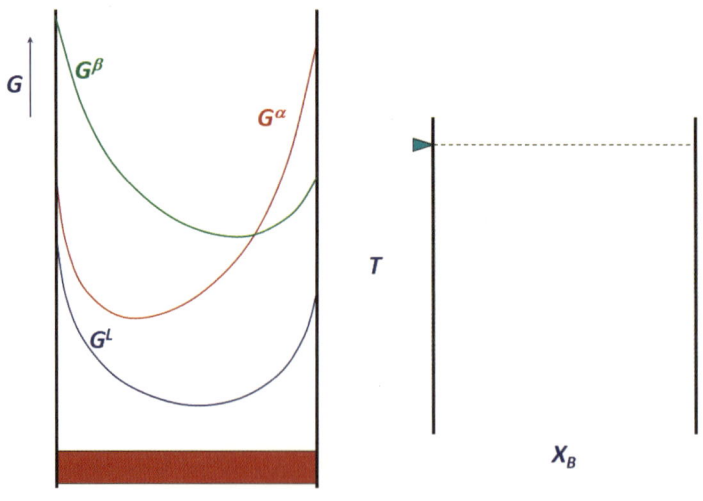

[그림 XIII-10] Eutectic 반응을 가진 2성분계에서 고상용액과 액상용액의 Gibbs 자유에너지 함수

온도가 내려 감에 따라 조성에 따른 Gibbs 자유에너지 함수들의 변화 그리고 그에 대응하는 안정상 영역을 표기한 상태도의 변화를 아래 [그림 XIII-11]에서 일련의 그림으로 연속적으로 나타내 보였다. 그리고 최종적으로는 [그림 XIII-12]에 보인 바와 같은 상태도를 나타내게 된다.

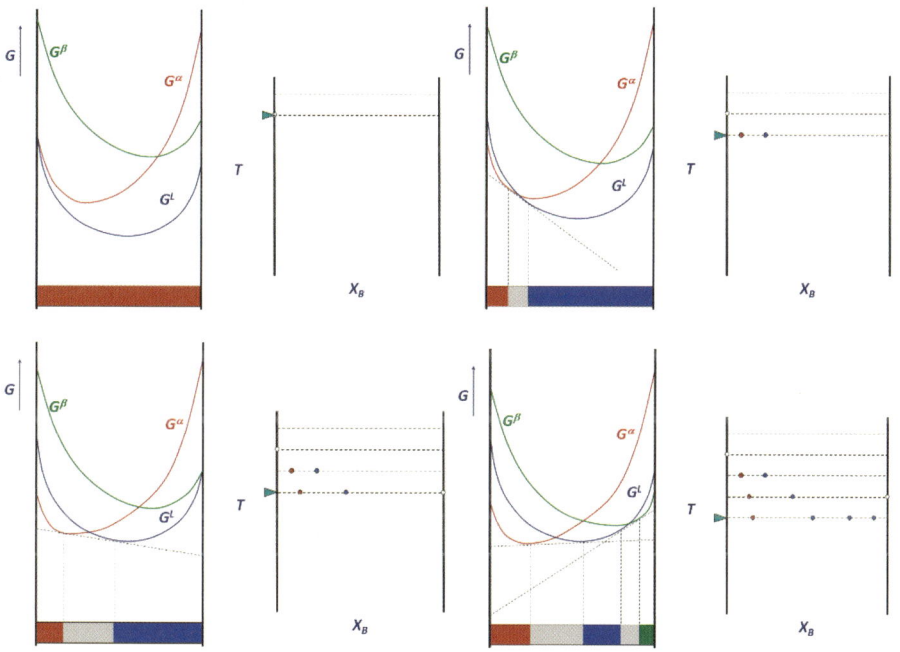

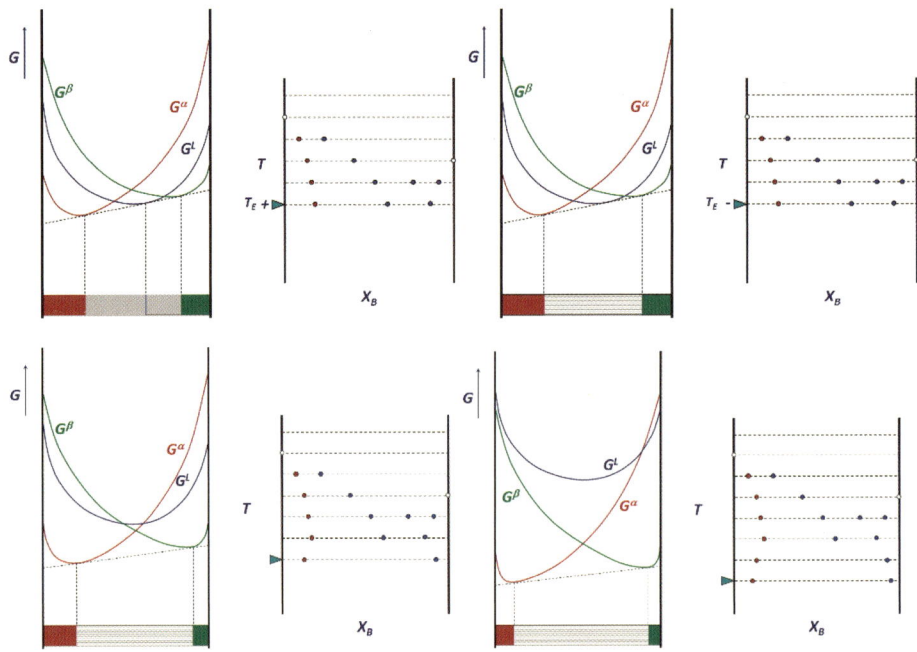

[그림 XIII-11] Eutectic 반응을 가진 2성분계에서 온도변화에 따른 고상용액과 액상용액의 Gibbs 자유에너지 함수 변화 거동

여기서 특히 주목해야 할 사항은 그림에서 볼 수 있는 것처럼 공융 온도 (Eutectic Temperature) T_E 에서 고체용액 $α$와 $β$, 그리고 액상용액 L 의 Gibbs 자유에너지 함수가 3중 공통 접선을 이룬다는 것이다. 따라서 이때는 각 용액에 들어있는 A 성분 또는 B 성분의 화학포텐셜이 모두 동일해 지는 결과를 나타낸다.

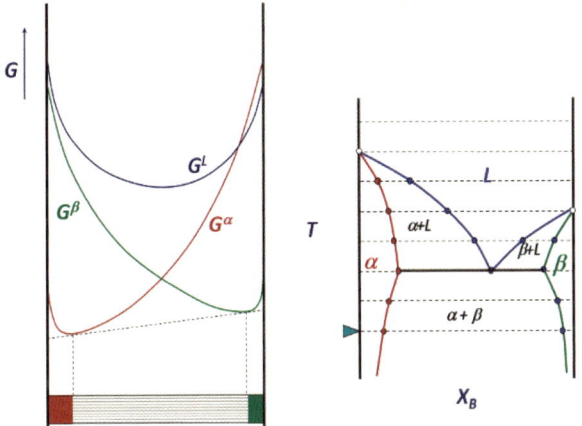

[그림 XIII-12] Eutectic 반응을 가진 2성분계에서 온도에 따른 각 상들의 Gibbs 자유 에너지 함수 변화 거동을 통해 결정한 최종 상태도

XIII-6 Development of Other Phase Diagrams

이번에는 아래 [그림 XIII-13]의 Al-Zn 상태도에서와 같이 단일상 고체용액 α 영역 내에 서로 다른 조성을 가진 두 개의 고체용액 $\alpha_1 + \alpha_2$ 으로 상 분리가 일어나는 2 성분계 상태도를 살펴보기로 하자.

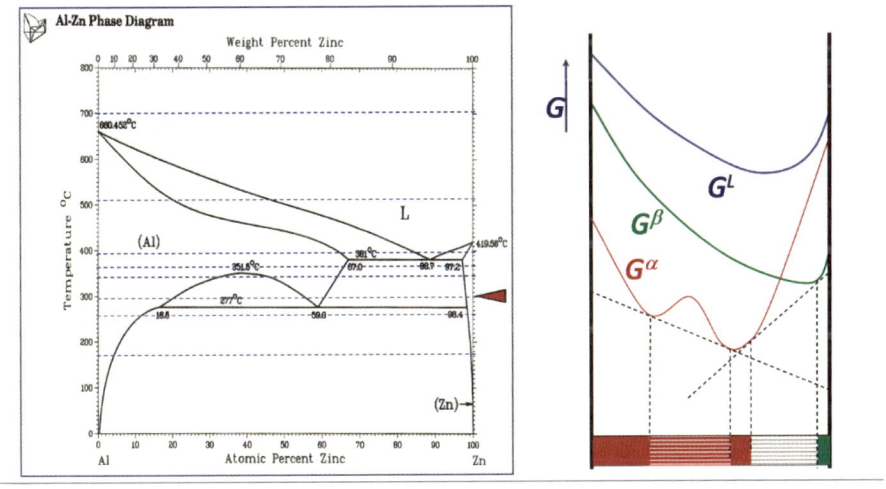

[그림 XIII-13] 단일상 고체용액 내에서 상 분리 ($\alpha=\alpha_1+\alpha_2$)가 일어나는 경우 해당 용액의 Gibbs 자유에너지 함수의 조성에 따른 거동(double minimum 출현) 모습

이와 같은 상태도에서 ◀ 기호로 표기된 온도에서 나타나는 동일 고체용액의 상 분리 현상 ($\alpha = \alpha_1 + \alpha_2$)을 설명하기 위해서는 [그림 XIII-13] 우측에 나타낸 바와 같이 G^α가 이중 최소값 (double minimum)을 가져야만 설명할 수 있다. 그런데 앞서 설명한 이상용액 모델은 수학적으로 오로지 단일 최소값만을 가지는

$$G^{Id}(X_B) = (1 - X_B)G_A^o + X_B G_B^o + RT\left[(1 - X_B)\ln(1 - X_B) + X_B \ln X_B\right]$$

함수 이므로 이러한 현상을 설명할 수 없다. 따라서 이제는 이상용액 모델을 넘어선 실제용액의 거동을 근사할 수 있는 새로운 용액 모델이 필요한 단계에 왔다.

[연습문제]

  [정성문제]

  1. 금속 N이 모재 M에 용해될 때, 원자 반경이 유사한 경우(격자 변형 에너지 미미) ΔF가 조성에 따라 계속 감소하여 완전 고용(no solubility limit)을 유발하는 이유를 설명하시오.

  2. 금속 N이 모재 M에 용해될 때, 원자 반경이 상당히 차이 나는 경우 ΔF가 초기에는 감소하지만 이후 증가하게 되어 용해도 한계(solubility limit)를 나타내는 이유를 설명하시오.

  3. Ag-Au 계는 완전 고용이 나타나는 반면, Ag-Cu 계는 부분 고용만 나타나는 이유를 두 금속의 원자 반경을 비교하여 설명하시오.

4. Ag-Zn 계에서 Ag-Cu 계와 달리 중간 조성 영역에 많은 중간 화합물(intermetallic compound)고용체 상들이 나타나는 이유를 '화학적 친화도'와 관련지어 설명하시오.

5. 이상 용액(Ideal Solution)의 Gibbs 자유 에너지 $G^{Id}(X_B)$를 혼합 엔탈피 ΔH_{mix}와 혼합 엔트로피 ΔS_{mix}의 관점에서 유도하여 최종 수식을 쓰시오.

6. 액상 용액 L의 Gibbs 자유 에너지 G^L이 고상 용액 α의 G^α보다 낮을 때 해당 상이 안정한 영역이 됨을 설명하시오.

7. 상태도에서 두 상이 공존하는 2-phase region(예: α + L)의 조성 범위가 결정되는 원리를 두 Gibbs 자유 에너지 곡선의 '공통 접선'과 관련지어 설명하시오.

8. 공융 온도(Eutectic Temperature) T_E의 특징을 공존하는 세 상(L, α, β)의 Gibbs 자유 에너지 함수가 이루는 공통 접선의 개수와 관련지어 설명하시오.

9. 2-phase region에서 공존하는 두 상(L과 α)의 양(무게 분율 W_L, W_α)을 계산하기 위해 사용되는 레버 규칙(Lever Rule)의 W_α 수식을 전체 조성 C_0와 각 상의 조성 C_L, C_α를 사용하여 쓰시오.

10. Gibbs 자유 에너지 곡선이 이중 최소값(double miniμm)을 가져야만 설명할 수 있는 상태도 현상(예: 고체용액 상분리)이 나타나는 이유를 설명하시오.

[정량문제]

(기체 상수 R ≈ 8.314 J/mol·K로 가정합니다.)

1. A-B 합금의 전체 조성 C_0 = 0.4입니다. 이 합금이 T 온도에서 액상 L (C_L = 0.6)과 고상 α (C_α = 0.1)로 공존할 때, 고상 α의 무게 분율 W_α를 Lever Rule을 사용하여 계산하시오.

2. 위 1번 문제에서 액상 L의 무게 분율 W_L을 계산하시오.

3. T=500 K에서 순수 A의 Gibbs 자유 에너지 G_A° = -10 kJ/mol이고 순수 B의 G_B° = 5 kJ/mol일 때, A와 B가 X_B=0.5로 섞인 이상 용액의 Gibbs 자유 에너지 $G^{id}(0.5)$를 계산하시오.

4. 이상 용액의 혼합 엔트로피 ΔS_{mix}가 5.76 J/mol·K일 때, ΔH_{mix} = 0이라면, T=400 K에서 혼합 자유 에너지 ΔG_{mix}를 계산하시오.

5. T=1000 K에서 상전이가 일어나고 ΔH = 20 kJ/mol, ΔS = 20 J/mol·K일 때, ΔG 값을 계산하고 상전이 평형 여부를 판단하시오.

6. T 온도에서 L 상과 α 상이 공존하는 A-B 계가 있습니다. W_α = 0.7이고 C_L = 0.6, C_α = 0.1일 때, 합금의 전체 조성 C_o를 계산하시오.

7. Ag-Au 계가 완전 고용을 보이는 이유를 Ag와 Au의 원자 반경(각각 1.44Å)과 ΔU 변화의 관계를 설명하며 정성적으로 예측하시오.

8. Cu와 Ag를 섞었을 때 ΔH_{mix} > 0이고 ΔS_{mix} > 0입니다. 낮은 온도에서 ΔG_{mix} = ΔH_{mix} - T ΔS_{mix}가 양의 값을 가질 가능성이 높아 용해도 한계가 발생하는 이유를 설명하시오.

9. 공융 조성 C_E=0.6인 A-B 계에서, T 온도에 C_o=0.8인 합금이 L 상(C_L=0.9)과 β 상(C_β=0.7)으로 존재할 때, 액상 L의 무게 분율 W_L을 계산하시오.

10. T_1=500 K에서 액상 L과 고상 α의 Gibbs 자유 에너지가 G^L = G^α로 같았고, T_2=501 K에서 G^L < G^α가 되었다면, T=500 K에서 액상과 고상의 엔트로피 중 어느 쪽이 더 큰지 설명하시오 (단, $(\partial G/\partial T)_P$ = -S 관계 사용).

XIV. 용액모델

XIV-1 Non-ideal Mixing

이상용액이 아닌 실제 용액의 거동을 보다 잘 설명하기 위해서는, 이상용액에서 무시하였던 ΔH_{mix}를 용액의 Gibbs 자유에너지 계산에 반영하여야 한다는 것이 명백해 졌다. 이에 따라 ΔH_{mix} (단순화를 위해 지금부터 ΔH_m 으로 표기)를 포함한 용액의 Gibbs 자유에너지는 $G = X_A G_A^o + X_B G_B^o + \Delta H_m - T\Delta S_m$ 이고 $\Delta S_m = -R[X_A ln X_A + X_B ln X_B]$를 적용하면

$$G = X_A G_A^o + X_B G_B^o + \Delta H_m + RT[X_A ln X_A + X_B ln X_B] \quad \ldots(\text{IX-1})$$

로 정리할 수 있다. 한편, $G = X_A \mu_A + X_B \mu_B$ 로도 표기될 수 있으므로 $G = X_A(G_A^o + RT\, lna_A) + X_B(G_B^o + RT\, lna_B)$이고 여기에 ln a = ln γ + ln X 를 이용해 대체하면 $G = X_A(G_A^o + RT\{lnX_A + ln\gamma_A\}) + X_B(G_B^o + RT\{lnX_B + ln\gamma_B\})$이고 정리하면

$$G = X_A G_A^o + X_B G_B^o + RT\{X_A ln\gamma_A + X_B ln\gamma_B\} + RT\{X_A lnX_A + X_B lnX_B\} \quad \text{--(IX-2)}$$

이 된다. 여기서 식 (IX-1)과 (IX-2)는 동일한 식이므로 비교하면

$$\Delta H_m = RT\{X_A ln\gamma_A + X_B ln\gamma_B\} \quad \text{---(IX-3)}$$

로 주어짐을 알 수 있다. 또한, 분몰량의 성질 $Q = X_A \overline{Q_{m,A}} + X_B \overline{Q_{m,B}}$ 에서 대명사 Q를 ΔH_m으로 대체하면 $\Delta H_m = X_A \overline{\Delta H_{m,A}} + X_B \overline{\Delta H_{m,B}}$ 가 됨을 알 수 있다. 이를 식 (IX-3)과 비교하면 $\overline{\Delta H_{m,i}} = RT\, ln\gamma_i$ 관계식을 찾을 수 있게 되었고, 따라서 용액에서 특정 성분의 활동도계수 γ_i를 알아내는 것은 용액에 대한 열역학 계산에서 매우 중요하다는 사실을 알 수 있다. 한편 $\gamma_i = exp\left(\frac{\overline{\Delta H_{m,i}}}{RT}\right)$ 관계가 되므로 $\overline{\Delta H_{m,i}} = 0$ 이면, $\gamma_i = 1$이 되면서 이상용액의 거동에 수렴하게 된다. 또한, $\Delta H_m = X_A \overline{\Delta H_{m,A}} + X_B \overline{\Delta H_{m,B}} = 0$

이 되어 앞에서 이상용액으로 간주할 때 $\Delta H_m = 0$로 간주하였던 사실과 합치된다.

XIV-2 Regular Solution Model

실제용액에서는 $\Delta H_m = X_A \overline{\Delta H_{m,A}} + X_B \overline{\Delta H_{m,B}} \neq 0$ 인데, 이를 어떻게 구할 것인가? 이에 대한 해답으로 제기된 용액모델이 정규용액 모델(Regular Solution Model)이다. 지금부터 이 용액모델에 대하여 설명하고자 한다. 먼저 단순혼합물에서 용액으로 변하는 용액화 과정에서 발생하는 엔탈피 변화는 아래 [그림 XIV-1]에서와 같이 $\Delta H_m = H_{solution} - H_{mixture}$로부터 구할 수 있다.

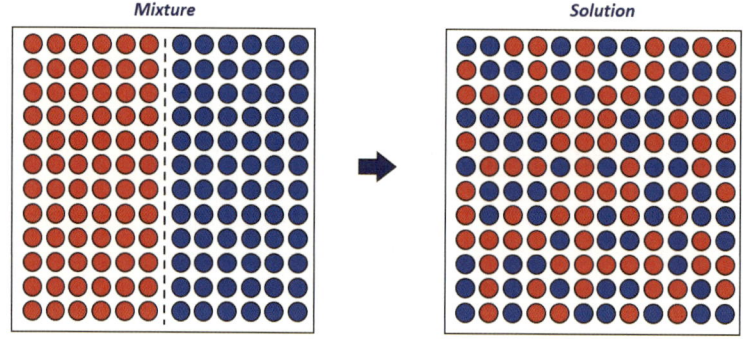

[그림 XIV-1] 단순 혼합물 상태에서 용액 상태로의 혼합(mixing) 과정

그런데 용액화 과정의 첫 단계는 아래 [그림 XIV-2]에 보인 바와 같이 1개의 A와 1개의 B가 서로 위치를 교환하는 것으로, 이 과정이 2, 3, ... ∞ 개 교환하는 단계로 나아가면서 용액화가 이루어지는 것으로 볼 수 있다.

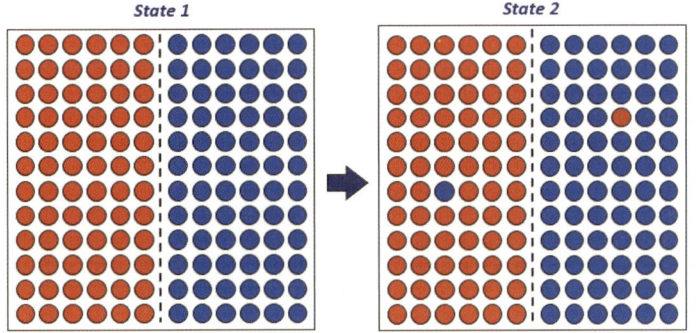

[그림 XIV-2] 용액 상태로의 혼합(mixing) 과정의 첫 단계로 단순 혼합물 상태에서 상호 1개씩 원자를 혼합하는 과정

이때 1개의 A 원자와 B원자가 서로 위치를 교환하려면 i) 먼저 각각 자신이 소재하고 있던 곳에서 A-A 또는 B-B 결합을 끊고 빠져나와 ii) 서로 위치를 교환한 후 iii) 서로의 빈자리로 채워 들어가면서 A-B 결합을 형성하는 과정을 거치면서 일어나게 된다. 이 과정에서 끊어진 A-A결합의 수를 n_{AA}, 끊어진 B-B결합의 수를 n_{BB}, 그리고 새롭게 형성되는 A-B 결합의 수를 n_{AB} 라고하면, 1개 씩의 A와 B원자가 교환하는 경우에는 2차원 결정으로 생각하면 $n_{AA} = 4$, $n_{BB} = 4$ 그리고 $n_{AB} = 8$이 되면서 이에 따른 엔탈피 변화는 $\Delta H_m = 8E_{AB} - (4E_{AA} + 4E_{BB})$로 표현할 수 있다. 여기서 E_{AB}, E_{AA}, E_{BB}는 각각 해당 결합의 에너지 준위를 뜻한다.

이 식을 일반화하여 다수의 원자들이 서로 위치를 교환하면서 용액화하는 경우 이에 따른 엔탈피 변화는 $\Delta H_m = n_{AB}E_{AB} - (n_{AA}E_{AA} + n_{BB}E_{BB})$로 쓸 수 있으며, 이때 A와 B의 결정구조가 동일하다면 $n_{AA} = n_{BB}$ 그리고 $n_{AB} = n_{AA} + n_{BB}$ 의 수학적 관계가 성립하게 된다. 이러한 관계를 적용하면 $\Delta H_m = n_{AB}E_{AB} - \left(\frac{1}{2}n_{AB}E_{AA} + \frac{1}{2}n_{AB}E_{BB}\right)$로 쓸 수 있고, 이를 보다 단순하게 정리하면 $\Delta H_m = n_{AB}\left[E_{AB} - \frac{1}{2}(E_{AA} + E_{BB})\right]$로 주어짐을 알

수 있다. 한편, n_{AB} 는 다음과 같은 추론을 통해서 구할 수 있다. 즉 1몰의 결정 내부에 존재하는 원자의 총 수는 아보가도르 수인 N_o 이고 이 중 A 원자의 개수는 A의 분율 X_A 를 곱한 $N_o X_A$ 가 된다. 또한 결정의 배위수를 z 라고 하면 결정 내 A 원자의 최근접 결합의 개수는 $N_o X_A z$ 가 된다. 이중에서 B 원자와 결합하여 A-B 결합을 만드는 개수 즉 n_{AB} 는 B원자의 분율 X_B 를 이것에 곱한 $N_o X_A z X_B$ 가 된다. 따라서 최종적으로

$$\Delta H_m = z N_o X_A X_B \left[E_{AB} - \frac{1}{2}(E_{AA} + E_{BB}) \right] \qquad \text{---(IX-4)}$$

로 주어진다.

여기서 $E_{AB} - \frac{1}{2}(E_{AA} + E_{BB}) \equiv \epsilon$ 으로 정의하면 $\Delta H_m = z N_o X_A X_B \epsilon$ 로 표기 할 수 있으며, 이때 우리 인간의 의지가 아닌 자연에 의해서 결정되는 $z N_o \epsilon$ 를 Ω로 정의하면 $\Delta H_m = \Omega X_A X_B$ 으로 단순하게 표현할 수 있다. 또한, $\epsilon = E_{AB} - \frac{1}{2}(E_{AA} + E_{BB})$ 에서 아래 [그림 XIV-3]에서 알 수 있는 바와 같이 A-B 결합의 에너지 준위 E_{AB} 가 A-A 결합과 B-B 결합 에너지 준위의 산술평균 $\frac{1}{2}(E_{AA} + E_{BB})$보다 높은 준위를 가진 경우 (relatively repulsive interaction leading to weaker bonding than expected) ϵ 는 (+) 값을 가지며, 반대로 A-B 결합의 에너지 준위 E_{AB} 가 A-A 결합과 B-B 결합 에너지 준위의 산술평균 $\frac{1}{2}(E_{AA} + E_{BB})$보다 낮은 준위를 가진 경우 (relatively attractive interaction leading to stronger bonding than expected) ϵ 는 (−) 값을 가지게 된다.

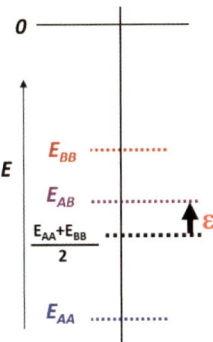

[그림 XIV-3] ε과 E_{AA}와 E_{BB}의 산술 평균 간의 관계

결국 이 용액 모델에 의하면 용액의 Gibbs 자유에너지는

$$G = X_A G_A^o + X_B G_B^o + zN_o X_A X_B \left[E_{AB} - \frac{1}{2}(E_{AA} + E_{BB})\right] + RT\{X_A lnX_A + X_B lnX_B\} \text{(IX-5)}$$

가 되는데 $G = X_A G_A^o + X_B G_B^o + RT\{X_A ln\gamma_A + X_B ln\gamma_B\} + RT\{X_A lnX_A + X_B lnX_B\}$ 이기도 하므로

$$\Delta H_m = zN_o X_A X_B \left[E_{AB} - \frac{1}{2}(E_{AA} + E_{BB})\right] = \Omega X_A X_B = RT\{X_A ln\gamma_A + X_B ln\gamma_B\}$$

관계가 성립한다.

지금부터는 ΔH_m이 용액의 Gibbs 자유에너지에 미치는 영향에 대해 알아보자. 이를 위해 먼저 $\Delta H_m = \Omega X_A X_B < 0$ 인 경우를 따져보면, ΔH_m이 음수이기 위해서는 $\Omega = zN_o \epsilon < 0$ 이어야 하고 Ω이 음수이 위해서는 다시 $\epsilon = \left[E_{AB} - \frac{1}{2}(E_{AA} + E_{BB})\right] < 0$인 경우를 말한다. 이것은 A-B 간의 결합이 A-A 결합과 B-B 결합의 산술평균 보다 낮은 에너지 준위에 있다는 말이고, 상대적으로 인력(attractive)의 상호작용이 발생하여 산술평균 보다 강한 결합을 형성하는 경우를 말하는 것이다. 이 경우에는 $\Delta H_m = \Omega X_A X_B = \Omega(1 - X_B)X_B$ 로, 이를 조성 X_B 에 대해 그려보면 아래 [그림 XIV-4]의 Δ

H_m 함수 곡선처럼 X_B =0.5 일 때 최소 값을 음수로 가지는 함수 임을 알 수 있다. 여기에 배치 엔트로피(configurational entropy)에 기인하는 ΔS_m 함수 곡선과 여기에 $-T$를 곱한 $-T\Delta S_m$ 함수 곡선을 조합하여 ΔG_m 함수를 구할 수 있는데, 그림에서 보는 바와 같이 단일 최소점을 가진 함수임을 알 수 있다. 이때 $|\Delta G_m|$의 최소 값의 크기는 온도가 낮아지면 작아지고 온도가 증가함에 따라 커지는 거동을 보인다.

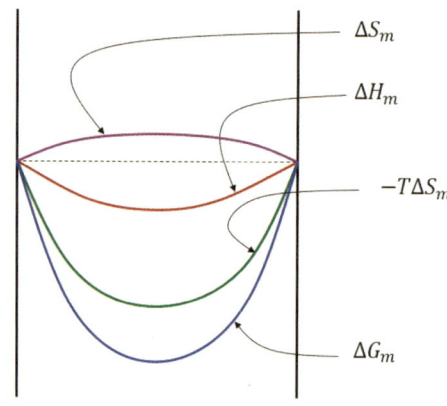

[그림 XIV-4] $\epsilon < 0$인 경우의 $\Delta H_m(<0)$과 그에 따른 ΔG_m

반면, $\Delta H_m = \Omega X_A X_B > 0$ 인 경우에는, ΔH_m이 양수이기 위해서는 $\Omega = zN_o\epsilon > 0$ 이어야 하고 Ω이 양수이 위해서는 다시 $\epsilon = \left[E_{AB} - \frac{1}{2}(E_{AA} + E_{BB})\right] > 0$인 경우를 말한다. 이것은 A-B 간의 결합이 A-A 결합과 B-B 결합의 산술평균 보다 높은 에너지 준위에 있다는 말이고, 상대적으로 척력(repulsive)의 상호작용이 발생하여 산술평균 보다 약한 결합을 형성하는 경우를 말하는 것이다. 이 경우에는 $\Delta H_m = \Omega X_A X_B = \Omega(1 - X_B)X_B$로 이를 조성 X_B에 대해 그려보면 아래 [그림XIV-5]의 ΔH_m 함수 곡선처럼 X_B =0.5 일 때 최대 값을 양수로 가지는 함수 임을 알 수 있다. 여기에 배치 엔트로피에 기인하는 ΔS_m 함수 곡선과 여기에 $-T$를 곱한 $-T\Delta S_m$ 함수 곡선을 조합하여

ΔG_m 함수를 구할 수 있는데 그림에서 보는 바와 같이 고온에서는 $-T\Delta S_m$의 효과가 양수의 ΔH_m 효과를 상쇄하여 ΔG_m 가 단일 최소점을 가지게 됨을 알 수 있다.

그러나 온도가 감소함에 따라 $|-T\Delta S_m|$ 의 크기가 작아지면서 그 효과가 줄어들어 ΔG_m 함수가 평탄화되는 모습을 보이고, 온도가 더욱 줄어들어 저온에 이르면 $-T\Delta S_m$의 효과가 양수의 ΔH_m 효과를 거의 상쇄하지 못해 아래 [그림 XIV-5]의 우측에 보인 것처럼 ΔG_m 가 이중 최소점을 가지게 됨을 알 수 있다. 이로써 앞의 XIII장 6절에서 온도가 낮아짐에 따라 고체용액의 상 분리가 발생할 때, 이 용액의 Gibbs 자유에너지가 이중 최소점을 가진 함수 모양으로 나타나는 이유를 설명할 수 있다.

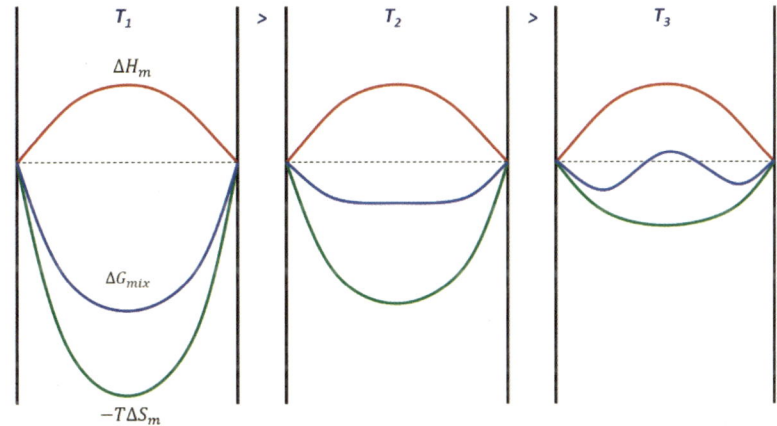

[그림 XIV-5] $\epsilon > 0$인 경우의 $\Delta H_m(>0)$과 그에 따른 ΔG_m의 함수의 변화

[연습문제]

　　[정성문제]

1. 실제 용액의 Gibbs 자유 에너지 G를 나타내는 식에서 혼합 엔탈피 ΔH_m 항과 활동도 계수 γ_i 항이 서로 어떻게 관련되는지 $\Delta H_{m,i} = RT \ln \gamma_i$ 관계식을 사용하여 설명하시오.

2. $\Delta H_{m,i} = RT \ln \gamma_i$ 관계식으로부터 혼합 엔탈피 ΔH_m이 0이면 γ_i가 1이 되어 이상 용액 거동에 수렴함을 설명하시오.

3. Regular Solution Model에서 혼합 엔탈피 ΔH_m이 조성 X_A, X_B의 곱과 비례 상수 Ω를 사용하여 $\Delta H_m = \Omega\, X_A X_B$로 단순하게 표현되는 과정을 설명하시오.

4. Ω가 음수($\Omega < 0$)인 경우(인력 작용) 혼합 엔탈피 ΔH_m 곡선이 조성 X_B에 대해 어떤 특징(최소점 위치 및 부호)을 가지는지 설명하시오.

5. Ω가 음수($\Omega < 0$)일 때, 혼합 자유 에너지 ΔG_m이 단일 최소점을 가지며 온도가 감소해도 단일 최소점을 유지하는 이유를 ΔH_m과 $-T\Delta S_m$ 항의 관계를 통해 설명하시오.

6. Ω가 양수($\Omega > 0$)인 경우(척력 작용), 혼합 엔탈피 ΔH_m 곡선이 조성 X_B에 대해 어떤 특징(최대점 위치 및 부호)을 가지는지 설명하시오.

7. Ω가 양수($\Omega > 0$)인 경우, 고온에서 ΔG_m이 단일 최소점을 가지지만, 온도가 감소하여 저온에 이르면 ΔG_m 함수가 이중 최소점(double miniμm)을 가지게 되는 이유를 설명하시오.

8. A-B 결합의 에너지 준위 E_{AB}와 E_{AA}, E_{BB}의 산술 평균 $1\{2(E_{AA} + E_{BB})$를 비교하여, Ω가 양수일 때(척력) A-B 결합이 상대적으로 강한 결합인지 약한 결합인지 설명하시오.

9. Regular Solution Model의 ΔH_m 계산에서, A와 B 원자 1개씩이 위치를 교환

하여 용액화되는 과정에서 A-A, B-B 결합이 끊어지고 A-B 결합이 형성됨을 설명하시오.

10. $\Omega > 0$일 때, 저온에서 ΔG_m 곡선이 이중 최소점을 가지는 현상이 상태도에서 어떤 물리적 현상(용해도 한계 또는 상분리)을 유발하는지 설명하시오.

[정량문제]

(기체 상수 R ≈ 8.314 J/mol·K로 가정합니다.)

1. T=600 K에서 A 성분의 활동도 계수 γ_A = 2.0일 때, A 성분의 분몰량 혼합 엔탈피 $\Delta H_{m,A}$를 J/mol 단위로 계산하시오 (단, $\Delta H_{m,i}$ = RT ln γ_i 사용하며 ln 2.0 ≈ 0.693).

2. A-B 정규 용액 모델(Regular Solution Model)에서 Ω = -5000 J/mol일 때, X_B=0.5에서의 혼합 엔탈피 ΔH_m을 계산하시오.

3. 위 2번 문제의 용액이 T=300 K에서 혼합되었을 때, X_B=0.5에서의 혼합 엔트로피 기여 항 T ΔS_m를 J/mol 단위로 계산하고, ΔG_m = ΔH_m - T ΔS_m를 계산하시오.

4. 어떤 정규 용액의 ΔH_m이 X_B=0.5에서 +1000 J/mol의 값을 가졌다면, 이 용액의 Ω 값을 계산하고, 이 시스템에서 A-B 간에 척력(repulsive)과 인력(attractive) 중 어떤 상호작용이 우세한지 설명하시오.

5. Ω = 15,000 J/mol인 정규 용액의 T=400 K에서 X_A=0.8일 때 ΔG_m을 계산하시오.

6. 정규 용액 모델에서 A-B 결합 에너지 E_{AB}가 E_{AB} = 0.5·(E_{AA} + E_{BB}) + 500 J의 관계를 가질 때, ε의 부호와 이에 따른 Ω의 부호를 예측하시오.

7. Ω=0인 정규 용액은 어떤 용액 모델로 수렴하는지 설명하고, 이때 모든 조성에

서 γ_i 값은 얼마인지 설명하시오.

8. A와 B의 Gibbs 자유 에너지 차이 $G_A° - \mu_A$ = 100 J/mol이고 T=500 K일 때, A 성분의 활동도 a_A를 계산하시오.

9. 정규 용액에서 X_B=0.2일 때, ΔH_m이 500 J/mol이었다면, X_B=0.8일 때의 ΔH_m 값을 계산하시오.

10. A 성분이 소수자(X_A=0.01)인 용액이 Henry의 법칙을 따를 때 γ_A = 100이라고 가정합니다. T=300 K에서 A 성분의 분몰량 엔탈피 $\Delta H_{m,A}$를 계산하시오.

XV. 전기화학

XV-1 Ionization Energy of an Element

전기화학을 공부하기 전 몇 가지 기초적인 내용을 살펴보기로 하자. 먼저 이온화 에너지 (Ionization Energy)란 기체상태로 있는 한 원소의 원자로부터 전하를 떼어내 이온화 시키는데 필요로 하는 에너지로 정의된다. 그런데 그 원소가 용액 내의 한 성분으로 존재할 때는 주변 용매 분자와의 상호작용으로 인해 이온화 에너지가 크게 감소할 수 있다.

물에 녹아있는 염(salts)들은 일정한 정도 해리(解離, 이온화)되어 양이온과 음이온을 형성하면서 염 용액을 형성하는데, 이 용액은 전기장을 가할 때 전하를 운반하기 때문에 전해질(Electrolyte)이라 불린다. 아세톤이나 글리세롤과 같은 많은 극성 용매 (polar solvent)들도 전해질 용액을 형성한다. 그런데 전해질은 액체만 있는 것이 아니고 고체 내로 이온이 빠르게 확산하면서 전류를 다량 운반할 때 이 고체를 고체 전해질 (Solid Electrolytes) 이라고 부른다.

전위(Electric Potential)를 측정할 수 있도록 구성된 (최소 구성의) 폐회로 (closed circuit)를 갈바니전지(Galvanic Cell)이라고 부르며, 이는 <u>전해질에 삽입된 두 개의 전극과 외부적으로 연결된 와이어를 포함하여 최소 네 개의 상으로 구성</u>된다.

XV-2 Equilibrium in Two Phase Systems involving an Electrolyte

CuCl₂가 녹아있는 수용액 (전해질)에 Cu 막대가 아래 [그림 XV-1] (a)와 같이 담가져 있다고 하자. 이때 만일 CuCl₂ 의 농도가 매우 작으면, Chemical Potential 차이 ($\mu_{Cu}^{\alpha} > \mu_{Cu^{2+}}^{L}$) 로 인해 구리 막대로부터 Cu 원자가 Cu²⁺ 이온의 형태로 용액 내로 녹아 들어가면서 동시에 2개의 전자 2e⁻ 를 Cu 막대에 남기는 산화반응 (금속이 전자를 잃는 반응: $Cu^{\alpha} = Cu^{2+,L} + 2e^{-,\alpha}$) 이 일어날 것으로 기대된다.

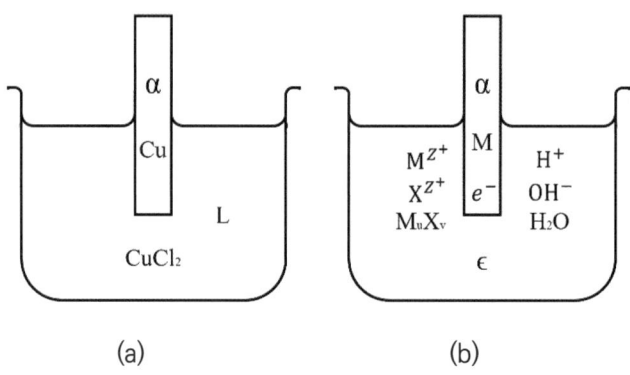

[그림 XV-1] (a) 전해질 CuCl₂ 수용액에 담가져 있는 Cu 막대로 이루어진 반쪽전지와 (b) 이때 전해질과 금속 막대 내에 존재하는 화학종

반면, 만일 CuCl₂ 의 농도가 충분히 고농도이면, Chemical Potential 차이 ($\mu_{Cu}^{\alpha} < \mu_{Cu^{2+}}^{L}$) 로 인해 전해질 내 Cu²⁺ 이온이 Cu 막대에 있던 2개의 전자 2e⁻ 와 결합 구리 막대 표면에 중성의 금속 Cu로 석출하는 환원반응 (금속 이온이 전자를 얻는 반응: $Cu^{2+,L} + 2e^{-,\alpha} = Cu^{\alpha}$) 이 일어날 것으로 기대된다.

위 [그림 XV-1] (b)에 금속 막대 (α 상) M이 M$_u$X$_v$ 염이 녹아 있는 수용액 (ε 상)에 담가져 있을 때, 존재할 수 있는 모든 이온 및 전자 그리고 화학종을 표기하였다. 이

때 우리 계를 구성하고 있는 2개의 상 각각에 대해 엔트로피 변화는 dU' = TdS' - PdV' + Σ [μ_idn_i] 로부터

$$dS'^{\alpha}_{sys} = \frac{1}{T^{\alpha}}dU'^{\alpha} + \frac{P^{\alpha}}{T^{\alpha}}dV'^{\alpha} - \frac{1}{T^{\alpha}}[\mu^{\alpha}_M dn^{\alpha}_M + \mu^{\alpha}_e dn^{\alpha}_e] \quad \text{----(XV-1)}$$

$$dS'^{\epsilon}_{sys} = \frac{1}{T^{\epsilon}}dU'^{\epsilon} + \frac{P^{\epsilon}}{T^{\epsilon}}dV'^{\epsilon} - \frac{1}{T^{\epsilon}}[\mu^{\epsilon}_{M^{z+}} dn^{\epsilon}_{M^{z+}}] \quad \text{----(XV-2)}$$

$$dS'_{sys} = dS'^{\alpha} + dS'^{\epsilon} \quad \text{----(XV-3)}$$

으로 표현할 수 있다.

이때 만일 우리 계가 고립 (isolated)되어 있다고 한다면, 다음과 같은 제약조건이 발생하게 된다. (1) 금속 M의 총 량을 m_M 이라고 하면, 금속 M의 총량은 보존되므로 $dm_M = dn^{\alpha}_M + dn^{\epsilon}_{M^{z+}} = 0$가 되고 이로부터 첫번째 제약조건 $dn^{\epsilon}_{M^{z+}} = -dn^{\alpha}_M$ (XV1) 를 얻을 수 있다. (2) 전하의 총량을 q_{tot} 라고 하면, 전체의 총 전하량은 보존되므로 $dq_{tot} = dq^{\alpha} + dq^{\epsilon} = 0$ 이 된다. α 상의 전하량을 q^{α} 라고하면 $q^{\alpha} = -N_o e n^{\alpha}_e = -Fn^{\alpha}_e$ (여기서 N_o 는 아보가드로 수이며, n^{α}_e는 금속 막대 내에 존재하는 전자의 수, 그리고 F 는 전자의 전하량 |e| 에 아보가드로 수를 곱한 값 즉 1몰의 전자가 가진 전하량 F = N_oe 으로 정의)이 되고 이를 정리하면 $dq^{\alpha} = -Fdn^{\alpha}_e$ (XV2) 관계식을 얻게 된다. 또한, ϵ 상의 전하량을 q^{ϵ} 이라고 하면 $q^{\epsilon} = N_o z^+ e n^{\epsilon}_{M^{z+}} = z^+ F n^{\epsilon}_{M^{z+}}$ (여기서 Z+는 금속 이온의 하전수)이 되고 이를 정리하면 $dq^{\epsilon} = z^+ F dn^{\epsilon}_{M^{z+}}$ (XV3) 관계식을 얻게 된다. 이 관계식들을 $dq_{tot} = dq^{\alpha} + dq^{\epsilon} = 0$ 에 적용하면 다음과 같이 $-Fdn^{\alpha}_e + z^+ F dn^{\epsilon}_{M^{z+}} = 0$ 이 되고, 이를 정리하면 $dn^{\alpha}_e = z^+ dn^{\epsilon}_{M^{z+}}$ (XV4) 로 두번째 제약조건을 구할 수 있다. (3) 계의 부피가 고정되어 있으므로, $dV'_{sys} = dV'^{\alpha} + dV'^{\epsilon} = 0$이 되고 이를 정리하면 세번째 제약조건 $dV'^{\epsilon} = -dV'^{\alpha}$ (XV5)를 구할 수 있다.

한편, 우리 계 전체의 총 에너지 E_{tot}' 는 $E_{tot}' = U'^{\alpha} + U'^{\epsilon} + \varphi^{\alpha}q^{\alpha} + \varphi^{\epsilon}q^{\epsilon}$ (여기서 φ^{α} 와 φ^{ϵ} 는 각각 α 상과 ϵ 상의 전위 (electric potential)를 뜻 한다) 이므로 $dE_{tot}' = dU'^{\alpha} + dU'^{\epsilon} + \varphi^{\alpha}dq^{\alpha} + \varphi^{\epsilon}dq^{\epsilon}$ 인데 여기에 식 (XV2)와 (XV3) 을 적용하면 $dE_{tot}' = dU'^{\alpha} + dU'^{\epsilon} + \varphi^{\alpha}(-Fdn_e^{\alpha}) + \varphi^{\epsilon}(z^{+}Fdn_{M^{z+}}^{\epsilon})$ 이 되고 여기에 식 (XV4)와 (XV1) 을 적용하면 $dE_{tot}' = dU'^{\alpha} + dU'^{\epsilon} + \varphi^{\alpha}(z^{+}Fdn_M^{\alpha}) + \varphi^{\epsilon}(-z^{+}Fdn_M^{\alpha})$ 가 되고 이를 정리하면 $dE_{tot}' = dU'^{\alpha} + dU'^{\epsilon} + z^{+}F\{\varphi^{\alpha} - \varphi^{\epsilon}\}dn_M^{\alpha}$ 가 됨을 알 수 있다. 그런데, 고립계에서 E_{tot}' 는 고정되어 있으므로 $dE_{tot,iso}' = dU'^{\alpha} + dU'^{\epsilon} + z^{+}F\{\varphi^{\alpha} - \varphi^{\epsilon}\}dn_M^{\alpha} = 0$ 이 되어야 하므로 $dU'^{\epsilon} = -[dU'^{\alpha} + z^{+}F\{\varphi^{\alpha} - \varphi^{\epsilon}\}dn_M^{\alpha}]$ (XV6) 을 얻을 수 있다.

식 (XV-1)에 (XV1)과 (XV4)를 조합한 식 $dn_e^{\alpha} = -z^{+}dn_M^{\alpha}$ 를 적용하고, 식 (XV-2)에는 (XV6)과 (XV5) 그리고 (XV1)을 적용한 다음, 이들 식 2개를 식 (XV-3)에 적용하면 평형조건을 아래와 같이 구할 수 있다.

$$\begin{aligned}dS_{sys,iso}' &= dS'^{\alpha} + dS'^{\epsilon} = \frac{1}{T^{\alpha}}dU'^{\alpha} + \frac{P^{\alpha}}{T^{\alpha}}dV'^{\alpha} - \frac{1}{T^{\alpha}}[\mu_M^{\alpha}dn_M^{\alpha} + \mu_e^{\alpha}(-z^{+}dn_M^{\alpha})] \\ &\quad - \frac{1}{T^{\epsilon}}[dU'^{\alpha} + z^{+}F\{\varphi^{\alpha} - \varphi^{\epsilon}\}dn_M^{\alpha}] - \frac{P^{\epsilon}}{T^{\epsilon}}dV'^{\alpha} + \frac{1}{T^{\epsilon}}[\mu_{M^{z+}}^{\epsilon}dn_M^{\alpha}] = 0 \\ &= \left(\frac{1}{T^{\alpha}} - \frac{1}{T^{\epsilon}}\right)dU'^{\alpha} + \left(\frac{P^{\alpha}}{T^{\alpha}} - \frac{P^{\epsilon}}{T^{\epsilon}}\right)dV'^{\alpha} - \frac{1}{T^{\alpha}}[\mu_M^{\alpha} - z^{+}\mu_e^{\alpha}]dn_M^{\alpha} \\ &\quad + \frac{1}{T^{\epsilon}}[\mu_{M^{z+}}^{\epsilon} - z^{+}F\{\varphi^{\alpha} - \varphi^{\epsilon}\}]dn_M^{\alpha} = 0\end{aligned}$$

위 식이 항등적으로 0 이 되기 위해서는 각 항의 계수가 모두 0 이 되어야 하므로 3개의 평형조건을 구할 수 있는데,

(1) $T^\alpha = T^\epsilon$: **Thermal Equilibrium**

(2) $P^\alpha = P^\epsilon$: **Mechanical Equilibrium**

(3) $[\mu_M^\alpha - z^+\mu_e^\alpha] - [\mu_{M^{Z+}}^\epsilon - z^+F\{\varphi^\alpha - \varphi^\epsilon\}] = 0$

이를 정리하면

$$[\mu_M^\alpha - (z^+\mu_e^\alpha + \mu_{M^{Z+}}^\epsilon)] + z^+F\{\varphi^\alpha - \varphi^\epsilon\} = 0 : \textbf{Electrochemical Equilibrium}$$

를 구할 수 있다. 따라서 위의 전기화학평형 조건으로부터

$$[\mu_M^\alpha - (z^+\mu_e^\alpha + \mu_{M^{Z+}}^\epsilon)] = -z^+F\{\varphi^\alpha - \varphi^\epsilon\}$$

가 됨을 알 수 있고, $(M^{Z+})^\epsilon + z^+e^- = M^\alpha$ (환원)반응에 대한 Chemical Potential 변화량을 Affinity $\boldsymbol{A \equiv [\mu_M^\alpha - (z^+\mu_e^\alpha + \mu_{M^{Z+}}^\epsilon)]}$ 라고 정의하면 최종적으로 앞서 [그림 XV-1]에 보였던 반쪽전지 (half-cell)에서의 전기화학반응 평형조건은

$$(M^{Z+})^\epsilon + z^+e^- = M^\alpha : \ A = -z^+F\{\varphi^\alpha - \varphi^\epsilon\} \qquad \text{----(XV-4)}$$

로 주어짐을 알 수 있다.

XV-3 Equilibrium in an Electrochemical Cell

이번에는 반쪽 전지가 아닌 아래 [그림 XV-2]와 같이 반쪽 전지 2개가 조합되어 구성된 하나의 완전한 전지에서의 전기화학 평형에 대해 알아보자. 먼저 앞절에서 배운 반쪽전지의 전기화학 평형조건인 식 (XV-4)를 이용하면 각각의 반쪽전지에 대해 다음과 같은 평형반응식을 쓸 수 있다.

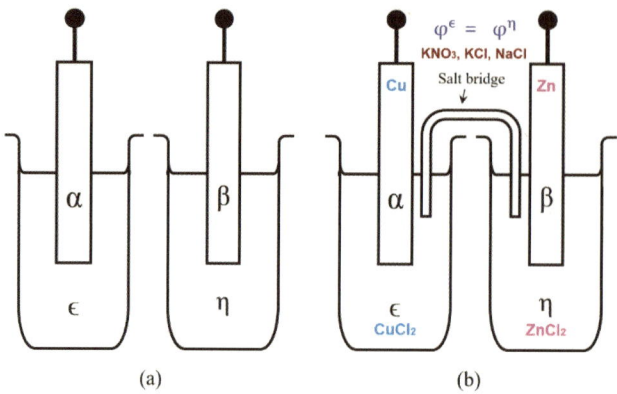

[그림 XV-2] (a) 두 종류의 반쪽전지와 (b) 이들을 결합하여 만든 하나의 완전한 전지

$$(Zn^{2+})^\eta + 2(e^-)^\beta = Zn^\beta \quad \left[\mu_{Zn}^\beta - \left(2\mu_e^\beta + \mu_{Zn^{2+}}^\eta\right)\right] = -2F\{\varphi^\beta - \varphi^\eta\} \quad \text{---(XV-5)}$$

$$(Cu^{2+})^\epsilon + 2(e^-)^\alpha = Cu^\alpha \quad \left[\mu_{Cu}^\alpha - \left(2\mu_e^\alpha + \mu_{Cu^{2+}}^\epsilon\right)\right] = -2F\{\varphi^\alpha - \varphi^\epsilon\} \quad \text{---(XV-6)}$$

식 (XV-5)에서 식 (XV-6)을 빼면

$$\left[\mu_{Zn}^\beta - \left(2\mu_e^\beta + \mu_{Zn^{2+}}^\eta\right)\right] - \left[\mu_{Cu}^\alpha - \left(2\mu_e^\alpha + \mu_{Cu^{2+}}^\epsilon\right)\right] = -2F\{\varphi^\beta - \varphi^\alpha\}$$

이때 $\mu_e^\alpha = \mu_e^\beta$ 이므로 위 식은 $\left[\mu_{Zn}^\beta - \mu_{Zn^{2+}}^\eta\right] - \left[\mu_{Cu}^\alpha - \mu_{Cu^{2+}}^\epsilon\right] = -2F\{\varphi^\beta - \varphi^\alpha\}$ 로 쓸 수 있고 이를 정리하면, 아래의 전지 화학반응에 대해

$$Cu^\alpha + (Zn^{2+})^\eta = Zn^\beta + (Cu^{2+})^\epsilon \qquad \text{----(XV-7)}$$

$$A \equiv \left[\mu_{Zn}^\beta + \mu_{Cu^{2+}}^\epsilon\right] - \left[\mu_{Cu}^\alpha + \mu_{Zn^{2+}}^\eta\right] = -2F\{\varphi^\beta - \varphi^\alpha\} \qquad \text{----(XV-8)}$$

의 평형 관계식을 얻을 수 있다.

식 (XV-8)에서 $\{\varphi^\beta - \varphi^\alpha\}$ 은 염 다리[6]로 연결된 하나의 Galvanic 전지에서 두 전극 간 전위차 ε_{cell} 를 뜻하며, 또한 $[\mu_{Zn}^\beta + \mu_{Cu^{2+}}^\epsilon] - [\mu_{Cu}^\alpha + \mu_{Zn^{2+}}^\eta]$ 은 해당 전지반응의 Affinity A 가 되므로 식 (XV-8)은 $A = \Delta G^o + RT \ln Q = -zF\varepsilon_{cell}$ 가 되며, 여기서 ΔG^o 는 해당 전기화학 반응에 수반하는 Gibbs 자유에너지 변화이며 Q는 $\left(\dfrac{a_{Zn}^\beta a_{Cu^{2+}}^\epsilon}{a_{Cu}^\alpha a_{Zn^{2+}}^\eta} \right)$ 를 뜻한다.

따라서 $Cu^\alpha | CuCl_2 | ZnCl_2 | | Zn^\beta$ Galvanic Cell의 전기화학 반응을 일반화하면

$$A_{cell} = \Delta G^o_{cell} + RT \ln Q_{cell} = -zF\varepsilon_{cell} \quad \text{----(XV-9)}$$

로 표현할 수 있음을 알게 된다. 이때 두 전극이 모두 순수한 금속이고, 두 전해질 용액이 모두 활동도 값이 1이 되는 당량 (molarity)을 가지고 있으면, Q_{cell}=1 이 되어 식 (XV-9)는 $\Delta G^o_{cell} = -zF\varepsilon^o_{cell}$ 가 되는데 이 때의 ε^o_{cell} 를 표준 전극전위 (standard electrode potential) 이라고 부른다. 이를 반영하여 식 (XV-9)를 다시 쓰면

$A_{cell} = -zF\varepsilon^o_{cell} + RT \ln Q_{cell} = -zF\varepsilon_{cell}$ 이 되고 정리하면

$$\varepsilon_{cell} = \varepsilon^o_{cell} - \frac{RT}{zF} \ln Q_{cell} \quad \text{----(XV-10)}$$

식을 유도할 수 있으며, 이를 Nernst Equation 이라고 부른다. 한편 $\left[\dfrac{RT}{F} * 2.303 = 0.05915 \right]_{T=298K}$ 이므로 식 (XV-10)은 다시 아래와 같이 쓰기도 한다.

$$\varepsilon = \varepsilon^o - \frac{0.05915}{z} \log Q \quad [V] \quad \text{----(XV-11)}$$

---

[6] 참고로 전지에서 염다리(Salt Bridge)는 아래 그림에 보인 것 처럼 양쪽 전해질의 전위가 동일하게 되도록 만들어주는 장치로 통상 KCl, NaCl, KNO_3 등으로 만든다.

XV-4 Standard Hydrogen Electrode

서로 다른 두 금속 전극 α와 β 간의 전위차 $\varepsilon^{\alpha\beta}$는 $\varepsilon^{\alpha\beta} = \varphi^{\beta} - \varphi^{\alpha} = (\varphi^{\beta} - \varphi^{std}) - (\varphi^{\alpha} - \varphi^{std})$로 쓸 수 있으며, 이때 $(\varphi^{\beta} - \varphi^{std})$ 또는 $(\varphi^{\alpha} - \varphi^{std})$는 표준 전극을 기준으로 한 각 금속의 반쪽전지 전위 또는 single electrode potential 이라고 한다. 따라서 각종 금속의 표준 반쪽전지 전극 전위를 측정하려면 반드시 표준전극이 필요하고 전기화학에서는 표준전극으로 아래 [그림 XV-3]에 보인 바와 같은 수소전극을 사용한다.

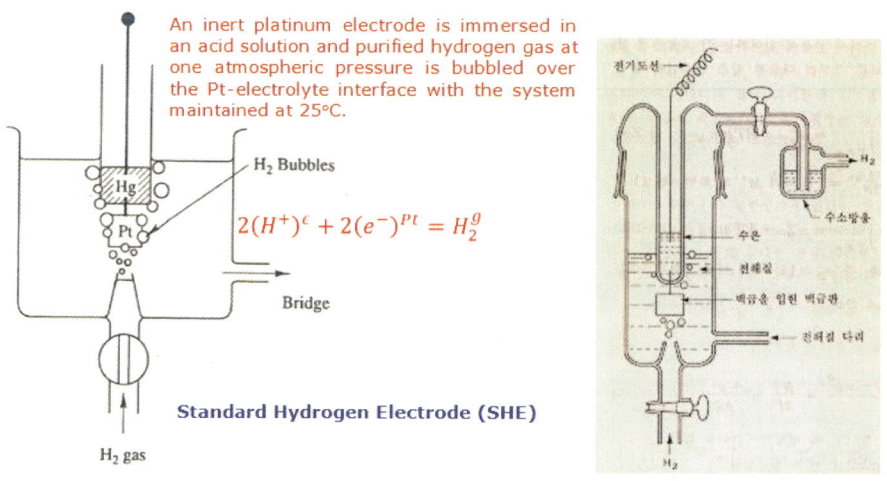

[그림 XV-3] 표준 전극으로 사용되는 (a) 수소 전극의 세부구조와 전기화학 반응 (b) 수소 전극의 전체 구성도

이렇게 한쪽은 표준 수소전극을 사용하고 다른 쪽은 측정하기를 원하는 금속 전극을 사용한 하나의 전지를 구성하고, 이들 간의 전위차를 구하면 이것이 해당 금속의 표준

전극 전위 $\varepsilon°$ 가 되는 것이다. 아래 [그림XV-4]는 Cu 전극의 표준 전극전위를 측정하는 방법을 보여주고 있다.

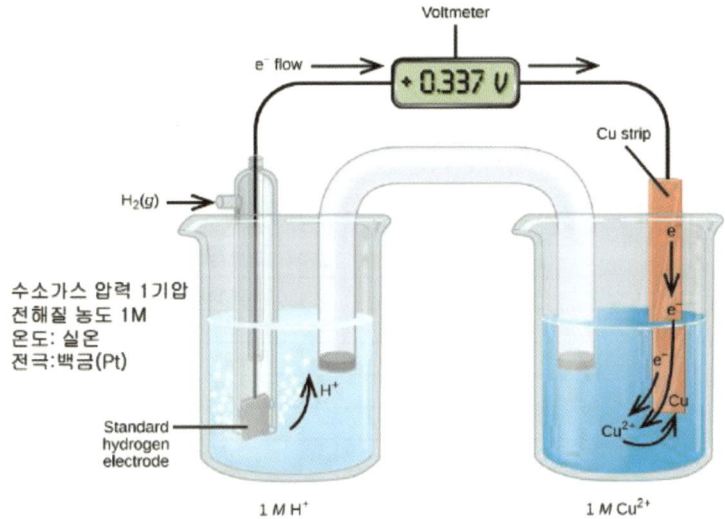

[그림 XV-4] 금속의 표준 전극 전위를 측정하기 위한 전지의 구성도 (출처: 네이버 화학백과)

이렇게 측정한 각 금속의 표준 전극 전위를 아래 표에 나타내었다.

[표 XV-1] 대표적인 금속의 표준 전극 전위

전극반응 (Reduction Reaction)	표준전극전위(V) emf ε^o
$Ca^+ + e^- = Ca$	-3.80
$Li^+ + e^- = Li$	-3.045
$Na^+ + e^- = Na$	-2.71
$Mg^{2+} + 2e^- = Mg$	-2.363
$Al^{3+} + 3e^- = Al$	-1.662
$Zn^{2+} + 2e^- = Zn$	-0.763
$Fe^{2+} + 2e^- = Fe$	-0.447
$Cr^{3+} + e^- = Cr^{2+}$	-0.408
$Cd^{2+} + 2e^- = Cd$	-0.403
$Ni^{2+} + 2e^- = Ni$	-0.257
$Fe^{3+} + 3e^- = Fe$	-0.037
$2H^+ + 2e^- = H_2$	0.00000
$Cu^{2+} + e^- = Cu^+$	0.153
$Cu^+ + e^- = Cu$	0.521
$Fe^{3+} + e^- = Fe^{2+}$	0.771
$O_2 + 4H^+ + 4e^- = 2H_2O$	1.229
$Au^+ + e^- = Au$	1.692
$Ag^{2+} + e^- = Ag^+$	1.980

한편, $A_{cell} = -zF\,\varepsilon^o_{cell} + RT\ln Q_{cell} = -zF\,\varepsilon_{cell}$ 식으로부터 $\varepsilon_{cell} = 0$ 가 되도록 Q 값을 조절한다면, $\lim_{Q \to K} A_{cell} = -zF\,\varepsilon^o_{cell} + RT\ln Q_{cell} = 0$ 이 되어 $-RT\ln K = -zF\,\varepsilon^o$ 조건이 만족되게 된다. 이에 따라 $\varepsilon^o = \frac{RT}{zF}\ln K$ 관계식을 얻을 수 있다. 따라서 $(M^{Z+})^\epsilon + z^+e^- = M^\alpha$ 와 같은 금속 전기화학 반응에서 금속 전극의 ε^o 가 양수 값을 가진다는 것은 K〉1이 된다는 것이고 이는 이 금속이 이온으로 용해되지 않으려는 성질을 지니고 있음을 뜻하는 반면, 금속 전극의 ε^o 가 음수 값을 가진다는 것은 K〈1이 된다는 것이고 이는 이 금속이 이온으로 쉽게 용해되려는 성질을 가지고 있음을 뜻한다.

XV-5 Pourbaix Diagram

Pourbaix Diagram은 이를 제안한 화학자 Marcel Pourbaix의 이름을 따 명명한 도

표로 수용액 중에 있는 금속 및 금속이온이 열역학적으로 안정하게 존재하는 영역을 전위와 pH 좌표계에 나타낸 도표이다. 이 도표를 이용하면 특정 계에서 우세하게 존재할 수 있는 화합물 그리고 전해 제련을 통해 금속을 회수하기 위해 필요한 조건 등을 예측할 수 있다. 이 도표를 이해하기 위해서는 어떻게 작성되는지 와 도표를 구성하는 요소들이 어떤 의미를 가지고 있는지 이해할 필요가 있다.

(1) The Stability of Water

전기화학 반응이 수용액 내에서 일어나고 있으므로 먼저 물의 안정조건 (stability of water)을 살펴보자. H_2O 유래 화학종을 살펴보면 H_2O, H^+, OH^-, $H_2(g)$ 그리고 $O_2(g)$가 있다. 따라서 이러한 화학종 간의 평형반응을 고려하면 ① $2H^+ + 2e^- = H_2(g)$ 반응과 ② $O_2 + 4H^+ + 4e^- = 2H_2O$ 반응이 있다.

먼저 ①번 반응을 살펴보면 $2H^+ + 2e^- = H_2(g)$에 대한 표준 전극 전위는 $\varepsilon^o = 0.000$ volt 이고, 이 반쪽 전지 반응에 대해

$$log\ Q = log\left[\frac{a_{H_2}^g}{a_{H^+}^2 a_{e^-}^2}\right] = log\left[\frac{a_{H_2}^g}{a_{H^+}^2}\right] = log\ P_{H_2} - 2\ log\ a_{H^+}$$

이며, $a_{H^+} = [H^+]$ 이므로 $log\ Q = log\ P_{H_2} + 2pH$ 관계식을 얻는다. 이를 Nernst 방정식 $\varepsilon = \varepsilon^o - \frac{0.05915}{z} log\ Q\ [V]$에 적용하면 $\varepsilon = 0.000 - \frac{0.05915}{2}[log\ P_{H_2} + 2pH]$를 얻을 수 있다. 이때 $0.05915 = b$ 로 정의하면

$$\varepsilon = -b\ pH - \frac{b}{2} log\ P_{H_2} \qquad \text{----(XV-12)}$$

식을 얻을 수 있다.

②번 반응을 살펴보면 O_2 + 4H⁺ + 4e⁻ = $2H_2O$에 대한 표준 전극 전위는 ε^o = +1.229 volt 이고, 이 반쪽 전지 반응에 대해

$$log\ Q = log\left[\frac{a_{H_2O}^2}{a_{O_2}^g a_{H^+}^4 a_{e^-}^4}\right] = log\left[\frac{1}{P_{O_2} a_{H^+}^4}\right] = -log\ P_{O_2} - 4\ log\ a_{H^+}$$

이며, a_{H^+} = $[H^+]$ 이므로 $log\ Q = -log\ P_{O_2} + 4pH$ 관계식을 얻는다. 이를 Nernst 방정식 $\varepsilon = \varepsilon^o - \frac{0.05915}{z} log\ Q\ [V]$ 에 적용하면 $\varepsilon = +1.229 - \frac{0.05915}{4}[-log\ P_{O_2} + 4pH]$를 얻을 수 있다. 이때 0.05915 = b 로 정의하면

$$\varepsilon = \left[1.229 + \frac{b}{4} log\ P_{O_2}\right] - bpH \qquad \text{----(XV-13)}$$

식을 얻을 수 있다.

식 (XV-12)와 (XV-13)을 이용 ε을 pH에 대한 함수로 그려보면 아래 [그림 XV-5]에서 볼 수 있는 바와 같은 2개의 직선의 방정식이 됨을 알 수 있다. 이 도표는 일종의 상태도로 H_2O 계에서 (ε, pH) 변수에 따른 안정상 영역을 나타내고 있다.

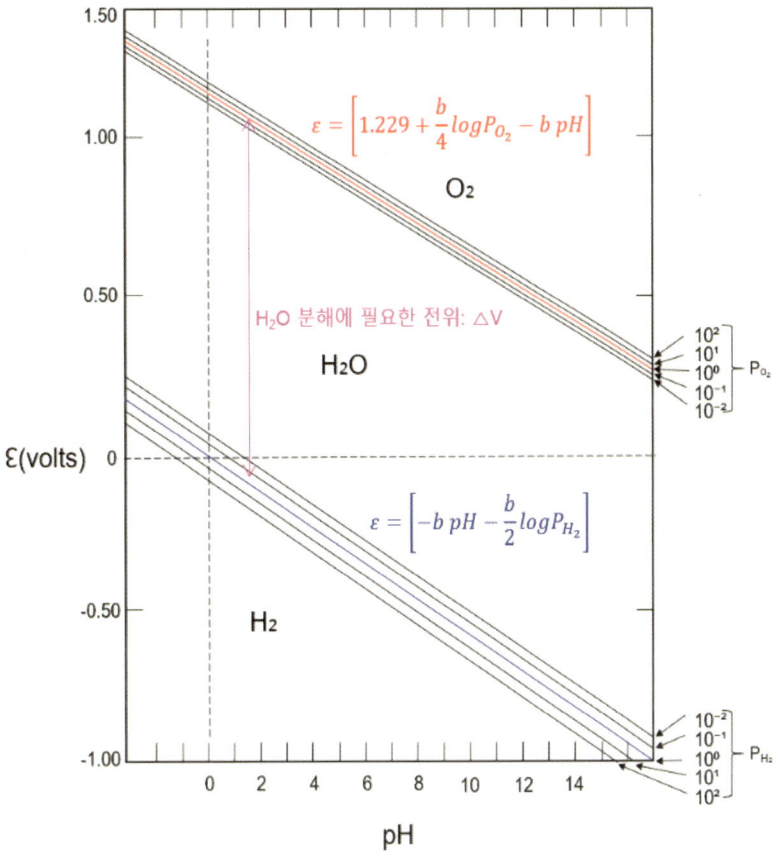

[그림 XV-5] ε-pH 값에 따른 물(H_2O)의 안정상 영역

(2) Pourbaix Diagram for Copper

ε-pH 좌표계에서 수용액 내 존재하는 금속/금속이온/금속화합물 등의 안정 영역을 그림으로 나타낸 도표를 Pourbaix diagram 이라고 한다. 이 도표는 수용액 내에서 금속의 부식 문제를 이해하는데 매우 중요하므로 그 형성 원리를 아래와 같이 살펴볼 필요가 있다.

한 예로 Cu-H$_2$O 시스템을 살펴보자. 이때 이 계에 존재할 수 있는 화학종을 살펴보면 고상 성분(solid components)으로 Cu, CuO, Cu$_2$O 등이 있고, 이온성 성분(ionic species)으로 Cu$^+$, Cu^{2+}, HCuO$_2^-$, CuO$_2^{2-}$ 그리고 기타 성분으로 H$^+$, H$_2$O, e$^-$ 등 총 10종의 성분(components) C 가 있다. 또한 원소(elements) 수 E 로는 Cu, H, O 총 3 종이 있다. 따라서 총 독립반응(independent reactions)의 수 r = C-E =10-3 = 7이 되어 7개의 독립 반응이 존재한다. 이에 따라 고려해야 할 총 반응식의 개수는 $_rC_2$ = 7!/(2!5!) = 21 개 이다. 이러한 논리에 따라 아래 [표 XV-2]처럼 총 21개의 반응을 고려하였다.

[표 XV-2] Cu-H$_2$O 계의 Pourbaix diagram을 계산하기 위해 고려한 반응들

	Reactions		Reactions
[A]	Cu^{2+} + 2H$_2$O = HCuO$_2^-$ + 3H$^+$	[L]	CuO + H$_2$O = HCuO$_2^-$ + H$^+$
[B]	Cu^{2+} + 2H$_2$O = CuO$_2^{2-}$ + 4H$^+$	[M]	CuO + H$_2$O = CuO$_2^{2-}$ + 2H$^+$
[C]	HCuO$_2^-$ = CuO$_2^{2-}$ + H$^+$	[N]	Cu$^+$ + e$^-$ = Cu
[D]	Cu^{2+} + e$^-$ = Cu$^+$	[O]	Cu^{2+} + 2e$^-$ = Cu
[E]	HCuO$_2^-$ + 3H$^+$ + e$^-$ = Cu$^+$ + 2H$_2$O	[P]	HCuO$_2^-$ + 3H$^+$ + 2e$^-$ = Cu + 2H$_2$O
[F]	CuO$_2^{2-}$ + 4H$^+$ + e$^-$ = Cu$^+$ + 2H$_2$O	[Q]	CuO$_2^{2-}$ + 4H$^+$ + 2e$^-$ = Cu + 2H$_2$O
[G]	Cu$_2$O + 2H$^+$ + 2e$^-$ = Cu + H$_2$O	[R]	2Cu^{2+} + H$_2$O + 2e$^-$ = Cu$_2$O + 2H$^+$
[H]	2CuO + 2H$^+$ + 2e$^-$ = Cu + H$_2$O	[S]	2HCuO$_2^-$ + 4H$^+$ + 2e$^-$ = Cu$_2$O + 3H$_2$O
[I]	2CuO + 2H$^+$ + 2e$^-$ = Cu$_2$O + H$_2$O	[T]	2CuO$_2^{2-}$ + 6H$^+$ + 2e$^-$ = Cu$_2$O + 3H$_2$O

[J]	$2Cu^+ + H_2O = Cu_2O + 2H^+$	[U]	$CuO + 2H^+ + e^- = Cu^+ + H_2O$
[K]	$Cu^{2+} + H_2O = CuO + 2H^+$		

이때 반응식을 쓰는 규칙이 있는데, 예를 들면 [A]와 같이 Cu^{2+}와 $HCuO_2^-$ 간의 반응을 고려해 보자.

i) 먼저 물질을 '=' 양단에 (환원반응 형태로) 위치시킨다.

$$Cu^{2+} \quad = HCuO_2^-$$

ii) 산소원자(O)는 물(H_2O)로 밸런스를 맞춘다.

$$Cu^{2+} + 2H_2O = HCuO_2^-$$

iii) 수소원자(H)는 H^+로 밸런스를 맞춘다.

$$Cu^{2+} + 2H_2O = HCuO_2^- + 3H^+$$

iv) 전하는 전자(e^-)로 밸런스를 맞춘다. (이 예에서는 이미 전하 균형이 맞아 필요 없음)

$$Cu^{2+} + 2H_2O = HCuO_2^- + 3H^+$$

하나의 예를 더 들어 보면 [H]와 같이 Cu와 CuO 간의 반응을 고려해 보자.

i) 먼저 물질을 '=' 양단에 (환원반응 형태로) 위치시킨다.

$$CuO \quad = Cu$$

ii) 산소원자(O)는 물(H_2O)로 밸런스를 맞춘다.

$$CuO \quad = Cu + H_2O$$

iii) 수소원자(H)는 H^+로 밸런스를 맞춘다.

$$CuO + 2H^+ \quad = Cu + H_2O$$

iv) 전하는 전자(e^-)로 밸런스를 맞춘다.

$$CuO + 2H^+ + 2e^- = Cu + H_2O$$

이상과 같은 규칙을 이용하여 총 21개의 반응을 정리하면 [표 XV-2]와 같이 쓸 수 있게 된다.

이때 이들 반응들은 3 종류로 그 특징을 구분할 수 있다.

그룹 I 전자 전달이 이루어지지 않는 반응: 반응에 의해 금속 전극의 전위가 바뀌지 않으므로 ε에 무관한 반응이다. 따라서 ε-pH 도표에서 수직선으로 나타나는데, 위 예에서 이에 해당하는 반응은 [A], [B], [C], [J], [k], [l] 그리고 [M]이 이에 속한다.

그룹 II 수소이온 H^+ 전달이 이루어지지 않는 반응: 반응에 의해 수용액 내 pH의 변화가 발생하지 않으므로 pH에 무관한 반응이다. 따라서 ε-pH 도표에서 수평선으로 나타나는데, 위 예에서 이에 해당하는 반응은 [D], [N] 그리고 [O]가 이에 속한다.

그룹 III 수소이온 H^+ 과 전자 e^-의 전달이 이루어지는 반응: 반응에 의해 수용액 내 pH의 변화와 금속 전극의 전위에도 변화가 발생하므로 ε가 pH에 따라 변화하는 반응이다. 따라서 ε-pH 도표에서 사선으로 나타나는데, 위 예에서 이에 해당하는 반응은 나머지 반응들이 이에 속한다.

대표적인 일부 반응들에 대해 살펴보면,

① 반응 [K] $Cu^{2+} + H_2O = CuO + 2H^+$에 대해 살펴보면, $\varepsilon = \varepsilon_o - \frac{b}{2} \log Q$에서 $\log Q = \log \left[\frac{a_{CuO} a_{H^+}^2}{a_{H_2O} a_{Cu^{2+}}} \right] = \log \left[\frac{a_{H^+}^2}{a_{Cu^{2+}}} \right] = 2 \log a_{H^+} - \log a_{Cu^{2+}}$ 이므로 $\varepsilon = \varepsilon_o - \frac{b}{2} [2 \log a_{H^+} - \log a_{Cu^{2+}}] = 0$ 이 되고, 전자가 반응에 참여하지 않으므로 $\varepsilon=0$ 이어야 해서 이를 정리하면 $\varepsilon = \varepsilon_o + bpH + \frac{b}{2} \log a_{Cu^{2+}} = 0$ 되어서 최종적으로는 [수직선] $pH = -\frac{1}{b} \varepsilon_o - \frac{1}{2} \log a_{Cu^{2+}}$를 얻게 된다.

② 반응 [M] $CuO + H_2O = CuO_2^{2-} + 2H^+$ 에 대해 살펴보면, $\varepsilon = \varepsilon_o - \frac{b}{2} \log Q$ 에서 $\log Q = \log \left[\frac{a_{CuO_2^{2-}} a_{H^+}^2}{a_{H_2O} a_{CuO}} \right] = \log \left[\frac{a_{CuO_2^{2-}} a_{H^+}^2}{1} \right] = \log a_{CuO_2^{2-}} + 2 \log a_{H^+}$ 이고 전자가 반응에 참여하지 않으므로 $\varepsilon=0$ 이어야 해서 $\varepsilon = \varepsilon_o - \frac{b}{2} [2 \log a_{H^+} + \log a_{CuO_2^{2-}}] = 0$이 되고 이를 정리하면 $\varepsilon = \varepsilon_o + bpH - \frac{b}{2} \log a_{CuO_2^{2-}} = 0$ 되어서 최종적으로는 [수직선] $pH = -\frac{1}{b} \varepsilon_o + \frac{1}{2} \log a_{CuO_2^{2-}}$를 얻게 된다.

③ 반응 [H] $CuO + 2H^+ + 2e^- = 2Cu + H_2O$ 에 대해 살펴보면, $\varepsilon = \varepsilon_o - \frac{b}{2} \log Q$에서 $\log Q = \log \left[\frac{a_{Cu} a_{H_2O}}{a_{CuO} a_{H^+}^2 a_{e^-}^2} \right] = \log \left[\frac{1}{a_{H^+}^2} \right] = -2 \log a_{H^+}$ 이므로 $\varepsilon = \varepsilon_o + \frac{b}{2} [2 \log a_{H^+}]$ 이 되고, 전자와 수소이온이 반응에 참여하므로 이를 정리하면 최종적으로는 [사선] $\varepsilon = \varepsilon_o - bpH$를 얻게 된다.

④ 반응 [O] $Cu^{2+} + 2e^- = Cu$ 에 대해 살펴보면, $\varepsilon = \varepsilon_o - \frac{b}{2} \log Q$ 에서 $\log Q = \log \left[\frac{a_{Cu}}{a_{Cu^{2+}} a_{e^-}^2} \right] = \log \left[\frac{1}{a_{Cu^{2+}}} \right] = -\log a_{Cu^{2+}}$ 이고, 수소 이온이 반응에 참여하지 않아 pH에 대한 의존성이 없어 이를 정리하면 최종적으로 [수평선] $\varepsilon = \varepsilon_o + \frac{b}{2} [\log a_{Cu^{2+}}]$ 를 얻게 된다.

이처럼 모든 반응들에 대해 얻어진 ε-pH 관계식들을 적용해 보면 아래 [그림 XV-6]

에 보인 바와 같이 성분 별 안정 영역을 그릴 수 있고 이것이 Pourbaix 도표이다.

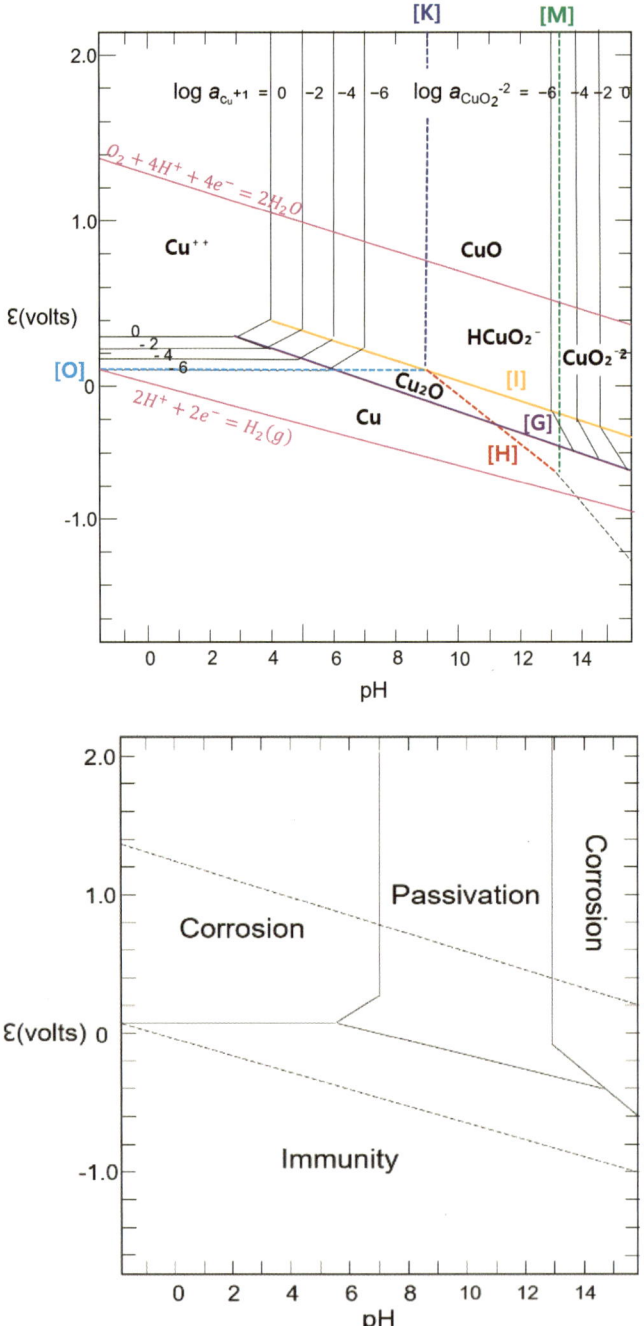

[그림 XV-6] 수용액 내 Cu의 완전한 Pourbaix diagram과 이를 단순화한 도표

[연습문제]

[정성문제]

1. 이온화 에너지(Ionization Energy)의 정의를 설명하고, 해당 원소가 용액 내의 성분으로 존재할 때 이온화 에너지가 크게 감소할 수 있는 이유를 설명하시오.

2. 전해질(Electrolyte)이란 무엇인지 정의하고, 고체 전해질(Solid Electrolytes)이 액체 전해질과 비교하여 가지는 특징을 설명하시오.

3. $CuCl_2$ 수용액에 담긴 Cu 막대에서, $CuCl_2$ 농도가 매우 작을 때(저농도) 구리 막대로부터 Cu 원자가 Cu^{2+} 이온의 형태로 용액내로 녹아들어가는 반응(산화)이 일어날 것으로 기대되는 이유를 Chemical Potential μ 차이와 관련지어 설명하시오.

4. 단일 반쪽 전지(half-cell)에서 금속 이온 M^{z+}이 전자 $z^+ e^-$를 얻어 금속 M으로 환원되는 전기화학 평형 조건 $A = -z^+F\{\varphi^\alpha - \varphi^\varepsilon\}$을 쓰고, 여기서 A (Affinity)가 의미하는 화학 포텐셜 변화량 $[\mu_M^\alpha - (z^+ \mu_e^\alpha + \mu_M^{z+, \varepsilon})]$을 설명하시오.

5. 완전한 Galvanic Cell에서 두 전극 간 전위차 ε_{cell}과 해당 전지 화학 반응의 Affinity A_{cell} 간의 관계를 나타내는 식 $A_{cell} = -z F \varepsilon_{cell}$을 쓰시오.

6. 표준 전극 전위(standard electrode potential) ε_{cell}°의 정의 조건을 Gibbs 자유 에너지 변화 ΔG_{cell}°와 반응 지수 Q_{cell}의 값과 관련지어 설명하시오.

7. Nernst Equation의 최종 형태인 $\varepsilon_{cell} = \varepsilon_{cell}^\circ - RT/zF \ln Q_{cell}$ 식을 쓰고, 이 방정식이 의미하는 바를 설명하시오.

8. 전기화학에서 각종 금속의 표준 반쪽전지 전극 전위(standard electrode potential)를 측정하기 위해 기준 전극으로 사용하는 것은 무엇인지 설명하시오.

9. 금속 전극의 표준 전극 전위 $\varepsilon°$가 양수 값을 가질 때와 음수 값을 가질 때, 해당 금속이 이온으로 용해되려는 성질(평형 상수 K의 크기)이 어떻게 되는지 설명하시오.

10. Galvanic Cell에서 ε_{cell} = 0이 되는 조건은 화학 반응 평형 상수 K와 어떤 관계 ($-RT \ln K = -zF \varepsilon°$)를 가지는지 설명하시오.

[정량문제]

(패러데이 상수 F ≈ 96,500 C/mol, 기체 상수 R ≈ 8.314 J/mol·K로 가정합니다.)

1. 어떤 Galvanic Cell 반응의 표준 Gibbs 자유 에너지 변화 $\Delta G_{cell}°$ = -386 kJ/mol이고, 이동하는 전자 수 z=2일 때, 이 전지의 표준 전극 전위 $\varepsilon_{cell}°$를 V 단위로 계산하시오.

2. 표준 전극 전위 $\varepsilon_{cell}°$ = 1.10 V이고 z=2인 Zn/Cu 전지의 표준 Gibbs 자유 에너지 변화 $\Delta G_{cell}°$를 J/mol 단위로 계산하시오.

3. T=298 K에서 z=2인 전지 반응의 농도 비율 Q_{cell} = 0.1이고 $\varepsilon_{cell}°$ = 1.0 V일 때, 이 전지의 실제 셀 전위 ε_{cell}를 V 단위로 계산하시오 (단, $\varepsilon_{cell} = \varepsilon_{cell}° - 0.05915/z \log Q_{cell}$ 관계 사용).

4. Zn^{2+}/Zn 반쪽 전지에서 z=2이고 Affinity A = 193 kJ/mol일 때, 두 상 간의 전위차 $\varphi^\alpha - \varphi^\varepsilon$를 V 단위로 계산하시오 (단, $A = -zF\{\varphi^\alpha - \varphi^\varepsilon\}$ 관계 사용).

5. T=298 K에서 $\varepsilon°$ = 0.5 V이고 z=1인 반응의 평형 상수 K를 계산하시오 (단, K = $\exp(zF\varepsilon°/RT)$ 사용).

6. z=1인 Ag/Ag^+ 반쪽 전지의 표준 Gibbs 자유 에너지 변화 $\Delta G°$ = 77.1 kJ/mol일 때, 이 반쪽 전지의 표준 전극 전위 $\varepsilon°$를 V 단위로 계산하시오.

7. Nernst Equation에서 T=350 K이고 z=3일 때, 계수 RT/zF의 값을 V 단위로 계산하시오.

8. Zn/Cu 셀 반응이 평형에 도달하여 ε_{cell} = 0이 되었을 때, 이 셀 반응의 Affinity A_{cell} 값을 계산하시오.

9. $CuCl_2$ 수용액에 Cu 막대가 담가져 있을 때, Cu^{2+} 이온이 Cu 막대로 환원되는 반응(Cu^{2+} + $2e^-$ = Cu)에 대해, ΔG = -10,000 J/mol이 관찰되었습니다. 이 반응의 자발적 진행 여부를 설명하시오.

10. 1 mol의 Zn^{2+} 이온이 2개의 전자를 얻어 Zn으로 환원되는 반응이 일어날 때, 이 과정에서 이동하는 전하량 Q를 쿨롱(C) 단위로 계산하시오.

[주요 용어 정리]

(1) 열역학 (Thermodynamics): 열의 출입에 따라 발생하는 제반 현상을 연구하는 학문 분야. '열(thermal)'과 '동역학(dynamics)'의 합성어.

(2) 재료열역학 (Thermodynamics of Materials): 열역학 원리를 재료에 특화하여, 주어진 조건에서 재료가 가질 수 있는 여러 상태들 간의 상대적인 안정성을 상호 비교하는 학문.

(3) 계 (System): 우주 전체 중에서 현재 관심을 가지고 있는 연구 대상. 우주의 일부분.

(4) 주위 (Surroundings): 계를 제외한 나머지 우주 전체.

(5) 경계 (Boundary): 계와 주위를 구분하는 경계면. 열, 일, 물질의 전달 특성을 가진다.

(6) 개방계 (Open System): 경계를 통해 물질 전달이 가능한 계.

(7) 폐쇄계 (Closed System): 경계를 통해 물질 전달은 불가능하지만, 열과 일의 전달은 가능한 계.

(8) 고립계 (Isolated System): 경계를 통해 물질, 열, 일의 전달이 모두 불가능한 계.

(9) 열역학 제1법칙: 에너지 보존 법칙. 우주가 가진 총에너지는 항상 일정하게 보존된다는 섭리. ($dU = \delta Q + \delta W$)

(10) 내부 에너지 (Internal Energy, U): 계가 가지고 있는 총에너지.

(11) 열역학 제2법칙: 자연에서 일어나는 모든 현상은 우주 전체의 엔트로피가 항상 증가하는 방향으로만 자발적으로 일어난다는 섭리.

(12) 엔트로피 (Entropy, S): 물질이나 에너지가 얼마나 널리 펼쳐져 있는가를 나타내는 척도. 통계역학적으로는 특정 상태의 배열 방법 가짓수(Ω)와 관련된다($S = k \ln(\Omega)$).

(13) 열역학 제3법칙: 엔트로피가 0이 되는 지점, 즉 엔트로피의 출발점인 절대 영도 (0 K)가 존재한다는 섭리.

(14) 상태 (State): 계가 특정 순간에 나타내는 고유한 모습 또는 성질.

(15) 상태변수 (State Variables): 계의 상태를 정량적으로 기술하는 데 필요한 독립변수. 거시계에서는 U, V, N 또는 S, V, N 등이 사용된다.

(16) 과정 (Process): 계가 하나의 상태에서 다른 상태로 변화해 나아가는 여정.

(17) 이상기체 (Ideal Gas): 분자의 크기가 0이고 분자 간 상호작용이 없다고 가정하는 가상의 기체. $PV=nRT$ 상태방정식을 따른다.

(18) 반데르발스 방정식: 실제 기체의 거동을 설명하기 위해 분자의 크기(b)와 분자 간 상호작용(a)을 보정한 상태방정식. $(P + a/V^2)(V - b) = RT$

(19) 열용량 (Heat Capacity, C): 어떤 물질의 온도를 1℃(또는 1K) 올리는 데 필요한 열량. 등적 열용량(C_v)과 등압 열용량(C_p)이 있다.

(20) 엔탈피 (Enthalpy, H): 내부 에너지와 압력-부피의 곱을 더한 열역학적 함수 ($H \equiv U + PV$). 등압과정에서 출입한 열량은 엔탈피 변화량과 같다($\delta Q_p = dH_p$).

(21) 가역과정 (Reversible Process): 계가 항상 열역학적 평형상태를 유지하며 무한히 느리게 진행되는 이상적인 과정. 우주 전체의 엔트로피 변화가 없다.

(22) 비가역과정 (Irreversible Process): 마찰 등의 요인으로 인해 평형에서 벗어나 진행되는 실제 과정. 항상 우주 전체의 엔트로피를 증가시킨다.

(23) 헬름홀츠 자유에너지 (F): $F \equiv U - TS$. 등온, 등적 조건의 폐쇄계에서 유용한 보조함수.

(24) 깁스 자유에너지 (G): $G \equiv H - TS$. 등온, 등압 조건의 폐쇄계에서 유용한 보조함수. 자연 현상은 깁스 자유에너지가 감소하는 방향으로 자발적으로 일어난다.

(25) 맥스웰 관계식 (Maxwell Relations): 열역학적 변수들 사이의 관계를 나타내는 일련의 방정식으로, 측정하기 어려운 물리량을 측정 가능한 물리량으로 변환하는 데 사

용된다.

(26) 화학 포텐셜 (Chemical Potential, μ): 다성분계에서 특정 성분 1몰이 전체 계의 깁스 자유에너지에 기여하는 정도($\mu_i \equiv (\partial G'/\partial n_i)$). 물질 이동의 구동력이 된다.

(27) 활동도 (Activity, a): 실제 용액에서 성분의 유효 농도 또는 유효 압력을 나타내는 척도. 이상적인 거동으로부터의 벗어남을 보정한다 ($a_i = P_i/P_i^\circ$).

(28) 평형상수 (Equilibrium Constant, K): 화학반응이 평형에 도달했을 때, 반응물의 활동도에 대한 생성물의 활동도 비율.

(29) 엘링엄 도표 (Ellingham Diagram): 여러 금속 산화 반응의 표준 깁스 자유에너지 변화(ΔG°)를 온도의 함수로 나타낸 도표. 금속의 산화-환원 평형을 예측하는 데 사용된다.

(30) 네른스트 방정식 (Nernst Equation): 표준 상태가 아닌 임의의 조건에서 전기화학 전지의 전위를 계산하는 방정식. 전위가 반응물과 생성물의 활동도에 어떻게 의존하는지를 보여준다.

부 록

표 A-1 대표적인 물질들의 열팽창계수(α)와 등온압축계수(β)

	Substances	Thermal Expansion Coefficient, α / (10^{-4} K^{-1})	Isothermal Compressibility, β / (10^{-6} atm^{-1})
Solids	Copper	0.501	0.735
	Diamond	0.03	0.187
	Iron	0.354	0.589
	Lead	0.861	2.21
Liquids	Mercury	1.82	38.7
	Water	2.1	49.6
	Ethanol	11.2	76.8
	Benzene	12.4	92.1
	CCl_4	12.4	90.5

표 A-2 대표적인 물질들의 정압 열용량 ($C_P = a + bT + cT^{-2}$ J/moleK)

Substance	a	b*10^3	c*10^{-5}	Range, K
Ag	21.30	8.54	1.51	298-1234
Ag(l)	30.50			1234-1600
Al(s)	20.67	12.38		298-933
Al(l)	31.76			933-1600
Al_2O_3	106.6	18	-28.53	298-2325
Ba(α)	-473.2	1587	128.2	298-648
Ba(β)	-5.69	80.33		648-1003
BaO	53.30	4.35	-8.30	298-2286
$BaTiO_3$	121.46	8.54	-19.16	298-1800
C(graphite)	24.43	0.44	-31.63	1100-4000

Substance				Range
C(diamond)	9.12	13.22	-6.19	298-1200
CO	28.41	4.10	-0.46	298-2500
CO_2	44.14	9.04	-8.54	298-2500
CaO	49.62	4.51	-6.95	298-1177
$CaTiO_3$	12749	5.69	-27.99	298-1530
Cr(s)	24.43	9.87	-3.68	298-2130
Cr_2O_3	119.37	9.30	-15.65	298-1800
Cu(s)	22.64	6.28		298-1356

표 A-3 대표적인 물질들의 포화 증기압 (ln P (atm) = -A/T + B ln T + C)

Substance	A	B	C	Range, K
Fe(l)	45,390	-1.270	23.93	1809-3330
Hg(l)	7,611	-0.795	17.17	298-630
Mn(l)	33,440	-3.020	37.68	1517-2348
$CaF_2(\alpha)$	54,350	-4.525	56.57	298-1430
$CaF_2(\beta)$	53,780	-4.525	56.08	1430-1691
$CaF_2(l)$	50,200	-4.525	53.96	1691-2783
$SiCl_4(l)$	3,620		10.96	*273-333*
Zn(l)	15,250	-1.255	21.79	693-1177

표 A-4 대표적인 화학반응의 $\triangle G° = \triangle H° - T\triangle S°$

Chemical Reaction	$\triangle H°$ (J)	$\triangle S°$ (J/K)	Range, K
$2Ag(s)+1/2O_2(g)=Ag_2O(s)$	-30,540	66.11	298-463
$2Al(l)+3/2O_2(g)=Al_2O_3(s)$	-1,687,200	326.80	993-2327
$C(s)+1/2O_2(g)=CO(g)$	-111,700	-87.65	298-2000
$C(s)+O_2(g)=CO_2(g)$	-394,100	-0.85	298-2000
$C(s)+1/2O_2(g)+1/2S_2(g)=COS(g)$	-202,800	-9.96	773-2000
$C_{(graphite)}+2H_2(g)=CH_4(g)$	-91,040	110.70	773-2000

Reaction	ΔH°	ΔS°	T (K)
$C_{(graphite)} = [C]_{1w\% \text{ in Fe}}$	22,600	−42.26	
$CaO(s) + CO_2(g) = CaCO_3(s)$	−168,400	144.00	449–1150
$2CaO_{(s)} + SiO_{2(s)} = 2CaSiO_3(s)$	−118,800	−11.30	298–2400
$CoO(s) + SO_3(g) = CoSO_4(s)$	−227,860	165.30	298–1230
$2Cr(s) + 3/2 O_2(g) = Cr_2O_3(s)$	−1,110,100	247.30	298–1793
$2Cu(s) + 1/2 O_2(g) = Cu_2O(s)$	−162,200	69.24	298–1356
$2Cu(l) + 1/2 O_2(g) = Cu_2O(s)$	−188,300	88.48	1356–1509
$2Cu(s) + 1/2 S_2(g) = Cu_2S(s)$	−131,800	30.79	708–1356
$3Fe(\alpha) + C_{(graphite)} = Fe_3C(s)$	29,040	−28.03	298–1000
$3Fe(\gamma) + C_{(graphite)} = Fe_3C(s)$	11,234	−11.00	1000–1137
$Fe(s) + 1/2 O_2(g) = FeO(s)$	−263,700	64.35	298–1644
$Fe(l) + 1/2 O_2(g) = FeO(s)$	−256,000	53.68	1808–2000
$3Fe(s) + 2O_{2(g)} = Fe_3O_4(s)$	−1,102,200	307.47	298–1008
$Fe(s) + 1/2 S_2(g) = FeS(s)$	−150,200	52.55	412–1179
$H_2(g) + Cl_2(g) = 2HCl(g)$	−188,200	−12.80	298–2000
$H_2(g) + I_2(g) = 2HI(g)$	−8,370	−17.65	298–2000
$H_2(g) + 1/2 O_2(g) = H_2O(g)$	−247,500	55.85	298–2000
$Mg(g) + 1/2 O_2(g) = MgO(s)$	−729,600	204.00	1363–2200
$2MgO(s) + SiO_2(s) = MgSiO_4(s)$	−67,200	4.31	298–2171
$MgO(s) + CO_2(g) = MgCO_3(s)$	−117,600	170.00	298–1000
$MgO(s) + Al_2O_3(s) = MgAl_2O_4(s)$	−35,560	−2.09	298–1698
$Mn(s) + 1/2 O_2(g) = MnO(s)$	−388,900	76.32	298–1517

A. 주관식 문제

1. '열역학'과 '재료열역학'을 각각 정의하고, 두 학문의 관계를 설명하시오.
☞ 열역학은 열의 출입에 따라 발생하는 제반 현상을 연구하는 학문 분야이다. 재료열역학은 이러한 열역학의 원리를 재료 분야에 특화하여 적용하는 학문으로, 주어진 조건에서 재료가 가질 수 있는 여러 상태들 간의 상대적인 안정성을 비교하고 예측한다. 즉, 재료열역학은 공학 전반의 기초 학문인 열역학의 한 분야이다.

2. 열역학 제1법칙과 제2법칙의 핵심 내용을 각각 설명하시오.
☞ 열역학 제1법칙은 '에너지 보존 법칙'으로, 우주가 가진 총에너지는 항상 일정하게 보존된다는 섭리이다. 열역학 제2법칙은 물질이나 에너지가 한곳에 뭉쳐있기보다는 넓은 영역으로 펼쳐져 존재하려는 경향이 있으며, 모든 자연 현상은 엔트로피가 증가하는 방향으로만 자발적으로 일어난다는 섭리이다.

3. 이상기체(ideal gas)와 실제기체(real gas)의 근본적인 차이점 두 가지를 설명하시오.
☞ 이상기체와 실제기체의 주된 차이는 분자의 크기와 상호작용 유무에 있다. 이상기체는 분자 자체의 크기가 0이고 분자 간 상호작용이 없다고 가정하는 가상의 기체이다. 반면 실제기체는 분자가 유한한 크기를 가지며, 분자 간에는 인력이나 척력과 같은 상호작용이 실제로 존재한다.

4. 이상기체의 등온과정(isothermal process)과 단열과정(adiabatic process)에서 내부 에너지 변화와 열의 출입은 어떻게 다른지 설명하시오.
☞ 등온과정에서는 온도가 일정하게 유지되므로, 온도만의 함수인 이상기체의 내부 에

너지는 변화가 없다(dU=0). 따라서 계가 외부에 한 일(W)만큼 열(Q)을 주위로부터 공급받는다. 반면 단열과정에서는 경계가 단열되어 열의 출입이 없으므로($\delta Q=0$), 계가 외부로 팽창하며 한 일만큼 내부 에너지가 감소하여 온도가 내려간다.

5. 볼츠만(Boltzmann)이 제시한 엔트로피(entropy)의 통계역학적 의미는 무엇이며, 이는 우리 계의 어떤 특성과 관련이 있는가?

☞ 볼츠만은 엔트로피(S)가 우리 계를 구성하는 물질이 특정 배열상태로 존재할 수 있는 '배열 방법의 가짓수(Ω)'와 관련이 있다고 설명했다($S = k \ln(\Omega)$). 즉, 엔트로피는 특정 거시 상태(macro state)에 해당하는 미시 상태(micro state)의 수에 비례하며, 계는 출현 확률이 가장 높은 상태(가장 많은 배열 방법의 수를 가진 상태)로 자발적으로 이동하려는 경향을 보인다.

6. 가역과정(reversible process)과 비가역과정(irreversible process)의 차이점을 설명하고, 각 과정에서 우주 전체의 엔트로피 변화는 어떻게 되는지 기술하시오.

☞ 가역과정은 계가 항상 열역학적 평형상태(상태 곡면 위)를 유지하며 무한히 느리게 진행되는 이상적인 과정이며, 우주 전체의 엔트로피 변화는 0이다($\Delta S_{tot} = 0$). 반면 비가역과정은 마찰과 같은 요인으로 인해 평형상태에서 벗어나 진행되는 실제적인 과정이며, 일이 열로 변환되는 과정에서 항상 엔트로피가 생성되어 우주 전체의 엔트로피는 증가한다($\Delta S_{tot} > 0$).

7. 깁스 자유에너지(Gibbs Free Energy) 곡선이 2성분계 상태도(phase diagram)를 결정하는 데 어떻게 활용되는지 설명하시오.

☞ 2성분계 상태도에서 특정 온도와 압력 하에 가장 안정한 상은 깁스 자유에너지가 가장 낮은 상이다. 각 상(고상, 액상 등)의 조성에 따른 깁스 자유에너지 곡선을 그린 후,

공통 접선 작도를 통해 단일상 영역과 2상 공존 영역을 결정할 수 있다. 공통 접선 사이의 조성 구간에서는 두 상이 공존하는 것이 전체 계의 자유에너지를 최소화하므로 2상 영역이 형성된다.

8. 화학반응의 평형상수(K)는 표준 깁스 자유에너지 변화($\Delta G°$)와 어떤 관계가 있으며, 이 관계식은 무엇을 의미하는가?
☞ 화학반응의 평형상수(K)와 표준 깁스 자유에너지 변화($\Delta G°$)는 $\Delta G° = -RT \ln K$ 라는 관계를 가진다. 이 식은 화학반응이 평형에 도달했을 때의 반응물과 생성물의 활동도 비율(K)이 반응 자체의 고유한 에너지 변화량($\Delta G°$)에 의해 결정됨을 의미한다. $\Delta G°$가 음수일수록 K값이 커져 평형이 생성물 쪽으로 치우친다.

9. 이상용액(ideal solution)과 레귤러용액(regular solution) 모델의 핵심적인 차이점은 혼합 엔탈피(ΔH_{mix})를 어떻게 다루는지에 있다. 이를 설명하시오.
☞ 이상용액 모델은 구성 성분 간의 상호작용이 없어 혼합 과정에서 열의 출입이 없다고 가정하므로 혼합 엔탈피가 0이다($\Delta H_{mix} = 0$). 반면, 레귤러용액 모델은 성분 간 상호작용을 고려하여 혼합 엔탈피가 0이 아니라고 보며($\Delta H_{mix} = \Omega X_A X_B$), 이를 통해 실제 용액에서 나타나는 인력 또는 척력에 의한 에너지 변화를 설명한다.

10. 네른스트 방정식(Nernst Equation)이 무엇이며, 전기화학 전지에서 표준 전극 전위($\varepsilon°$)와 실제 전지 전위(ε)의 관계를 어떻게 설명하는지 기술하시오.
☞ 네른스트 방정식은 $\varepsilon = \varepsilon° - (RT/zF) \ln Q$로 표현되며, 전기화학 전지의 실제 전위($\varepsilon$)는 표준 상태의 전위($\varepsilon°$)와 반응물 및 생성물의 활동도(Q, 반응 지수)에 따라 달라짐을 보여주는 식이다. 즉, 표준 상태가 아닌 특정 농도나 압력 조건에서 전지의 전위가 어떻게 변하는지를 정량적으로 예측할 수 있게 해준다.

B. 연습문제 [정량적 문제] 풀이

II장 연습문제

상수: R = 0.082057 L·atm·mol⁻¹·K⁻¹, R = 8.314 J·mol⁻¹·K⁻¹

문제 1

어떤 폐쇄계가 주위로부터 1500 J의 열을 흡수하고 동시에 계가 주위에 500 J의 일을 했다. 내부에너지 변화량 ΔU를 구하시오.

[풀이]

$\Delta U = Q + W$ (열 흡수 $Q > 0$, 계가 한 일 $W > 0$)

$\Delta U = 1500\,J - 500\,J = 1000\,J$

$\Delta U = 1000\,J$

문제 2

350 K의 일정 온도에서의 가역 과정 중, 계가 2100 J의 열을 흡수할 때 엔트로피 변화 ΔS를 구하시오.

[풀이]

$\Delta S = Q_{rev}/T$

$\Delta S = 2100\,J / 350\,K = 6.0\,J\,K^{-1}$

$\Delta S = 6.0\,J\,K^{-1}$

문제 3

1 mol 이상기체가 10 atm의 일정한 외부압에 대해 10 L → 5 L로 압축되었다. 계가 받은 일 W(J)를 구하시오. (1 L·atm ≈ 101.3 J)

[풀이]

$$W = -\int P\,dV = -P(V_2 - V_1)$$

$$\Delta V = 5L - 10L = -5L$$

$$W = -10\,atm \times (-5L) = 50\,L\cdot atm \approx 50 \times 101.3\,J = 5065\,J$$

문제 4

T = 400 K, dS = 5.0 J K^{-1}, P = 5 atm, dV = 0.2 L. dU = T dS − P dV로 내부에너지 변화 dU(J)를 구하시오. (1 L·atm ≈ 101.3 J)

[풀이]

$$dU = T\,dS - P\,dV$$

$$T\,dS = 400\,K \times 5.0\,J\,K^{-1} = 2000\,J$$

$$P\,dV = 5\,atm \times 0.2\,L = 1.0\,L\cdot atm \approx 101.3\,J$$

$$dU = 2000\,J - 101.3\,J = 1898.7\,J$$

$$dU \approx 1.90 \times 10^3\,J$$

문제 5

1 mol 이상기체가 400 K에서 10 L의 부피를 가질 때 압력 P(atm)을 구하시오.

[풀이]

$$PV = nRT \Rightarrow P = nRT/V$$

$$P = (1\,mol \times 0.082057\,L\cdot atm\cdot mol^{-1}\cdot K^{-1} \times 400\,K)/10\,L$$

$$P = 3.282\,atm \approx 3.28\,atm$$

문제 6

500 K에서 계가 2500 J의 열을 방출하여 ΔS = −6.0 J K^{-1}가 되었다. 과정의 가역/비가역 여부를 판별하시오.

[풀이]

만약 가역이면: $\Delta S_{sys} = Q_{rev} / T = (-2500\,J) / 500\,K = -5.0\,J\,K^{-1}$

주변: $\Delta S_{surr} = +2500\,J / 500\,K = +5.0\,J\,K^{-1}$

$\Delta S_{tot} = \Delta S_{sys} + \Delta S_{surr} = -6.0 + 5.0 = -1.0\,J\,K^{-1} < 0$ (*불가능*)

판정: 비가역, 주어진 수치는 물리적으로 불가능

문제 7

ΔU = 1200 J, 열 흡수 ΔQ = +800 J. 계와 외부 사이의 일의 방향과 크기를 구하시오.

[풀이]

$\Delta U = Q + W$

$1200\,J = 800\,J + W \Rightarrow W = 400\,J$

문제 8

T_1 = 500 K의 주위로 ΔQ = 1000 J의 열을 방출하는 가역 과정. 총 엔트로피 변화 ΔS_{tot}을 구하시오.

[풀이]

$\Delta S_{sys} = Q_{rev} / T = (-1000\,J) / 500\,K = -2.0\,J\,K^{-1}$

$\Delta S_{surr} = +1000\,J / 500\,K = +2.0\,J\,K^{-1}$

$\Delta S_{tot} = -2.0 + 2.0 = 0$

문제 9

1 mol 이상기체가 등온 가역 팽창: V_1 = 1 L → V_2 = 2 L. 흡수한 열량 ΔQ와 엔트로피 변화 ΔS를 T와 R로 표현하시오.

[풀이]

$\Delta W = -n\,R\,T\,\ln(V_2 / V_1)$

$\Delta Q = n\,R\,T\,\ln(V_2 / V_1) = n\,R\,T\,\ln 2$

$$\Delta S = \Delta Q_{rev} / T = n R \ln(V_2 / V_1) = n R \ln 2$$

문제 10

T = 300 K에서 0.5 mol 이상기체가 30 L의 부피를 가질 때 압력 P(atm)을 구하시오.

[풀이]

$$P = nRT/V$$
$$P = (0.5\,mol \times 0.082057\,L \cdot atm \cdot mol^{-1} \cdot K^{-1} \times 300\,K) / 30\,L$$
$$P = 0.410\,atm$$

IV장 연습문제

상수: R = 0.082057 L·atm·mol^{-1}·K^{-1}, R = 8.314 J·mol^{-1}·K^{-1}

문제 1

1 mol의 이상 기체가 300 K에서 5 atm의 압력을 가질 때, 부피 V(L)를 구하시오.

[풀이]

이상기체방정식: PV = nRT

V = nRT/P = (1 mol)×(0.082057 L·atm·mol^{-1}·K^{-1})×(300 K) / (5 atm)

V = 4.92342 L

문제 2

이상 기체가 2 atm에서 10 L. 등온에서 압력을 5 atm으로 올릴 때 최종 부피 V_2 (Boyle 법칙).

[풀이]

$P_1V_1 = P_2V_2$ (등온)

$V_2 = P_1V_1 / P_2 = (2 \text{ atm} \times 10 \text{ L}) / (5 \text{ atm})$

$V_2 = 4.000 \text{ L}$

문제 3

압력 일정, T: 200 K → 400 K로 증가, 최종 부피 15 L. 초기 부피 V_1 (Charles 법칙).

[풀이]

$V \propto T$ (등압) → $V_2 / V_1 = T_2 / T_1$

$V_1 = V_2 \times T_1 / T_2 = 15 \text{ L} \times 200 \text{ K} / 400 \text{ K}$

$V_1 = 7.500 \text{ L}$

문제 4

$P_1 = 1$ atm, $V_1 = 5$ L, $T_1 = 250$ K → $P_2 = 3$ atm, $V_2 = 2$ L일 때 최종 온도 T_2 (PV/T = 일정).

[풀이]

$P_1V_1/T_1 = P_2V_2/T_2$

$T_2 = P_2V_2T_1 / (P_1V_1) = (3 \text{ atm} \times 2 \text{ L} \times 250 \text{ K}) / (1 \text{ atm} \times 5 \text{ L})$

$T_2 = 300.000 \text{ K}$

문제 5

$\alpha = 1 \times 10^{-4}$ K^{-1}, $V_0 = 100$ cm^3, $\Delta T = 10$ K. 등압에서 ΔV ($\alpha \approx (1/V)(\partial V/\partial T)_p$).

[풀이]

$\Delta V \approx \alpha V_0 \Delta T$

$\Delta V \approx (1 \times 10^{-4} \text{ K}^{-1}) \times (100 \text{ cm}^3) \times (10 \text{ K})$

$\Delta V \approx 0.100 \text{ cm}^3$

문제 6

1 mol CO_2, a = 3.64 $L^2 \cdot atm \cdot mol^{-2}$, b = 0.04267 $L \cdot mol^{-1}$, T = 300 K, V = 1 L. Van der Waals 압력 P.

[풀이]

Van der Waals: $P = nRT/(V - nb) - a n^2 / V^2$

$P = (1 \times 0.082057 \times 300)/(1 - 1 \times 0.04267) - 3.64 \times (1)^2/(1)^2$ (단위: atm)

P = 22.074 atm

문제 7

이상 기체의 내부 에너지 U = (3/2)nRT. n = 1 mol, T = 500 K.

[풀이]

U = (3/2) n R T (R = 8.314 $J \cdot mol^{-1} \cdot K^{-1}$)

U = 1.5 × 1 × 8.314 × 500

U = 6235.50 J

문제 8

NH_3의 임계값: T_C = 405.5 K, P_C = 111.3 atm. Van der Waals 상수에서 T_C = 8a/(27bR), P_C = a/(27b^2). 상수 a를 구하시오.

[풀이]

관계식으로부터 b = R T_C / (8 P_C),   a = 27 b^2 P_C

b = 0.037370 $L \cdot mol^{-1}$

a = 4.19664 $L^2 \cdot atm \cdot mol^{-2}$

문제 9

1 mol, T = 300 K, V = 20 L, 측정 P = 1.2 atm. 압축 인자 Z = PV/(RT) 및 해석.

[풀이]

Z = PV/(nRT)

Z = (1.2 atm × 20 L) / (0.082057 × 300 K) = 0.97493

해석: Z < 1 이므로 이상기체보다 부피가 작게 나타나는 경향(주로 분자간 인력 지배)으로, 이상기체 거동에서 약간 벗어납니다.

문제 10

등압 과정, V ∝ T. 초기 V_1 = 10 L (300 K) → T_2 = 500 K. 최종 부피 V_2.

[풀이]

$V_2 = V_1 \times (T_2/T_1)$

V_2 = 10 L × (500/300) = 16.6667 L

V장 연습문제

상수: R = 8.314 J·mol^{-1}·K^{-1},　1 L·atm = 101.325 J

문제 1

2 mol 이상 기체가 300 K에서 V_1=10 L → V_2=30 L로 등온 가역 팽창. 계가 외부에 한 총 일 W_T를 구하시오.

[풀이]

$W_T = -nRT \ln(V_2/V_1)$

$W_T = -(2 \text{ mol})(8.314 \text{ J·mol}^{-1}\text{·K}^{-1})(300 \text{ K}) \ln(30/10)$

$W_T = -5480.32 \text{ J}$

문제 2

1 mol 이상 기체, 등체적: 300 K → 400 K, C_V=20.8 J·mol^{-1}·K^{-1}. 흡수 열량 Q_V.

[풀이]

$Q_V = n\, C_V\, \varDelta T$

$Q_V = (1 \text{ mol})(20.8 \text{ J·mol}^{-1}\text{·K}^{-1})(100 \text{ K}) = 2080.0 \text{ J}$

문제 3

1 mol 이상 기체에 대해 $C_P - C_V = R$, $C_V = 20.8$ J·mol^{-1}·K^{-1}일 때 C_P와 $\gamma = C_P/C_V$.

[풀이]

$C_P = C_V + R = 20.8 + 8.314 = 29.114$ J·mol^{-1}·K^{-1}

$\gamma = C_P/C_V = 1.39971$

문제 4

등압 과정: 250 K → 500 K, C_P=29.1 J·mol^{-1}·K^{-1}. 엔탈피 변화 $\varDelta H(=Q_P)$.

[풀이]

$\varDelta H = n\, C_P\, \varDelta T = Q_P$

$\varDelta H = (1 \text{ mol})(29.1)(250 \text{ K}) = 7275.0 \text{ J}$

문제 5

2 mol 이상 기체가 400 K에서 등온 가역 팽창하여 "10 L·atm"의 일을 하였다. $\varDelta U$와

Q_T.

[풀이]

등온 이상기체: $\Delta U = 0$

계가 외부로 한 일 $W = -10 \text{ L·atm} = -10 \times 101.325 \text{ J}$

$W = -1013.25 \text{ J}$

따라서 $Q_T = -W = 1013.25 \text{ J}$ (주위로부터 흡열)

문제 6

1 mol 단원자 이상기체($\gamma=1.67$), $T_1=300 \text{ K}$, $V_1=1 \text{ L} \rightarrow V_2=3 \text{ L}$ 단열 가역 팽창. 최종 온도 T_2.

[풀이]

$T_2/T_1 = (V_1/V_2)^{\gamma-1}$

$T_2 = 300 \times (1/3)^{0.67} = 143.70 \text{ K}$

문제 7

위 기체가 $P_1=10 \text{ atm}$, $V_1=1 \text{ L}$에서 $V_2=3 \text{ L}$로 단열 가역 팽창. 최종 압력 P_2.

[풀이]

$PV^\gamma =$ 일정 $\rightarrow P_2 = P_1 (V_1/V_2)^\gamma$

$P_2 = 10 \text{ atm} \times (1/3)^{1.67} = 1.5966 \text{ atm}$

문제 8

등압 가열에서 $\Delta H = 2910 \text{ J}$ ($\Delta T = 100 \text{ K}$, $n = 1 \text{ mol}$). C_P를 구하시오.

[풀이]

$\Delta H = n\, C_P\, \Delta T \rightarrow C_P = \Delta H/(n\Delta T)$

$C_P = 2910 / (1\times 100) = 29.10\ \text{J·mol}^{-1}\text{·K}^{-1}$

문제 9

1 mol 기체를 300 K → 500 K 가열, $C_P = 28.8\ \text{J·mol}^{-1}\text{·K}^{-1}$. 동일 ΔT를 등체적으로 진행했을 때 ΔU.

[풀이]

$C_V = C_P - R = 28.8 - 8.314 = 20.486\ \text{J·mol}^{-1}\text{·K}^{-1}$

$\Delta U = n\, C_V\, \Delta T$

$\Delta U = (1\ \text{mol})\times(20.486)\times(200\ \text{K}) = 4097.20\ \text{J}$

문제 10

1 mol 이상 기체, 300 K에서 시작하여 등압 팽창으로 부피가 10 L 증가($\Delta V=+10$ L).

[풀이]

등압에서 $W = -P\, \Delta V$ (P: 외부압=계압)

따라서 수치 $W[\text{J}] = -(P[\text{atm}])\times(10\ \text{L})\times 101.325$

이상기체 등압: $\Delta T = P\, \Delta V / (nR) \rightarrow W = -nR\Delta T$

등압에서 $Q = \Delta H = n\, C_P\, \Delta T = C_P \times (P\, \Delta V / R)$

또한 $\Delta U = n\, C_V\, \Delta T$ 이므로, $Q = \Delta U - W$ 관계를 만족합니다.

예시) P = 1 atm 가정 시 $W = -10\ \text{L·atm} = -1013.25\ \text{J}$. Q 값은 C_P가 주어지면 $Q = C_P \times (1\times 10 / 8.314)$ J로 계산.

VI장 연습문제

상수: k_B = 1.380649×10^{-23} J·K^{-1}, R = 8.314 J·mol^{-1}·K^{-1}

문제 1

Ω = 10^{20}. S = k ln Ω.

[풀이]

S = k_B ln Ω

S = (1.380649×10^{-23} J·K^{-1}) × ln(10^{20}) = (1.380649×10^{-23}) × (20 ln 10)

S = 6.358e^{-22} J·K^{-1}

문제 2

이상 용액: x_A = x_B = 0.5. 몰당 혼합 엔트로피 ΔS_{mix} = −R(x_A ln x_A + x_B ln x_B).

[풀이]

ΔS_{mix} = −R[0.5 ln 0.5 + 0.5 ln 0.5] = R ln 2

ΔS_{mix} = 5.76 J·mol^{-1}·K^{-1} (≈ 5.76)

문제 3

n=4, (n_0, n_1, n_2) = (2, 1, 1). Ω_n = n!/(n_0! n_1! n_2!).

[풀이]

Ω_n = 4!/(2! 1! 1!)

Ω_n = 12

문제 4

A 1 mol, B 3 mol → x_A = 1/4, x_B = 3/4. ΔS_{mix}(몰당) = −R[x_A ln x_A + x_B ln x_B].

[풀이]

$x_A = 0.25$, $x_B = 0.75$

$\Delta S_{mix} = 4.675$ J·mol^{-1}·K^{-1}

문제 5

원자 수 ~10^{23}인 계에서 ln Ω의 변화가 5000일 때, $\Delta S = k_B \Delta(\ln \Omega)$.

[풀이]

$\Delta S = k_B \times 5000$

$\Delta S = 6.903e^{-20}$ J·K^{-1}

문제 6

이상 용액($\Delta H_{mix} = 0$)에서 1 mol A + 1 mol B (등몰 혼합). T=300 K, $\Delta G_{mix} = -T \Delta S_{mix}$.

[풀이]

$\Delta S_{mix} = R \ln 2$, $\Delta G_{mix} = -T R \ln 2$

$\Delta G_{mix} = -(300 \text{ K}) \times (R \ln 2) = -1728.8$ J·mol^{-1}

문제 7

격자 8개 자리에 A 4개, B 4개: $\Omega = 8!/(4! \, 4!)$.

[풀이]

$\Omega = 70$

문제 8

ΔS_{mix}(몰당) = 5.76 J·mol^{-1}·K^{-1}, $x_A = 0.5$. T ΔS_{mix}를 계산.

[풀이]

일반식: $T \Delta S_{mix} = T \times 5.76$ [J·mol^{-1}]

예) $T = 300$ K이면 $T \Delta S_{mix} = 1728.0$ J·mol^{-1}

문제 9

$x_A=0.8$, $x_B=0.2$. 주어진 근사 $\ln 0.8 \approx -0.223$, $\ln 0.2 \approx -1.609$ 사용.

[풀이]

$\Delta S_{mix} = -R[x_A \ln x_A + x_B \ln x_B]$

$\Delta S_{mix} \approx -8.314 \times (0.8 \times (-0.223) + 0.2 \times (-1.609)) = 4.159$ J·mol^{-1}·K^{-1}

문제 10

총 10개 입자에서 ε_0에 5개, ε_1에 5개: $\Omega = 10!/(5!\ 5!)$.

[풀이]

$\Omega = 252$

VII장 연습문제

문제 1

1 mol 이상 기체, 300 K에서 $V_1=5$ L → $V_2=15$ L 등온 가역 팽창. 계가 한 최대 일 W_{max} (J).

[풀이]

$W_{max} = -nRT \ln(V_2/V_1)$

$W_{max} = -(1)(8.314)(300) \ln(15/5)$

W_{max} = −2740.16 J

문제 2

T=400 K에서 비가역 과정 중 마찰로 $q_{transformed}$=120 J 발생. ΔS_{tot}?

[풀이]

$\Delta S_{tot} = q_{transformed} / T$

ΔS_{tot} = 120 / 400 = 0.300 J·K^{-1}

문제 3

등온 가역 팽창에서 ΔS_{sys} = 5 J·K^{-1}. q_{rev}?

[풀이]

$q_{rev} = T \times \Delta S_{sys}$

따라서 q_{rev} = 5 T   [J] (온도 T의 함수)

문제 4

등온 비가역 팽창에서 계가 외부에 한 일 W=2000 J, 마찰열 $q_{transformed}$=500 J. 가능한 최대 일 W_{max}?

[풀이]

Gouy–Stodola: 잃어진 일 $W_{lost} = T\,S_{gen} = q_{transformed}$

따라서 $W_{max} = W + q_{transformed}$

W_{max} = 2000 + 500 = 2500 J

문제 5

T=300 K에서 등온 비가역 수축. 계가 일 W=+1000 J를 받았고($q_{transformed}$=100 J). 방

출한 열 q_{irrev}?

[풀이]

등온 이상기체: $\Delta U=0 \Rightarrow Q = -(W_{in} + q_{transformed})$

$q_{irrev} = -(1000 + 100) = -1100$ J (주위로 방출)

문제 6

P_1=5 atm, V_1=4 L에서 등온 팽창하여 P_2=1 atm. 가역일 W_{rev} (L·atm).

[풀이]

이상기체 등온: $V_2 = P_1V_1 / P_2 = 20$ L

$W_{rev} = -(P_1V_1) \ln(V_2/V_1)$ (L·atm)

$W_{rev} = -(5×4) \ln(20/4) = -20 \ln 5 = -32.1888$ L·atm

문제 7

등온 압축에서 실제 입력일 W=2000 J, 그중 10%가 마찰열로 전환. 최소 필요 일 W_{min}?

[풀이]

$W_{min} = W_{actual} - q_{transformed}$

$q_{transformed} = 0.1×2000 = 200$ J

$W_{min} = 2000 - 200 = 1800$ J

문제 8

T=500 K 비가역 팽창에서 $\Delta S_{tot} = 1.0$ J·K^{-1}. 변환된 열 $q_{transformed}$?

[풀이]

$q_{transformed} = T \Delta S_{tot}$

$q_{transformed} = 500 \times 1.0 = 500$ J

문제 9

300 K에서 등온 가역 팽창으로 $W_{max} = -1500$ J (계가 한 일). 주위의 엔트로피 변화 ΔS_{surr}?

[풀이]

등온 이상기체: $q_{sys} = -W_{rev} \Rightarrow Q_{surr} = -q_{sys} = W_{rev}$

따라서 $\Delta S_{surr} = Q_{surr} / T = W_{max} / T$

예) T=300 K이면 $\Delta S_{surr} = -1500 / 300 = -5.0$ J·K^{-1}

문제 10

등온에서 비가역 압축이 W_{rev}보다 500 J 더 많은 일을 필요로 하고, 초과분 전부가 열로 전환되었다면 $\Delta S_{tot}(T)$?

[풀이]

$\Delta S_{tot} = q_{transformed} / T = 500 / T$ [J·K^{-1}]

VIII장 연습문제

단위 변환: 1 L·atm ≈ 101.3 J,   R = 8.314 J·mol^{-1}·K^{-1}

문제 1

U=1000 J, P=5 atm, V=1 L. 엔탈피 H (J).

[풀이]

H = U + PV

PV = 5 L·atm = 5×101.3 = 506.5 J

H = 1000 + 506.5 = 1506.5 J

문제 2

U=5000 J, S=10 J·K^{-1}, T=300 K. 헬름홀츠 자유에너지 F.

[풀이]

F = U − TS

F = 5000 − 300×10 = 2000.0 J

문제 3

같은 상태에서 깁스 자유에너지 G (J).

[풀이]

G = U + PV − TS

G = 1000 + 506.5 − 300×10 = −1493.5 J

문제 4

N$_2$ 기체: α=3.33×10^{-3} K^{-1}, V=10 L, 압력변화 0.1 atm에 따른 엔트로피 변화 dS.

[풀이]

$(\partial S/\partial P)_T = -(\partial V/\partial T)_P = -\alpha V$

dS = −α V dP = −(3.33×10^{-3})(10)(0.1) = −3.33×10^{-3} L·atm·K^{-1}

J/K 변환: dS = (−3.33×10^{-3})×101.3 ≈ −0.337 J·K^{-1}

문제 5

T=400 K, V=100 cm³, C_P=50 J·mol^{-1}·K^{-1}, α=1×10^{-4} K^{-1}. 등엔트로피에서 dP=1 atm일 때 dT.

[풀이]

$(\partial T/\partial P)_S = TV\alpha/C_P$

$(\partial T/\partial P)_S$ = (400×0.1×1×10^{-4})/50 × 101.3 ≈ 0.00810 K·atm^{-1}

dT ≈ 0.00810 K (for dP=1 atm)

문제 6

1 mol 이상 기체에 대해 $(\partial S/\partial V)_T$ 계산.

[풀이]

$(\partial S/\partial V)_T = (\partial P/\partial T)_V$ (Maxwell)

이상기체: P = RT/V → $(\partial P/\partial T)_V$ = R/V

$(\partial S/\partial V)_T$ = R/V

문제 7

T=300 K, V=50 cm³, α=2×10^{-4} K^{-1}, β=5×10^{-6} atm^{-1}. $C_P - C_V$.

[풀이]

$C_P - C_V = TV\alpha^2/\beta$

= 300×0.05×(2×10^{-4})²/(5×10^{-6}) = 0.120 L·atm·K^{-1}

≈ 12.16 J·mol^{-1}·K^{-1}

문제 8

dG = −S dT + V dP에서 T 일정일 때 V를 G의 편미분으로 표현.

[풀이]

T 일정이면 dG = V dP

따라서 $V = (\partial G/\partial P)_T$

문제 9

Fe의 등온 압축률 $\beta = 6 \times 10^{-7}$ atm^{-1}일 때 등온 dV/dP를 V의 함수로.

[풀이]

$\beta = -(1/V)(\partial V/\partial P)_T$

$(\partial V/\partial P)_T = -\beta V = -6 \times 10^{-7} V$ [per atm]

문제 10

등온(T 일정)에서 dV=0.01 L, $\alpha = 1 \times 10^{-4}$ K^{-1}, $\beta = 5 \times 10^{-6}$ atm^{-1}. dS (J/K).

[풀이]

$(\partial S/\partial V)_T = \alpha/\beta = 20$ atm·K^{-1}

dS = (α/β) dV = 20 × 0.01 = 0.2 L·atm·K^{-1}

J/K 변환: dS ≈ 0.2×101.3 = 20.26 J·K^{-1}

IX장 연습문제

단위 변환: 1 L·atm ≈ 101.3 J,   R = 8.314 J·mol^{-1}·K^{-1}

문제 1

C_P^S=25 J·mol^{-1}·K^{-1} (상수), $H_{ref(298\ K)}$=0. T=500 K에서 H^S(500 K).

[풀이]

$H^S(T) = \int C_P \, dT = C_P (T - 298 \text{ K})$

$H^S(500 \text{ K}) = 25 \times (500 - 298) = 5050 \text{ J·mol}^{-1}$

문제 2

T_m=1000 K, $\Delta H_{T_m}^{S \to L}$=15,000 J·mol^{-1}, C_P^S=25 J·mol^{-1}·K^{-1}. H^L(1000 K) (C_P^L 무시).

[풀이]

$H(298 \to T_m) = C_P^S(T_m - 298) = 25\times(1000-298) = 17{,}550$ J·mol^{-1}

$H^L(1000) = 17{,}550 + 15{,}000 = 32{,}550$ J·mol^{-1}

정답: 32550 J·mol^{-1}

문제 3

$C_P(T) = 30 + 0.01\,T$ [J·mol^{-1}·K^{-1}], 298 → 500 K 가열 시 ΔH.

[풀이]

$\Delta H = \int_{298}^{500} (30 + 0.01\,T)\, dT = 30\Delta T + 0.005\,(T^2|_{298}^{500})$

$\Delta H = 30\times 202 + 0.005\times(500^2 - 298^2) = 6865.98$ J·mol^{-1}

문제 4

S_{ref}(0 K)=0, C_P^S=20 J·mol^{-1}·K^{-1} (상수 가정). 300 K에서 S^S(300 K).

[풀이]

이상적 식: $S(T) = \int_0^T C_P/T \, dT = C_P \ln T + $ 상수

상온까지 C_P 일정 가정은 T→0에서 성립하지 않아 적분이 발산(제3법칙 위배).

실무적 근사(예: 1 K 기준): $S(300 \text{ K}) \approx C_P \ln(300/1) = 20\times \ln 300 \approx 114.08$ J·mol

$^{-1} \cdot K^{-1}$

문제 5

상전이 평형 온도 T_t (ΔH = 10,000 J·mol^{-1}, ΔS = 10 J·mol$^{-1} \cdot K^{-1}$).

[풀이]

평형에서 ΔG = 0 = $\Delta H - T_t \Delta S \Rightarrow T_t = \Delta H / \Delta S$

T_t = 10,000 / 10 = 1000 K

문제 6

T=500 K에서 H=20,000 J·mol^{-1}, S=30 J·mol$^{-1} \cdot K^{-1}$. G를 구하시오.

[풀이]

G = H − T S

G = 20,000 − 500×30 = 5000 J·mol^{-1}

문제 7

물의 기화: ΔH_{vap} = 40.66 kJ·mol^{-1}, T_b = 373 K. P≈1 atm=101.3 kPa에서 dP/dT (kPa·K^{-1}).

[풀이]

Clausius–Clapeyron: dP/dT = ΔH / (T ΔV), $\Delta V \approx$ RT/P (V^L 무시)

따라서 dP/dT $\approx \Delta H \times$ P / (R T^2)

dP/dT $\approx$ (40660 J·mol^{-1} × 101.3 kPa) / (8.314 × 373^2) = 3.561 kPa·K^{-1}

문제 8

ln P = −5000/T + 10 (P in atm). T=500 K에서 P.

[풀이]

ln P = −5000/500 + 10 = 0

P = e⁰ = 1.000 atm

문제 9

T_t=1000 K에서 $\Delta H^{S \to L}$=5000 J·mol⁻¹, $\Delta V^{S \to L}$=0.5 cm³·mol⁻¹. dP=1 atm에서 dT.

[풀이]

Clapeyron: dT = (T ΔV / ΔH) dP

ΔV=0.5 cm³=0.0005 L ⇒ ΔV dP = 0.0005 L·atm = 0.0005×101.3 ≈ 0.05065 J·mol⁻¹

dT ≈ 1000 × 0.05065 / 5000 = 0.01013 K

문제 10

T=1000 K에서 G^S = −10,000 J·mol⁻¹, G^L = −12,000 J·mol⁻¹. 더 안정한 상은?

[풀이]

평형에서 더 낮은 G를 갖는 상이 안정. G^L < G^S 이므로 1000 K에서 액체가 더 안정합니다.

X장 연습문제

상수: R = 0.082057 L·atm·mol⁻¹·K⁻¹, R = 8.314 J·mol⁻¹·K⁻¹

문제 1

N_2: T_C=126.2 K, P_C=33.5 atm. vdW 상수 a, b를 구하시오.

[풀이]

$T_C = 8a/(27bR)$, $P_C = a/(27b^2) \Rightarrow b = (RT_C)/(8P_C)$, $a = 27P_C b^2$

$b = (0.082057 \times 126.2)/(8 \times 33.5) = 0.03864$ L·mol^{-1}

$a = 27 \times 33.5 \times (0.03864)^2 = 1.350$ L^2·atm·mol^{-2}

문제 2

Ar 기체에서 $b = 0.0387$ L·mol^{-1}. 임계부피 V_C?

[풀이]

vdW: $V_C = 3b$

$V_C = 3 \times 0.0387 = 0.1161$ L·mol^{-1}

문제 3

1 mol 이상 기체, 300 K, P: 1 → 10 atm. Gibbs 자유에너지 변화 ΔG.

[풀이]

$\Delta G = RT \ln(P_2/P_1)$

$\Delta G = 8.314 \times 300 \times \ln 10 = 5743.1$ J

문제 4

1 mol 이상 기체가 400 K에서 V=5 L를 가질 때의 압축 인자 Z.

[풀이]

이상 기체는 항상 $Z = PV/(RT) = 1$ (정의상)

정답: Z = 1.0

문제 5

실제 기체에서 Z=1.1, T=350 K, P=10 atm. 몰당 부피 V.

[풀이]

Z = PV/(RT) ⇒ V = ZRT/P

V = 1.1×0.082057×350 / 10 = 3.159 L·mol^{-1}

문제 6

vdW 기체의 임계 압축 인자 $Z_C = P_C V_C/(R T_C)$를 CO_2 상수로 계산.

[풀이]

vdW 임계 관계로부터 Z_C = 3/8 = 0.375 (보편 상수)

정답: Z_C = 0.375

문제 7

10 mol 이상 기체를 300 K에서 1 → 10 atm로 가역 압축. 최소 일 W(=ΔG).

[풀이]

W_{min} = ΔG = nRT ln(P_2/P_1)

W_{min} = 10×8.314×300×ln 10 = 57431.1 J

문제 8

Ar의 임계압 P_C=48.98 atm. P=1 atm에서 이상기체에 가까운 이유.

[풀이]

상대압 P/P_C ≈ 1/48.98 ≈ 0.02로 매우 낮음 → 기체가 희박, 분자간 인력/반발 영향이 작아 Z ≈ 1. 따라서 1 atm에서는 이상 기체 거동에 근접.

문제 9

vdW: $P = RT/(V - b) - a/V^2$가 $V \to \infty$에서 이상기체로 수렴함을 보이시오.

[풀이]

$V \to \infty$에서 $V - b \approx V$, $a/V^2 \to 0$

따라서 $P \approx RT/V \Rightarrow PV \approx RT$ (이상기체 방정식)

문제 10

vdW: $P = 24.6/(V - 0.03) - 3.5/V^2$ (atm). $V=1$ L에서 P.

[풀이]

$P = 24.6/(1 - 0.03) - 3.5/1^2$

$P \approx 21.86$ atm

XI장 연습문제

문제 1

총압 $P=5$ atm, $x_A=0.7$. A의 부분압 P_A.

[풀이]

달턴 법칙: $P_A = x_A P_{tot}$

$P_A = 0.7 \times 5 = 3.50$ atm

문제 2

$a_A=0.6$, $x_A=0.5$. 활동도 계수 γ_A.

[풀이]

정의: $\gamma_A = a_A / x_A$

γ_A = 0.6 / 0.5 = 1.20

문제 3

P_A° =100 kPa, 평형 증기압 P_A=70 kPa. 용액 내 a_A.

[풀이]

라울 표준: $a_A = P_A / P_A^\circ$

a_A = 70 / 100 = 0.70

문제 4

G_A° = −10,000 J·mol^{-1}, T=500 K, a_A=0.5. 화학 포텐셜 μ_A.

[풀이]

$\mu_A = G_A^\circ$ + RT ln a_A

μ_A = −10000 + 8.314×500×ln(0.5) = −12881.4 J·mol^{-1}

문제 5

n_A=2, n_B=3, $\Delta H_{m,A}$=2000, $\Delta H_{m,B}$=1000 (J·mol^{-1}). 총 혼합 엔탈피 $\Delta H_m'$.

[풀이]

$\Delta H_m' = \Sigma\ n_i\ \Delta H_{m,i}$

$\Delta H_m'$ = 2×2000 + 3×1000 = 7000 J

문제 6

T=400 K에서 γ_B = 1.5일 때 $\Delta H_{m,B}$?

[풀이]

관계식: $\Delta H_{m,B} = R\ T^2\ (\partial \ln \gamma_B / \partial T)_{x,P}$

주어진 데이터가 한 점뿐이라 온도 미분을 구할 수 없어 수치 계산 불가.

주어진 정보(γ_B 한 점)만으로 $\Delta H_{m,B}$를 수치로 결정할 수 없습니다. $\ln \gamma_B$의 온도 미분이 필요합니다.

문제 7

단순 혼합물(x_A=0.3, x_B=0.7), Q_A° =10, Q_B° =20 (J·mol^{-1}). 총 몰당량 Q.

[풀이]

$Q = x_A Q_A^\circ + x_B Q_B^\circ$

$Q = 0.3 \times 10 + 0.7 \times 20 = 17$ J·mol^{-1}

문제 8

x_B=0.1, γ_B=5에서 Henry 법칙 적용 가능성.

[풀이]

Henry 법칙은 보통 용질의 무한희석 영역($x_B \to 0$)에서 성립.

x_B=0.1은 충분히 작지 않아 엄밀 적용은 부적절. γ_B의 조성 의존이 약하면 근사 가능.

문제 9

1 mol A + 1 mol B 혼합에서 ΔS_{mix}=5.76 J·K^{-1}, ΔH_{mix}=1000 J. T=300 K에서 ΔG_{mix}.

[풀이]

$\Delta G_{mix} = \Delta H_{mix} - T \Delta S_{mix}$

$\Delta G_{mix} = 1000 - 300 \times 5.76 = -728$ J

문제 10

G_A = −500, G_B = −800 (J·mol^{-1}). x_A=0.4에서 혼합물 총 G.

[풀이]

G = $x_A G_A + x_B G_B$

G = 0.4×(−500) + 0.6×(−800) = −680 J·mol^{-1}

XII장 연습문제

문제 1

$\Delta G° $ = −10,000 J·mol^{-1}, T=500 K. 평형상수 K.

[풀이]

$\Delta G°$ = −RT ln K ⇒ K = exp(−$\Delta G°$/(RT))

K = exp(10000/(8.314×500)) = 11.085

문제 2

$\Delta H°$ = −50,000 J·mol^{-1}, K_1=100 at 400 K. 500 K에서 K_2 (반트 호프).

[풀이]

ln(K_2/K_1) = −$\Delta H°$/R (1/T_2 − 1/T_1)

ln(K_2/K_1) = −(−50000)/8.314 × (1/500 − 1/400) = −3.0070

K_2 = 100 × exp(−3.0070) = 4.944

문제 3

Fe + 1/2 O_2 = FeO, $\Delta G°$ = −300,000 J·mol^{-1}, T=1000 K. 평형 산소분압 P_{O2}.

[풀이]

$\Delta G°$ = (1/2) RT ln P_{O2} ⇒ ln P_{O2} = 2 $\Delta G°$/(RT) ln P_{O_2} = 2×(−300000)/(8.314×1000) = −72.17

P_{O_2} = exp(ln P_{O_2}) = 4.551e^{-32} atm

문제 4

A+B=2C, K=10 at 300 K. 표준 $\Delta G°$.

[풀이]

$\Delta G°$ = −RT ln K

$\Delta G°$ = −8.314×300×ln 10 = −5743.1 J·mol^{-1}

문제 5

Mg + 1/2 O_2 = MgO, $\Delta H°$ = −600 kJ·mol^{-1}, $\Delta S°$ = −100 J·mol^{-1}·K^{-1}. T=1500 K 에서 $\Delta G°$.

[풀이]

$\Delta G°$ = $\Delta H°$ − T $\Delta S°$

$\Delta G°$ = (−600000) − 1500×(−100) = −450000 J·mol^{-1}

문제 6

T=1000 K에서 P_{CO}/P_{CO_2}=10, 2CO + O_2 = 2CO_2, $\Delta G°$≈−500,000 J·mol^{-1}. 평형 P_{O_2}.

[풀이]

$\Delta G°$ − 2RT ln(P_{CO}/P_{CO_2}) = RT ln P_{O_2}

ln P_{O_2} = $\Delta G°$/(RT) − 2 ln 10 = −64.74

P_{O_2} = exp(ln P_{O_2}) = 7.616e^{-29} atm

문제 7

A+B=2C, $G°_A$=100, $G°_B$=200, $G°_C$=150 (J·mol^{-1}). $\Delta G°$.

[풀이]

$\Delta G° = 2G°_C - (G°_A + G°_B)$

$\Delta G° = 2×150 - (100 + 200) = 0$ J·mol^{-1}

문제 8

H_2 + 1/2 O_2 = H_2O, $\Delta G°$ = -150,000 J·mol^{-1} at 800 K, P=1 atm. $\ln(X_{H2O}/(X_{H2} X_{O2}^{1/2}))$?

[풀이]

등압 이상기체에서 $\ln(X_{H2O}/(X_{H2} X_{O2}^{1/2})) = -\Delta G°/(RT)$

값 = 150000/(8.314×800) = 22.55

문제 9

Fe + 1/2 O_2 = FeO에서 $P_{O2,eq}$ = 10^{-15} atm, 현재 P_{O2} = 10^{-18} atm. 자발적 진행 방향?

[풀이]

현재 산소분압이 평형보다 훨씬 낮아(더 환원적) FeO가 안정하지 않음.

반응은 자발적으로 환원 방향(FeO → Fe + 1/2 O_2)으로 진행합니다.

문제 10

Cu-Au 합금에서 2Cu + 1/2 O_2 = $Cu_2O(s)$. X_{Cu}를 0.9 → 0.5로 낮추면 평형 P_{O2}의 변화?

[풀이]

평형: $K = a_{Cu2O}/(a_{Cu}^2 P_{O2}^{1/2}) \approx 1/(a_{Cu}^2 P_{O2}^{1/2})$

따라서 $P_{O_2} \propto 1/a_{Cu}^4$. $a_{Cu} \downarrow \Rightarrow P_{O_2} \uparrow$.

결론: X_{Cu} 감소 시 필요한 평형 산소분압은 증가합니다.

XIII장 연습문제

문제 1

C_o=0.4, C_L=0.6, C_α=0.1에서 두 상 공존. 고상 α의 무게 분율 W_α (Lever Rule).

[풀이]

$W_\alpha = (C_L - C_o) / (C_L - C_\alpha)$

$W_\alpha = (0.6 - 0.4) / (0.6 - 0.1) = 0.400$

문제 2

위 조건에서 액상 L의 무게 분율 W_L.

[풀이]

$W_L = 1 - W_\alpha$

$W_L = 0.600$

문제 3

T=500 K, G_A° =-10 kJ·mol^{-1}, G_B° =5 kJ·mol^{-1}. x_B=0.5 이상용액의 $G^{id}(0.5)$.

[풀이]

$G^{id} = x_A G_A^\circ + x_B G_B^\circ + RT \Sigma x_i \ln x_i$

$x_A = x_B = 0.5 \rightarrow RT \Sigma x_i \ln x_i = -2881.4$ J·mol^{-1}

$G^{id}(0.5) = 0.5 \times (-10) + 0.5 \times 5 + -2.881 = -5.381$ kJ·mol^{-1}

문제 4

이상 용액 ΔS_{mix}=5.76 J·mol^{-1}·K^{-1}, ΔH_{mix}=0. T=400 K에서 ΔG_{mix}.

[풀이]

$\Delta G_{mix} = \Delta H_{mix} - T \Delta S_{mix} = -T \Delta S_{mix}$

$\Delta G_{mix} = -400 \times 5.76 = -2304$ J·mol^{-1} = -2.304 kJ·mol^{-1}

문제 5

T=1000 K, ΔH=20 kJ·mol^{-1}, ΔS=20 J·mol^{-1}·K^{-1}. ΔG와 평형 여부.

[풀이]

$\Delta G = \Delta H - T \Delta S$

$\Delta G = 20 - 1000 \times 20/1000 = 0.0$ kJ·mol^{-1}

$\Delta G = 0 \rightarrow$ 상전이 평형 상태입니다.

문제 6

W_α=0.7, C_L=0.6, C_α=0.1일 때 전체 조성 C_o.

[풀이]

물질수 보존: $C_o = W_\alpha C_\alpha + W_L C_L$, $W_L = 1 - W_\alpha$

$C_o = 0.7 \times 0.1 + 0.3 \times 0.6 = 0.250$

문제 7

Ag-Au 완전 고용의 정성적 이유(원자 반경과 ΔU 관점).

[풀이]

Ag와 Au의 원자 반경이 모두 1.44 Å로 동일하여 크기 불일치가 거의 없어 격자 왜곡

에너지(ΔU)가 매우 작습니다. 둘 다 fcc 구조, 유사한 전자구조/원자가(단일 원자가 금속)로 결합 성격 차이가 작아 $\Delta H_{mix} \approx 0$에 가깝습니다. 결과적으로 엔트로피 이득($\Delta S_{mix} > 0$)이 우세하여 전 조성 범위에서 완전 고용이 예측됩니다.

문제 8

Cu-Ag 혼합에서 $\Delta H_{mix} > 0$, $\Delta S_{mix} > 0$일 때 낮은 온도에서 용해도 한계가 생기는 이유.

[풀이]

$\Delta G_{mix} = \Delta H_{mix} - T\Delta S_{mix}$. 낮은 T에서는 $T\Delta S_{mix}$ 항이 작아 ΔG_{mix}가 양(>0)이 되기 쉬워 상분리(용해도 한계)가 발생합니다. 온도가 올라가면 $T\Delta S_{mix}$가 커져 ΔG_{mix}가 음(<0)으로 전환되어 혼합이 자발적으로 유리, 상분리 영역(혼화 간극)이 줄어듭니다.

문제 9

공융 조성 $C_E = 0.6$, $C_o = 0.8$ 합금이 $L(C_L = 0.9)$과 $\beta(C_\beta = 0.7)$로 존재. 액상 분율 W_L (Lever Rule).

[풀이]

$W_L = (C_o - C_\beta)/(C_L - C_\beta)$

$W_L = (0.8 - 0.7)/(0.9 - 0.7) = 0.500$

문제 10

$T_1 = 500$ K에서 $G_L = G_\alpha$, $T_2 = 501$ K에서 $G_L < G_\alpha$. 500 K에서 어느 상의 엔트로피가 더 큰가?

[풀이]

등압에서 $(\partial G/\partial T)_P = -S$. 더 큰 S일수록 G가 T에 대해 더 빠르게 감소합니다.

T가 500→501 K로 증가할 때 G_L가 G_α보다 더 낮아졌으므로, $|\partial G_L/\partial T| > |\partial G_\alpha/\partial T|$ 즉 $S_L > S_\alpha$.

따라서 500 K에서 액상(L)의 엔트로피가 더 큽니다.

XIV장 연습문제

문제 1

T=600 K, γ_A=2.0. $\Delta H_{m,A}$ = RT ln γ_A.

[풀이]

$\Delta H_{m,A}$ = R T ln γ_A

$\Delta H_{m,A}$ = 8.314×600×ln2 ≈ 3458 J·mol^{-1}

문제 2

Regular Solution: Ω=−5000 J·mol^{-1}, x_B=0.5. ΔH_m=Ω x_A x_B.

[풀이]

ΔH_m = (−5000)×0.5×0.5 = −1250 J·mol^{-1}

문제 3

위 용액을 T=300 K에서 혼합: x_B=0.5. TΔS_m와 ΔG_m 계산.

[풀이]

ΔS_m = −RΣ x_i ln x_i = R ln 2 ≈ 5.76 J·mol^{-1}·K^{-1}

TΔS_m = 300×5.76 ≈ 1729 J·mol^{-1}

ΔG_m = ΔH_m − TΔS_m = −1250 − 1729 = −2979 J·mol^{-1}

문제 4

x_B=0.5에서 ΔH_m=+1000 J·mol^{-1}. Ω와 상호작용 성격.

[풀이]

$\Omega = \Delta H_m/(x_A x_B) = 1000/0.25 = 4000$ J·mol^{-1}

부호 해석: $\Omega > 0$ ⇒ 척력(반혼화 경향, endothermic mixing)

문제 5

$\Omega = 15000$ J·mol^{-1}, T=400 K, $x_A = 0.8$. ΔG_m.

[풀이]

$\Delta H_m = \Omega \, x_A \, x_B = 15000 \times 0.8 \times 0.2 = 2400$ J·mol^{-1}

$\Delta S_m = -R[x_A \ln x_A + x_B \ln x_B] = 4.160$ J·mol^{-1}·K^{-1}

$T\Delta S_m = 1664.1$ J·mol^{-1}

$\Delta G_m = \Delta H_m - T\Delta S_m = 735.9$ J·mol^{-1}

문제 6

$E_{AB} = 0.5(E_{AA}+E_{BB}) + 500$ J 일 때 ε와 Ω의 부호.

[풀이]

$\varepsilon = E_{AB} - 0.5(E_{AA}+E_{BB}) = +500$ J (양)

정규 용액에서 $\Omega \propto \varepsilon$ ⇒ Ω의 부호는 양(>0)

문제 7

$\Omega = 0$인 정규 용액은 어떤 모델로 수렴? 이때 γ_i는?

[풀이]

$\Omega = 0$ ⇒ $\Delta H_m = 0$, 활동도 계수 $\gamma_i = 1$ (모든 조성에서)

즉, 이상 용액(ideal solution)으로 수렴하며 $a_i = x_i$.

문제 8

$G_{A}o - \mu_A$ = 100 J·mol^{-1}, T=500 K. a_A?

[풀이]

$\mu_A = G_{A}o + RT \ln a_A \Rightarrow \ln a_A = -(G_{A}o - \mu_A)/(RT)$

$\ln a_A = -100/(8.314 \times 500) = -0.02406$

$a_A = \exp(\ln a_A) = 0.9762$

문제 9

x_B=0.2에서 ΔH_m=500 J·mol^{-1}. x_B=0.8에서 ΔH_m?

[풀이]

$\Delta H_m = \Omega\, x_A x_B$ 는 x_B=0.2와 0.8에서 동일(=0.16)

따라서 $\Delta H_m(0.8)$ = 500 J·mol^{-1} (같음)

문제 10

Henry 영역: x_A=0.01, γ_A=100, T=300 K. $\Delta H_{m,A} = RT \ln \gamma_A$.

[풀이]

$\Delta H_{m,A} = 8.314 \times 300 \times \ln(100) = 11486$ J·mol^{-1}

XV장 연습문제

상수: F = 96485 C·mol^{-1}, R = 8.314 J·mol^{-1}·K^{-1}; $\varepsilon° = -\Delta G°/(zF)$, $\Delta G° = -zF\varepsilon°$

문제 1

$\Delta G°_{Cell}$ = −386 kJ·mol⁻¹, z=2. 표준 전극 전위 $\varepsilon°_{Cell}$.

[풀이]

$\varepsilon° = -\Delta G°/(zF)$

$\varepsilon° = -(-386000)/(2×96485) = 2.000$ V

문제 2

$\varepsilon°_{Cell}$ = 1.10 V, z=2. 표준 Gibbs 자유에너지 변화 $\Delta G°_{Cell}$.

[풀이]

$\Delta G° = -zF\varepsilon°$

$\Delta G° = -2×96485×1.10 = -212267$ J·mol⁻¹

문제 3

T=298 K, z=2, Q_{Cell}=0.1, $\varepsilon°$=1.0 V. 실제 셀 전위 ε_{Cell}.

[풀이]

$\varepsilon = \varepsilon° - (0.05915/z) \log_{10} Q$

$\varepsilon = 1.0 - (0.05915/2)×\log_{10}(0.1) = 1.02957$ V

문제 4

Zn^{2+}/Zn 반쪽전지에서 z=2, 친화도 A=193 kJ·mol⁻¹. 전위차 $(\varphi^\alpha - \varphi^\varepsilon)$.

[풀이]

$A = -zF(\varphi^\alpha - \varphi^\varepsilon) \Rightarrow (\varphi^\alpha - \varphi^\varepsilon) = -A/(zF)$

$(\varphi^\alpha - \varphi^\varepsilon) = -193000/(2×96485) = -1.000$ V

문제 5

T=298 K, $\varepsilon°$=0.5 V, z=1. 평형상수 K.

[풀이]

K = exp(zFε°/(RT))

K = exp(96485×0.5/(8.314×298)) = 2.861e^{+08}

문제 6

Ag/Ag$^+$ 반쪽 전지, ΔG° = 77.1 kJ·mol^{-1}, z=1. ε°.

[풀이]

ε° = $-\Delta$G°/(zF)

ε° = $-$77100/96485 = $-$0.799 V

문제 7

Nernst 계수 RT/(zF) at T=350 K, z=3.

[풀이]

RT/(zF) = (8.314×350)/(3×96485) = 0.01005 V

문제 8

Zn/Cu 셀 평형: ε_{Cell}=0일 때 친화도 A$_{Cell}$.

[풀이]

평형에서 구동력이 0이므로 A$_{Cell}$ = 0 J·mol^{-1}

문제 9

Cu^{2+} + 2e$^-$ → Cu 반응에서 ΔG = $-$10,000 J·mol^{-1}. 자발성 여부.

[풀이]

$\Delta G < 0 \Rightarrow$ 반응은 자발적(정방향 진행)입니다.

문제 10

1 mol Zn^{2+}가 $2e^-$를 받아 Zn으로 환원: 이동 전하량 Q.

[풀이]

Q = zF (z: 전자수)

Q = 2×96485 = 192970 C